DEUTSCHE DEMOKRATISCHE REPUBLIK
DEUTSCHE AKADEMIE DER LANDWIRTSCHAFTSWISSENSCHAFTEN ZU BERLIN
INSTITUT FÜR LANDWIRTSCHAFTLICHE INFORMATION UND DOKUMENTATION

Landwirtschaftliches Zentralblatt

ABTEILUNG I

LANDTECHNIK

10. JAHRGANG
1964

AKADEMIE-VERLAG · BERLIN

LZ. I. LANDTECHNIK · JG. 1964 · NR. 2 · SEITE 167–349 · BERLIN · FEBRUAR 1964

INHALTSVERZEICHNIS

NAMENVERZEICHNIS

1—64/02—0001 bis 0775

Ab Jahrgang 1964 beziehen sich die hinter dem Autorennamen angegebenen Zahlen auf die Signatur des Dokumentationsmaterials

Signatur in [Klammer] bedeutet Bibliographie, mit Stern * bedeutet Buchbesprechung

LANDWIRTSCHAFTLICHES ZENTRALBLATT
ABTEILUNG LANDTECHNIK

1964 **NR. 2** **FEBRUAR**

I. A L L G E M E I N E S

A. ALLGEMEINE FRAGEN DER LANDTECHNIK

1-64/02-0001 F u n k e, G. Zu einigen Fragen der Planung des wissenschaftlich-technischen Fortschritts in der Landwirtschaft. - Wiss.-techn. Fortschr. Landwirtsch. 4 (1963) Nr.7. S.321-324. 1005.

1-64/02-0002 D e w i t z, F. Zu den Aufgaben der Landtechnik nach dem VI. Parteitag der SED. - Dtsch. Agrartechn. 13 (1963) Nr.8. S.342-344. 1005.

1-64/02-0003 T h i e m e, B. Vor neuen großen Aufgaben im Landmaschinen- und Traktorenbau der DDR. - Dtsch. Agrartechn. 13 (1963) Nr.8. S.345-347. - 2 Tab. 1005.

1-64/02-0004 G a u s, H. Der Ingenieur im Dienst der Landwirtschaft. - Mitt. dtsch. Landwirtsch.-Ges. 78 (1963) Nr.38. S.1177-1178. 1005.

1-64/02-0005 M e y e r, Friedhelm. Die Bundesrepublik auf dem europäischen Landmaschinenmarkt. - Landtechnik 18 (1963) Nr.11. S.342-344. - 1 Abb., 2 Tab.
Statistisches Material über Produktion, Export und Import von Landmaschinen der BRD und der europäischen EWG-Länder. Die Werte zeigen, daß die BRD fast soviel produziert wie die Länder Frankreich und Großbritannien zusammen. Dabei zeigt sich, daß Großbritannien überwiegend Schlepper produziert und die BRD in der Landmaschinenproduktion dominiert. Bei den importierten Maschinen liegen die Schlepper an der Spitze. Mit weitem Abstand folgen Pick-up-Pressen, Bodenbearbeitungsgeräte und Mähdrescher. H.Thömke. 1005.

1-64/02-0006 A n o n y m. Die überbetriebliche Maschinenverwendung. - Techn. u. Landwirtsch. 15 (1963) Nr.12. S.271-274. - 3 Tab.
Die überbetriebliche Maschinenverwendung ermöglicht auch den kleineren Betrieben, Großmaschinen wirtschaftlich zu nutzen. Durch Einsatz in mehreren Betrieben wird der Austastungsgrad der Maschinen verbessert und eine Verteilung der Kosten erreicht. Im Jahre 1960 konnten doppelt soviel kleinere Betriebe durch überbetrieblichen Einsatz Drillmaschinen, Düngerstreuer und Hackmaschinen verwenden. Die größte Bedeutung hat der Einsatz von Erntemaschinen für Halm- und Hackfrüchte. Der Schlepper wird als Zugmittel für fast alle Arbeiten benötigt, seine überbetriebliche Verwendung stößt auf organisatorische Schwierigkeiten. - Weiterer Überblick über Umfang und Form der überbetrieblichen Maschinenverwendung in den einzelnen Bundesländern Westdeutschlands. E.Nowatzky. 1005.

1-64/02-0007 S c h m i d t, H. Unser Ifo-Konjunkturbericht. Der Landmaschinenmarkt 1962. - Landmaschinen-Markt 42 (1963) Nr.6. S.272-274. 276. - 5 Tab. 1005.

1-64/02-0008 A n o n y m. Texas technological college students design "farm of the future". (Der landwirtschaftliche Betrieb der Zukunft.) - Agric. Engng. 44 (1963) Nr.6. S.322.

Vf. berichtet von einem Modell, das von den Studenten der Techn. Univ. in Texas angefertigt und auf einer Ausstellung gezeigt wurde. Das Modell gibt Hinweise, wie in Zukunft ein landwirtsch. Betrieb von ca. 50 acre aussehen soll. Der Gesamtbetrieb befindet sich unter einer Kunststoffhülle. Das Klima unter dieser Hülle wird elektrisch gesteuert. W.Heinig. 1005.

1-64/02-0009 A n o n y m. Farm equipment Red Book issue 1963. (Das Rote Buch 1963.) - Implement & Traktor Farm Implement News 78 (1963) Nr.3. S. A5-A209. B1-B240.

In dem in rein tabellarischer Form geordneten "Red Book 1963" ist alles an techn. Daten zusammengetragen, was man zur Beurteilung der in der Industrie der USA serienmäßig hergestellten Schlepper, Landmaschinen und Geräte benötigt. Wie im Vorjahr enthält der Teil A wieder die Ackerschlepper - getrennt nach Rad- und Kettenschleppern - einschl. Motoren und allen Zusatzeinrichtungen, während der Teil B den serienmäßig hergestellten Landmaschinen und Geräten gewidmet ist. Am Schluß des ersten Teiles findet man ein alphabetisch geordnetes Herstellerverzeichnis und am Ende des zweiten Teiles eine Zusammenstellung aller Nebraska-Teste bis zum Ende des Jahres 1961 und in einer bes. Aufstellung die neuesten Nebraska-Teste des Jahres 1962. W.Gerlach. 1005.

1-64/02-0010
Sel'skochozjajstvennaja technika. Spravočnik dlja zakaza sel'skochozjajstvennoj techniki kolchozami, sovchozami i drugimi sel'skochozjajstvennymi organizacijami i predprijatijami. (Technik in der Landwirtschaft. Handbuch für die Bestellung von Maschinen und Geräten durch Kollektivwirtschaften, Sowjetgüter und andere landwirtschaftliche Betriebe.) Hrsg. Instn.: Vsesojuznoe ob-edinenie pri SNCh SSSR "Sojuzsel'choztechnika". 2., überarb. u. erg. Aufl. Moskva: Izdatel'stvo sel'skochozjajstvennoj literatury, žurnalov i plakatov. 1963. (781 S. m. zahlr. Abb. u. Tab.) 22 x 27 cm.

Das Handbuch "Technik in der Landwirtschaft" ist eine katalogartige Zusammenstellung des gesamten Maschinen- und Geräteprogramms der Landmaschinenindustrie in der SU. Die aufgeführten Maschinen befinden sich in der Produktion, einzelne noch in der Null-Serie. Es werden jeweils eine kurze Beschreibung, die techn. Daten und die Hauptparameter gegeben. Insges. enthält das Buch 700 verschiedene Maschinenbeschreibungen. Ein stark gegliederter Aufbau und ein Inhaltsverzeichnis mit allen aufgeführten Maschinen erleichtern das Arbeiten mit dem Handbuch. Es ist wie folgt aufgebaut: Traktoren und Geräteträger; Bodenbearbeitungsmaschinen für allg. Zwecke; Maschinen für die Einbringung von Düngemitteln; Drillmaschinen für die Aussaat von Getreide, Erbsen u.a. Kulturen; Maschinen für die Ernte von Getreide, Leguminosen und Ölfrüchten; Maschinen für die Reinigung und Trocknung von Getreide; Maschinen für Anbau und Ernte von Körnermais; Maschinen für Anbau und Ernte von Kartoffeln; Maschinen für den Anbau von Gemüse- und Melonenkulturen; Maschinen für den Zuckerrübenanbau; Maschinen für Anbau und Ernte von Baumwolle; Maschinen für Anbau, Ernte und Aufbereitung von Faserpflanzen; Maschinen für den Anbau von Tee, Zitrusfrüchten und ätherische Ölkulturen; Maschinen für Obst- und Weingärten; Maschinen für den Pflanzenschutz; Maschinen für die Forstwirtschaft; Maschinen für die Bewässerung; Maschinen für die Entwässerung und für die Nutzbarmachung von Sümpfen und versumpften Ländereien; Maschinen für die Mechanisierung der Futtergewinnung; Maschinen für die Mechanisierung der Viehwirtschaft; Lader und Förderer; Traktoranhänger; Fahrzeuge; Dieselmotoren und Dieselgeneratoren; fahrbare und stationäre Kraftwerke und Aggregate; Windmotoren; Waagen; Mühlenausrüstungen; Wasserfahrzeuge; Feuerwehrausrüstungen; Bau- und Wegebaumaschinen; Maschinenkomplexe für die Mechanisierung der landwirtsch. Produktion. Das Buch enthält zahlreiche Abbildungen. Ch. Hammer.

1-64/02-0011
K a n a f o j s k i, Czesław. Narzedzia i maszyny rolnicze. (Landwirtschaftliche Maschinen und Geräte. Bd. 3.) Warszawa: Państw. wyd. rolnicze i leśne. 1963. 8°. (1963 A 911)

1-64/02-0012
G u d k o v, Aleksandr Nikolaevič. Nekotorye problemy mechanizacii sel'skochozjajstvennogo proizvodstva. (Einige Probleme der Mechanisierung der landwirtschaftlichen Produktion.) Moskva: Sel'chozizdat. 1962. (45 S.) 8°. (1963 A 716)

1-64/02-0013
T o l p e k i n, Stefan Zacharovič. Kompleksnaja mechanizacija sel'skogo chozjajstva (ėkonomičeskaja ėffektivnost'). (Komplexe Mechanisierung der Landwirtschaft. Ökonomischer Nutzeffekt.) Moskva: Izd. ėkonom. lit. 1962. (139 S.) 8°. (1963 A 945)

1-64/02-0014
S o k o l o v, Igor Aleksandrovič. Bez ručnogo truda. (Ohne Handarbeit.) Moskva: Izd. "Znanie". 1963. (48 S.) 8° = Narodnyj universitet kul'tury Nr. 2 (SR 2822, 1963,2)

1-64/02-0015
Stahl in der Landwirtschaft. Mechanisierung der Feld- und Hofwirtschaft. Hrsg. v. d. Beratungsstelle f. Stahlverwendung. Düsseldorf: Stahleisen. 1962. (527 S.) 4°. (1963 B 116)

1-64/02-0016
Bibliography of agriculture. Washington: Nat. Agric. Library, Special Bibliographical Section. 1963 = Mention Library List Nr. 75.

1-64/02-0017
Mezögazdasági szakbibliográfiák és témadokumentációk bibliográfiája. (Bibliographie der landwirtschaftlichen Fachbibliographien und Themendokumentationen.) Budapest: Országos mezögazdasági könyvtár és dokumentációs központ. 1962. (17 S.) 4°. (1963 B 45)

C. UNTERRICHT, BERUFSAUSBILDUNG

1-64/02-0018 P o e v e r l e i n, J. Arbeitspädagogische Grundbegriffe. - Arb. u. Leistung 17 (1963) Nr.8/9. S.132-136. - 3 Abb. 1205.

1-64/02-0019 L u c a s, W. Neue Studienordnung für Diplomlandwirte in Deutschland. - Fatis Rev. /Bad Godesberg/ 10 (1963) Nr.1. S.14-15. 1205.

1-64/02-0020 R e g e l, H. Die berufliche Situation der Jugendlichen in der Landwirtschaft. - Z. ges. Hyg. Grenzgebiete 9 (1963) Nr.9. S.679-684. - Zus. in Russ., Engl. 1205.

1-64/02-0021 S a b a t i n i, Vincenzo. Die landwirtschaftliche Berufsausbildung in Italien. - Ausbild. Berat. Land- u. Hauswirtsch. 16 (1963) Nr. 9. S.195-198. - 2 Abb., 3 Tab. 1205.

1-64/02-0022 S c h m i e l, Martin. Das landwirtschaftliche Schulwesen in Norwegen. - Ber. Landwirtsch. /N.F./ 41 (1963) Nr.2. S.381-396. - 7 Tab., 21 Lit. 1205.

1-64/02-0023 Berufspraktischer Unterricht in der Landwirtschaft. Organisatorische und method. Hinweise zum berufsprakt. Unterricht in d. sozialist. Landwirtschaft. Berlin: Volk u. Wissen. 1963. (150 S.) 8°. (1963 A 871)

D. FORSCHUNG

1-64/02-0024 B a e l, R.L. Technical-economic studies. (Technisch-ökonomische Studien.) - Machine Design 35 (1963) Nr.11. S.182-185. - 2 Abb., 1 Diagr., 1 Tab. Aus: Dok.-Dienst ILT 1963 Nr.8.

Da Forschung und Entwicklung stets auf den jeweiligen finanziellen Nutzen des Betriebes abgestimmt sind, ist für jede Aufgabe eine exakte techn.-ökonom. Vorstudie erforderlich. Erarbeitung des Arbeitsplanes durch Mitarbeiter der Forschung und Entwicklung und Vorlage beim sog. Büro für neue Erzeugnisse (NPO), das ökonom. Analyse durchführt und Aufgabe bestätigt. Beispiel: Forschungsaufgabe aus dem Gebiet des Reibungsschweißens. 1305.

1-64/02-0025 Trudy Vsesojuznogo naučno-issledovatel'skogo instituta mechanizacii sel'skogo chozjajstva (VIM). (Arbeiten des Unions-Forschungs-Instituts für Mechanisierung der Landwirtschaft.) Hrsg.: Vsesojuznaja ordena Lenina akademija sel'skochozjajstvennych nauk imeni V.I. Lenina. Moskva. 1960. (274 S. m. zahlr. Abb., Tab. u. Lit.) 8° = Trudy Vsesojuznogo naučno-issledovatel'skogo instituta mechanizacii sel'skogo chozjajstva (VIM), Moskva Bd. 27.

Die Arbeiten des 27. Bandes befassen sich im wesentlichen mit der Behandlung des Getreides. Die Broschüre enthält dazu 4 Arbeiten, 3 weitere behandeln Versuche mit dem Vibrations-Maulwurfdränpflug, dem Grabenräumpflug; der letzte Beitrag, ein rein physikalischer, setzt sich mit der Entropie und der Funktion des Zustandes physikalischer Körper auseinander. Zum ersten Problem wird auf die Reinigung und Sortierung von Körnerleguminosen, auf den Einsatz von Flachsieben bei großer Belastung, auf die Berechnung von Becherelevatoren für landwirtsch. Maschinen und auf die automatische Regelung der Belastung des Dreschapparates von Mähdreschern eingegangen. Zahlreiche Tab., Abb. und Schemata unterstreichen die Darstellungen der Vff. W.Peitz.

1-64/02-0026 Trudy Vsesojuznogo naučno-issledovatel'skogo instituta mechanizacii sel'skogo chozjajstva (VIM). (Arbeiten des Unions-Forschungs-Instituts für Mechanisierung der Landwirtschaft.) Hrsg.: Vsesojuznaja ordena Lenina akademija sel'skochozjajstvennych nauk imeni V.I. Lenina. Moskva. 1960. (111 S. m. 54 Abb., 12 Tab. u. 44 Lit.) 8°. Rbl. 0,49 = Trudy Vsesojuznogo naučno-issledovatel'skogo instituta mechanizacii sel'skogo chozjajstva (VIM), Moskva Bd. 29.

Der 29. Band enthält 6 Arbeiten verschiedener Vff., die sich mit dem Einsatz radioaktiver Isotope bei wiss. Arbeiten befassen, die mit der Mechanisierung der Landwirtsch. zusammenhängen. Behandelt werden Untersuchungen der Drehbewegungen und Ursachen für die Verkohlung von Kolbenringen in Schlepperdieselmotoren, Zählgeräte zur Bestimmung radioaktiver Verschleißprodukte im Schmieröl, Messung der Geschwindigkeit des Körnerstromes in Kombines und Untersuchungen bei der Reinigung des Saatgutes. Die beiden letzten Beiträge befassen sich mit Problemen des Maschinenverschleißes und mit physikalisch-mechan. Eigenschaften des Holzes. W.Peitz.

1-64/02-0027 Mechanizacija i ėlektrifikacija sel'skogo chozjajstva. (Mechanisierung und Elektrifizierung der Landwirtschaft.) Hrsg.: Moskovskaja ordena Lenina sel'skochozjajstvennaja akademija imeni K.A. Timirjazeva. Moskva. 1961. (336 S. m. zahlr. Abb., Tab. u. Lit.) 8°. Rbl. 1,- = Doklady TSChA. Moskovskaja ordena Lenina sel'skochozjajstvennaja akademija imeni K.A.Timirjazeva Nr.66.

Das Buch enthält Arbeiten verschiener Vff. aus folg. Gebieten: Theoretische Fragen der Elektrotechnik, Einsatz des Maschinen- und Traktorenparkes

(Fragen des Pflügens, die sich aus der Art der Pflugenbringung an den Traktor ergeben, Einhaltung der Pflugtiefe, gleichmäßige Beaufschlagung der Arbeitsteile des Mähdreschers "SK-3"), Schleppermotoren (automatische Lenkung der Traktoren, Kraftstoffzuführung, allgemeiner Verschleiß des Motors, methodische Fragen der Prüfung von Traktor-Fahreigenschaften auf dem Prüfstand), technologische Fragen bei der Herstellung und Reparatur von Traktoren (Kleben, Drehen, Schweißen von Metall), theoretische Mechanik (Einsatz dünnwandiger Profile, Dynamik von Anbaugeräten). J.Güssefeldt.

E. BERATUNG

1-64/02-0028 A c k e r, Wilhelm. Maschinenberatung - nicht einfach, aber notwendig. - Landtechnik 18 (1963) Nr.15. S.480. 482-483. - 2 Abb.
Die Mechanisierung der Landwirtschaft soll die Arbeit erleichtern, verbessern, beschleunigen und AK einsparen. Diese Grundsätze werden vielfach ungenügend berücksichtigt, und es kommt zu Fehlinvestitionen. Hier tritt die Forderung auf, daß beim Maschinenkauf gleichzeitig eine intensive ökonomische Beratung des Verbrauchers erfolgt. Eine sinnvolle und richtige Mechanisierung bringt oftmals eine Änderung der gesamten Betriebsorganisation mit sich, daher ist hierfür ohne Zweifel ein ausgebildeter Diplomlandwirt notwendig. H.Thömke. 1405.

1-64/02-0029 G ö r n e r, Lothar. Betriebswirtschaftliche Einzelberatung. - Techn. u. Landwirtsch. 15 (1963) Nr.12. S.274. 276.
Der landwirtsch. Betrieb entwickelt sich immer mehr zu einer Produktionsstätte. Der Produktionsprozeß ist bestimmten Gesetzmäßigkeiten unterworfen. Der Betrieb muß optimal organisiert werden, d.h. mit min. Kosten max. Ertrag erzielen. Durch Einzelberatung soll dem Landwirt eine techn. und betriebswirtschaftliche Hilfestellung gegeben werden. Um erfolgversprechend beraten zu können, ist neben einer festen Methode der horizontale und vertikale Betriebsvergleich anzuwenden. Nach Festlegung des Betriebszieles werden Maßnahmen zur Realisierung eingeleitet. E.Nowatzky. 1405.

F. DOKUMENTATION

1-64/02-0030 S i e g m u n d, K. Über die Dokumentation und Information in der Landwirtschaft der Deutschen Demokratischen Republik. - S.-B. dtsch. Akad. Landwirtsch.-Wiss. Berlin 12 (1963) Nr.8. S.19-29. 1505.

1-64/02-0031 V l č e k, K. Aufbau und Arbeit des Instituts für Wissenschaftlich-Technische Information in der Land-, Forst- und Wasserwirtschaft Prag. - S.-B. dtsch. Akad. Landwirtsch.-Wiss. Berlin 12 (1963) Nr.8. S.5-18. 1505.

1-64/02-0032 Introduction à la documentation agronomique. La classification bibliographique. Paris: Inst. national de la recherche agronomique. 1962. (176 S.) 8°. (1963 A 738)

1-64/02-0033 L o o s j e s, Th.P. Dokumentation wissenschaftlicher Literatur. München; Basel; Wien: BLV Verlagsges. 1962. (XI, 143 S.) 8°. (1963 A 773)

1-64/02-0034 V o j t e k, Zdeněk und P ř í h o d a, Miroslav. Podnikové útvary vědeckotechnických informací na zemědělských závodech-technické knihovny. (Betriebliche Einrichtungen für wissenschaftlich-technische Informationen für Landwirtschaftsbetriebe - technische Bibliotheken.) Praha: Ústav vědeckotechn. informací MZLVH. 1962. (44 S.) 8° = Metodiky pro zavádění výsledku výzkumu do praxe Nr. 28. (SR 2716, 1962,28)

1-64/02-0035 Literatur über Hollerithverfahren in der Dokumentation. Ausgabe 2. Hrsg. Instn.: Inst.für Dokumentation, Dokstelle "Dokumentation und Information", Berlin. (Lit.-Nr.: MB Nr. 104. Titelanzahl: 42. Ber.-Zeit: 1954-1963.)

1-64/02-0036 Literatur über Mikrofilmdokumentation. Hrsg. Instn.: Inst. für Dokumentation, Dokstelle "Dokumentation und Information", Berlin.(Lit.-Nr.: MB 98. Titelanzahl: 51. Ber.-Zeit: 1955-1962.)

II. TECHNISCHE GRUNDLAGEN

B. GRUNDLAGENWISSENSCHAFTEN, ERFINDUNGEN, KONSTRUKTIONEN

1-64/02-0037 P a v l o v, B.V. Kibernetiku - na službu sel'skomu chozjajstvu. (Kybernetik im Dienste der Landwirtschaft.) - Mechanizacija i ėlektrifikacija socialističeskogo sel'skogo chozjajstva, Moskva 21 (1963) Nr.3. S.9.25. 2110a.

1-64/02-0038 O n d ř e j, Ladislav; Katedra Využití STP. Stanovení optimálních konstrukčních parametrů strojů a provozních parametrů agregátu vyžadujících technologickou obsluhu z hlediska maximální výkonnosti. (Festlegung von optimalen Konstruktionsparametern der Maschinen und von Betriebsparametern der Aggregate, welche die technologische Bedienung bezüglich der maximalen Leistung erfordern.) - Sborník Vysoké Školy zemědělské Praha 1962 S. 267-281. - 10 Abb., 3 Lit. Zus. in Russ.

Es wird der Einfluß von sog. technol. Pausen auf die Arbeitsleistung landwirtsch. Maschinen und Aggregate verfolgt. Während dieser Arbeitspausen wird z.B. der Vorratsbehälter nachgefüllt, die Arbeitsorgane werden gereinigt usw. Vf. ist bestrebt, mit Hilfe von Berechnungen die optimal zurückgelegte Strecke zwischen den einzelnen technol. Pausen zu ermitteln und Anforderungen an die optimalen Konstruktions- und Betriebsparameter der Landmaschinen und Aggregate festzustellen. Auf diese Weise kann man z.B. die geeignete Größe der Vorratsbehälter der Maschine und bei gegebener Behältergröße die vorteilhafteste Arbeitsbreite der Maschine bestimmen. Ferner werden Faktoren ermittelt, die bei einer einzigen technol. Bedienung die Materialmenge beeinflussen und den Einfluß der technol. Bedienung auf die Erzielung der Höchstleistung bestimmen. M.Douda. 2120.

1-64/02-0039 K ö r n e r, M. Baugruppensystematik Landmaschinen und Traktoren. - Dtsch. Agrartechn. 12 (1962) Nr.12. S.579-581. - 1 Abb., 2 Lit. 2130.

1-64/02-0040 K o l o t u š i n, A.S. und S i n j a g o v s k i j, I.S. Nesuščaja sposobnost' sžato-izognutych tonkostennych ėlementov ram sel'chozmašin. (Tragfähigkeit dünnwandiger Druck- und Biegungselemente am Rahmen landwirtschaftlicher Maschinen.) - Doklady TSChA. Moskovskaja ordena Lenina sel'skochozjajstvennaja akademija imeni K.A. Timirjazeva 1962 Nr.73. S.309-322. - 4 Abb., 2 Diagr., 4 Tab., 4 Zeichn., 2 Lit. 2135.

1-64/02-0041 K a b a t, G.V. Grafoanalitičeskij metod issledovanija nesuščej sposobnosti tonkostennych profilej pri povtorno-peremennych nagruzkach. (Graphoanalytische Methode für die Untersuchung der Tragfähigkeit dünnwandiger Profile bei wiederholt wechselnder Belastung.) - Doklady TSChA. Moskovskaja ordena Lenina sel'skochozjajstvennaja akademija imeni K.A. Timirjazeva 1962 Nr.73. S.337-351. - 7 Diagr., 1 Tab., 5 Lit. 2135.

1-64/02-0042 S p i c e, H.R. Polythene films in agriculture. (Polyäthylen-Folie in der Landwirtschaft.) - Wld. Crops 15 (1963) Nr.6. S.239-245. 249. - 18 Abb., 1 Lit.

Polyäthylen-Folie hat sich eine vielseitige Verwendung im Pflanzenbau und bes. im Gartenbau erobert. So wurde z.B. bei Vegetationshäusern für das Dach und die Seitenwände statt Glas Folie verwendet, die im Verlaufe der Anzucht einer Kultur auch zeitweilig wieder abgenommen werden kann. Durch dünnwandige, perforierte Folienkanäle, die in bestimmten Abständen im Vegetationshaus installiert wurden, erfolgte eine Wärmeregulierung durch Kalt- bzw. Warmluftzufuhr. Wenn Warmhäuser mit Polyäthylen-Folie ausgekleidet werden, bildet sich zwischen Glas und Folie ein Luftpolster, wodurch die Wärmeverluste verringert werden. Bei Reihenkulturen werden Drahtbügel aufgestellt und mit Folie überspannt, wodurch einer ungünstigen Witterung vorgebeugt bzw. eine Vorverlegung des Erntetermins erreicht wird. Die Bodenbedeckung mit Folie erhält die Bodenfeuchtigkeit, erhöht die Nitrifikation, ermöglicht eine Beeinflussung der Bodentemperatur und verhindert Unkrautwachstum (bei Bedeckung mit schwarzer Folie), Folie wurde auch verwendet zur Errichtung einfacher Wasservorratsbehälter, zum Abdecken von Heu- und Torfmieten, zum Schutz von Einzelfrüchten gegenüber dem Boden oder Schädlingen und zum Abdecken der Erde bei der Bodendämpfung.

A. Jeske. 2140.

1-64/02-0043 S i n j a g o v s k i j, I.S., S i l k i n, E.A. und C h a s a n o v, R.M. Osnovnye napravlenija issledovanij pročnosti svarnych soedinenij v sel'skochozjajstvennom mašinostroenii. (Grundrichtung der Festigkeitsuntersuchungen von Schweißverbindungen im landwirtschaftlichen Maschinenbau.) - Doklady TSChA. Moskovskaja ordena Lenina sel'skochozjajstvennaja akademija imeni K.A. Timirjazeva 1962 Nr.73. S.299-308. - 4 Zeichn., 18 Lit. 2140.

1-64/02-0044 G o e r l i c h, Hans-Helmut. Mechanik in der Landwirtschaft. Leipzig: Teubner. 1963. (65 S. m. 55 Abb.) 8°. (1963 A 939)

1-64/02-0045 Unter d. Red. v. O s t r o v s k a, Ju.A. Nemecko-russkij mechaniko-matematičeskij slovar. (Deutsch-russisches mechanisch-mathematisches Wörterbuch.) Moskva: Izd. Moskovskogo univ. 1960. (214 S.) 8°. (1963 A 994)

C. FERTIGUNG, INSTANDSETZUNG, PFLEGE

1-64/02-0046 P e a r s o n, J. und H a y e s, G.A. Characteristics and capabilities of explosive welding. (Merkmale und Fähigkeiten des Explosionsschweißens.) - Machine Design 35 (1963) Nr.10. S.170. 172. 174. 176. 178. - 1 Abb., 2 Diagr., 3 Skizzen, 2 Tab. Aus: Dok.-Dienst ILT 1963 Nr.8.

Die Anwendung des Explosionsschweißens für folg. Zwecke wurde geprüft: Oberflächenverkleidung großer Bleche; Ausbüchsen der Innenflächen von Jangen Rohren und Raketendüsen; Verbindung von Knüppeln aus verschiedenen Spezial-Schweißaufgaben. Verlauf des Prozesses, geometrische Anordnung der zu verbindenden Schichten. Wahl der Methode je nach der Zahl der verschiedenen Schichten. Bedingungen, die den Verlauf der inneren Vorgänge und die Eigenschaften des Produktes beeinflussen (Schweißen an der Luft oder im Vakuum). Tab. der Parameter verschiedener Schweißmetallkombinationen. Einschätzung der Verbindungsstruktur und der Härte der Flächen. 2210.

1-64/02-0047 Ul'man, I.E. und Geršte jn, I.M.; Tscheljabinsk, Inst. für Mechanisier. und Elektrifizier. der Landwirtsch. Avtomatičeskaja impul'sno-dugovaja naplavka na peremennom toke. (Elektrovibrationsschweißen mit Wechselstrom.) - Mechanizacija i elektrifikacija socialističeskogo sel'skogo chozjajstva, Moskva 21 (1963) Nr.1. S.27-29. - 1 Schema, 2 Diagr., 3 Tab.

Durch Verwendung von Wechselstrom für das Elektrovibrationsschweißen kann die Schweißeinrichtung wesentlich vereinfacht und der Stromverbrauch um 50 % verringert werden. Allerdings verschlechtert sich hierbei die Stabilität des Schweißvorganges und die Qualität der aufgeschweißten Schicht. Vff. beschreiben ein automatisches Versuchsgerät mit einer von einem Exzentervibrator angetriebenen Schwingelektrode. Mit Schweißdrähten von 1,6 mm Dmr. wurden auf Stahlzylinder von 40 mm Dmr. Schichten bei folgenden Betriebswerten aufgetragen: Schwingungsamplitude 1,5-2,0 mm, Verbrauch an Kühlflüssigkeit 1,5 l/min, Zylindervorschub 2,1 mm/U, Verhältnis zwischen Elektrodenvorschub und Zylinder-Oberflächengeschwindigkeit = 1:2, max. Elektrodenvorschub je nach Spannung 1100 - 3140 mm/min, Spannung 16 - 28 V, Induktivität im Schweißstromkreis 70 - 210 μH, Lichtbogenbrenndauer 41,2 - 48,5 %, spez. Abschmelzleistung 9,3 - 11,0 g/Ah, Verluste 9,4 - 20,0 %. Vff. bringen eine Fülle von Angaben über die Zusammenhänge zwischen den einzelnen Betriebsdaten und weisen darauf hin, daß es gelungen ist, auch für das Vibrationsschweißen mit Wechselstrom eine Reihe von Betriebszuständen zu finden, die Schweißschichten von einer Qualität ergeben, die nicht schlechter ist als beim Vibrationsschweißen mit Gleichstrom. W. Balkin. 2210.

1-64/02-0048 Ursu, I. und Iacklovszky, E. Die Reparatur von Traktoren in Instandsetzungswerken. - Int. Z. Landwirtsch. [Sofia/Berlin] 1963 Nr.2. S.92-97. - 7 Abb.

Vff. berichten über die Vervollkommnung der Organisation und die techn. Weiterentwicklung des landtechn. Instandhaltungswesens in der Rumänischen Volksrepublik. Die große Zahl von Werkstätten mit geringer Kapazität wirkte sich hemmend auf das Anwachsen der Arbeitsproduktivität in der Instandsetzung aus und verhinderte die Einführung vollkommener Technologien. An Stelle von 27 Werkstätten geringer Kapazität traten 15 Instandsetzungswerke mit einer erheblich höheren Kapazität. Damit wurde die materiell-techn. Basis erheblich verstärkt. K.-H. Schulte. 2215.

1-64/02-0049 Levitskij, I., Michlin, V., Kušč, L. und Gutorovič, M. Rasčet potrebnosti v specializirovannych remontnych predprijatijach. (Errechnung des Bedarfes an spezialisierten Reparaturbetrieben.) - Technika v sel'skom chozjajstve, Moskva 23 (1963) Nr.3. S.61-63. - 3 Tab. Aus: Dok.-Dienst ILT 1963 Nr.6.

Mathematische Berechnungsmethode, speziell für den Bedarf des Moskauer Gebietes, mit Berücksichtigung folgender Faktoren: in einem bestimmten Zeitraum zu erwartende Maschinen und Reparaturen, durchschnittlichen Lohn. Dichte der zur Reparatur anfallenden Maschinen, Lagerkosten, Lohnselbstkosten, optimale Transportstrecke und Kapazität des Betriebes. Dadurch Ausschaltung ungleichmäßiger Auslastung einzelner Betriebe. 2215.

1-64/02-0050 G u t o r o v i č, M.S. K voprosu opredelenija optimal'nych razmerov remontnych predprijatij. (Optimale Größe von Reparaturbetrieben.) - Mechanizacija i ėlektrifikacija socialističeskogo sel'skogo chozjajstva, Moskva 21 (1963) Nr.4. S.51-52. - 3 Lit. 2215.

1-64/02-0051 P e n t z o l d, H. Die maschinentechnische Ausrüstung einer LPG-Werkstatt. - Dtsch. Agrartechn. 12 (1962) Nr.12. S.566-568. - 2 Abb., 2 Tab., 2 Lit. 2215.

1-64/02-0052 P a v l o v, B.V. und Z m a n o v s k i j, V.A.; Sibir.Zweigstelle des Unions-Forsch.-Inst. für Mechanisier. der Landwirtsch. Korreljacionnyj metod prognozirovanija avarij. (Korrelationsverfahren zur Aufdeckung von Maschinenschäden.) - Vestnik sel'skochozjajstvennoj nauki, Moskva 7 (1962) Nr.9. S.120-123. - 5 Abb. Zus. in Engl., Franz., Dtsch.
Beginnende Maschinenschäden, z.B. das Ausbröckeln eines Getriebezahnes, lassen sich nach dem Geräusch nicht erkennen. Geräusch-Oszillogramme eines intakten Getriebes und eines Getriebes mit ausgebrochenem Zahn haben keine Merkmale, nach denen man das defekte Getriebe vom intakten unterscheiden kann. Unter Anwendung des Korrelationsverfahrens lassen sich jedoch durch Bearbeitung der Geräuschkurven mittels des sog. Korrelators für die intakten gesunden und defekten Maschinen deutlich unterscheidbare Kurven der Korrelationsfunktion ermitteln, so daß es möglich ist, beginnende Maschinenschäden durch Vergleichsprüfungen rechtzeitig zu erkennen. Vff. erörtern das Verfahren theoretisch und weisen an einem Fall aus der Reparaturpraxis seine Tauglichkeit nach. W.Balkin. 2215.

1-64/02-0053 M i c h l i n, V.M.; Technol. Unions-Forsch.-Inst. für Instandsetz. und Betr. von Schleppern und Landmaschinen. Ocenka remontosposobnosti detalej mašin. (Bewertung der Eignung von Maschinenteilen für die Instandsetzung - Instandsetzungseignung.) - Mechanizacija i ėlektrifikacija socialističeskogo sel'skogo chozjajstva, Moskva 21 (1963) Nr.1. S.24-26. - 1 Diagr., 1 Tab., 2 Lit.
Die Instandsetzungseignung ist ein Kennwert, der in allg. Form die Kosten, die Qualität und die Anzahl der möglichen Instandsetzungen eines Teiles, einer Baugruppe oder einer ganzen Maschine angibt. Es ist zwischen einer aktiven und passiven Brauchbarkeit der instandzusetzenden Teile zu unterscheiden. Die erste kennzeichnet die Betriebsdauer zwischen 2 Instandsetzungen und die zweite die Anzahl der wirtschaftlich zweckmäßigen Instandsetzungen. Vf. stellt Ausdrücke für die aktive und passive Brauchbarkeit auf und entwickelt aus ihnen einen Ausdruck für den Koeff. der Instandsetzungseignung. In einer Tab. bringt er diesen Koeff. für einige Schlepperteile. Bei der Bewertung der Instandsetzungseignung muß man die Bedingungen für die Zweckmäßigkeit der Instandsetzung kennen. Vf. nennt dafür die zulässige Zeit zwischen 2 Instandsetzungen sowie die zulässigen Instandsetzungs- und Betriebskosten und gibt entsprechende Ausdrücke. Abschließend entwickelt Vf. einen Ausdruck für die durch die Instandsetzung erzielbare Ersparnis und stellt die bei wirtschaftlicher Instandsetzung entstehenden Kosten und die

zwischen 2 Instandsetzungen liegenden Zeitabschnitte in Abhängigkeit von der Zahl der Instandsetzungen graphisch dar. W.Balkin. 2215.

1-64/02-0054 N i t s c h e, K. Zur Einführung der Progressiven Pflegeordnung für Traktoren. - Dtsch. Agrartechn. 13 (1963) Nr.6. S.283-286. - 2 Abb., 8 Lit. Aus: Dok.-Dienst ILT 1963 Nr.7.

Auf der Grundlage vorliegender Forschungs- und Erprobungsergebnisse unter Heranziehung der Forschungsergebnisse des Landmaschineninst. der Univ. Halle und der Forschungsstelle Krakow wurde eine Fassung der Progressiven Pflegeordnung für Traktoren (PPO) ausgearbeitet, die nunmehr der Öffentlichkeit vorgelegt und dem Landwirtschaftsrat zur allgemeinen Einführung empfohlen wird. Diese PPO gliedert sich in folgende Teile: Pflege, Überprüfung, Instandsetzung, organisatorische Durchführung, materielle Interessiertheit und Wettbewerb, Voraussetzung für die erfolgreiche Anwendung der PPO. 2220.

1-64/02-0055 L o r e n c, Władysław und P o k r z y w a, Bronisław. Naprawa ciągników rolniczych. (Die Instandsetzung von landwirtschaftlichen Traktoren.) Warszawa: Państw. wyd. rolnicze i leśne. 1962. (274 S.) 8°. (1963 A 674)

D. TECHNISCHE BETRIEBSANGELEGENHEITEN

1-64/02-0056 A n o n y m. Das Bundesinstitut für Arbeitsschutz. - Arb. u. Leistung 17 (1963) Nr.8/9. S.136. 2310.

1-64/02-0057 C z a r n e c k i, Edmund. Bhp w rolnictwie. (Arbeitsschutz und Arbeitshygiene in der Landwirtschaft.) - Nowe Rolnictwo 12 (1963) Nr.1. S.42-43.

Die Leitungen der Staatsgüter und der Dienstleistungsbetriebe auf dem Lande kümmerten sich bisher zu wenig um den Arbeitsschutz und die Arbeitshygiene, die beide unzertrennlich mit der Produktion verbunden sind. Im Zusammenhang damit vergrößert sich die Zahl der Unfälle mit dauernden Körperschäden oder mit tödlichem Ausgang. Die administrativen Organe, Volksräte und das Personal des Landwirtschaftsdienstes müßten sich mit der Untersuchung der Kosten befassen, die mit Arbeitsunfällen zusammenhängen und Grundsätze für die Unfallverhütung ausarbeiten. Um das Verantwortungsgefühl der Leitung und der Belegschaften für den Stand des Arbeitsschutzes und der Unfälle bei der Arbeit zu steigern, müssen Schulung, Instruktion, Propaganda und Popularisierung der Fragen des Arbeitsschutzes und der Arbeitshygiene verstärkt werden. PRL/CBR, übersetzt v. R.Hüffer. 2310.

1-64/02-0058 P r e u s c h e n, G. Maskiner och hälsa. (Maschinen und Gesundheit.) - Traktor J. [Stockholm] 8 (1963) Nr.4. S.220-223. 234. - 2 Skizzen.

Die Aufgabe der Technik besteht in der Erhöhung der Arbeitsproduktivität und in der Verringerung der körperlichen Arbeit. Vf. stellt fest, daß das nicht immer der Fall ist und daß durch überhöhte Anforderungen an die Steigerung der Arbeitsproduktivität dem Bedienungspersonal zuviel zugemutet wird. Zur körperlichen Anstrengung (z.B. Stalldungausfuhr mit Frontlader) kommt die nervliche Belastung durch Geräusche, erhöhte Aufmerksamkeit bei der Bedienung der zahlreichen Hebel usw. Er fordert in diesem Zusammenhang sinnvollere Konstruktionen der Landmaschinen und Geräte und widmet sich bes. den mangelhaft konstruierten Traktorensitzen als Quelle häufig auftretender Körperschäden. E.Kahn. 2315.

1-64/02-0059 V o l k o v, B.G. und K o š k i n, L.K.; Forsch.-Inst. für Mechanisier. und Elektrifizier. der Landwirtsch. des Nordwestens. Normirovanie traktornych rabot cikloyym metodom. (Die Normung zyklischer Schlepperarbeiten.) - Mechanizacija i elektrifikacija socialisticeskogo sel'skogo chozjajstva, Moskva 21 (1963) Nr.2. S.20-22. - 2 Diagr.

Im Lab. für Techn. Normung des o.g. Inst. ist ein Verfahren zur Aufstellung von Normen für eine Reihe von Schlepperarbeiten mit zyklischem Charakter (z.B. Laden, Transportieren und Streuen von Dünger, Befördern von Silo- und Rauhfutter, Stäuben und Spritzen von Pflanzen) entwickelt worden. Zunächst wird bei dem Verfahren die Anzahl der Arbeitszyklen in der Zeiteinheit und danach die Dauer der einzelnen Arbeitsgänge eines Zyklus ermittelt. Ferner sind der Zeitaufwand für physiologische Bedürfnisse und für die Maschinenwartung innerhalb der Schichtzeit, die Leerlaufzeiten auf den Vorgewenden, Fahrten zum Tanken und die bes. Bedingungen der einzelnen Arbeitsarten zu berücksichtigen. Aus den Einzelzeiten ergibt sich die Gesamtzeit des Zyklus. Die für die Ermittlung der einzelnen Zeiten erforderlichen Ausdrücke werden vom Vf. angegeben. W.Balkin. 2320.

1-64/02-0060 M a x a, Rudolf. Der Arbeitsaufwand in Acker-Grünlandwirtschaften des Alpenvorlandes. - Förderungsdienst /Wien/ 11 (1963) Nr.8. S. 272-273. - 2 Abb. 2320.

1-64/02-0061 C a r i l l o n, R. La puissance optimum du tracteur dans l'exploitation agricole. (Die optimale Traktorenstärke für landwirtschaftliche Betriebe.) - Génie rural 34 (1963) Nr.1. S.119-121. 167.

Eine mathematische Methode wird entwickelt, die es erlaubt, die Traktorenstärke eines gegebenen landwirtsch. Betriebes zu bestimmen. Erläuterung eines Verfahrens zur Errechnung des jährlichen Selbstkostenpreises für den Traktor und zur Feststellung der in den verschiedenen Betriebsformen anfallenden Traktorenarbeiten. Es wird festgestellt, daß die optimale Betriebsstundenzahl eines Traktors mit wachsender Stärke zunimmt. Betriebe mit ständigen Fremdarbeitskräften benötigen den 1,7-fachen Mot.-PS-Besatz. In Großbetrieben setzt sich die Tendenz zu einem 35 - 45 PS starken Radtraktor und einem 80 - 100 PS starken Kettentraktor durch. Für die Zwischenklasse von 50 - 55 PS wird keine Zukunft gesehen. Für Familienbetriebe wird der Selbstkostenpreis des Traktors erst bei Betriebsgrößen von mindestens 28 ha tragbar. In der Zukunft muß die Betriebsfläche weiter erhöht werden. Der Zapfwellenantrieb vieler moderner Landmaschinen erfordert Schlepperleistungen von mindestens 35 PS und diese mindestens 40 ha Betriebsfläche. Um den betriebswirtschaftlichen Forderungen nach mindestens 2 Traktoren zu entsprechen und verschiedene Erntemaschinen wirtschaftlich einsetzen zu können, erscheinen für die Zukunft Betriebsgrößen von 100 - 120 ha optimal. H.Kaiser. 2325.

1-64/02-0062 B i s c h o f f, Theo. Zur Ökonomik der überbetrieblichen Maschinenverwendung in der Landwirtschaft. - Ber. Landwirtsch. /N.F./ 41 (1963) Nr.2. S.316-335. - 4 Abb., 6 Tab., 22 Lit. 2325.

1-64/02-0063 P u š k a r e v a, P.V., Š k r e d o v a, L.F. und M a k s i m o v a, T.T.; Sibier. Zweigstelle des Unions-Forsch.-Inst. für Mechanisier. der Landwirtsch. Primenenie vyčislitel'nych mašin dlja rasčeta potrebnosti kolchozov i sovchozov v technike. (Die Verwendung von Rechenmaschinen für die Berechnung des Maschinenbedarfs der Sowchosen und Kolchosen.) - Mechanizacija i ėlektrifikacija socialističeskogo sel'skogo chozjajstva, Moskva 21 (1963) Nr.2. S.29-30. - 2 Lit.

Von den für die vollständige Verrichtung aller agrotechn. Maßnahmen verwendbaren Maschinen ist ein System zusammenzustellen, das alle Arbeiten zu den erforderlichen Fristen bei minimalen Betriebs- und Anschaffungskosten ausführen kann. Für eine Brigade eines Sowchos des Nowosibirsker Gebietes wurde durch lineare Programmierung und mit Hilfe einer elektronischen Rechenmaschine ein solches Maschinensystem ermittelt. Als Ausgangsdaten wurden verwendet: die Saatbettfläche jeder Kultur, der Arbeitsumfang für jede Kultur, die agrotechn. Fristen, die technol. richtig einsetzbaren Schlepper und Maschinen, die techn. und wirtschaftlichen Kennwerte jeder Maschine (Leistung je Schicht, Kraftstoffverbrauch je ha, Ausgaben für die Arbeitseinheit). Zur Auswahl standen insgesamt 12 verschiedene Schleppertypen und 121 Typen von Anhänge- und Anbaumaschinen. Vff. formulieren die Aufgabe und stellen die zu ihrer Lösung erforderlichen Gleichungen auf. Für die Ermittlung des optimalen Planes wurde das von dem Mitarbeiter des Math. Inst. der Sibir. Abt. der Akad. der Wiss. der UdSSR W.A.Bulawski für die lineare Programmierung bei einer großen Zahl von Variablen und einschränkenden Bedingungen entwickelte iterative Lösungsverfahren angewendet. Die direkten Ausgaben wurden auf einer elektronischen Rechenmaschine errechnet. Die nach diesem Verfahren gefundenen Kosten des Maschinen- und Traktorenparks betrugen nur 77 % der nach den üblichen Verfahren errechneten Kosten.

W.Balkin. 2325.

1-64/02-0064 H a l m a n, Z.J. und H a r t m a n s, D. Arbeidsorganisatie op een aantal grotere akkerbouwbedrijven. (Arbeitsorganisation großer Ackerbaubetriebe.) - Inst. Landbouwtechn. Rationalisatie Wageningen, Publ. 1962 Nr. 68. S.1-139. - 35 Abb., 30 Diagr., 42 Schemata, 31 Tab. Zus. in Engl.

Die vorliegende Broschüre des ILR enthält die Ergebnisse 4 jähriger arbeitswirtschaftlicher Untersuchungen in 17 niederländischen Großbetrieben. - Empfehlungen: Der Arbeitsaufwand im Pflanzkartoffelbau läßt sich durch Einsatz von Reihenfräse, Sammelroder und gut eingerichteter Lagerräume von 540 auf 420 AKh/ha senken. Mit Hilfe der gleichen Maschinen ist es möglich, im Konsumkartoffelbau den Aufwand von 450 auf 240 AKh/ha zu verringern. Durch Einsatz von Monogermsaatgut, Einzelkornsämaschinen und Vollerntemaschinen kann beim Zuckerrübenbau der Aufwand von mehr als 300 auf 120 AKh/ha reduziert werden. In der Getreideernte kann der Aufwand bei Verwendung von Mähdreschern mit Körnerbunker, selbstentladenden Wagen und Trocknungseinrichtungen bis auf 20 AKh/ha vermindert werden, Die Strohbergung erfordert einen großen Anteil der Arbeitszeit. Kann das Stroh auf dem Felde bleiben, sind 2 AK in der Lage, 1 ha in 8 Std. zu ernten. L.Machler. 2325.

1-64/02-0065 G l u c h o v, Anatolij Aleksandrovič. O proizvoditel'nosti truda v sel'skom chozjajstve SSSR. (Arbeitsproduktivität in der Landwirtschaft der UdSSR.) Moskva: "Vysšaja škola". 1963. (106 S.) 8°. (1963 A 944)

1-64/02-0066 Rezervy i puti povyšenija proizvoditel'nosti truda v sel'skom chozjajstve SSSR. (Reserven und Wege zur Steigerung der Arbeitsproduktivität in der Landwirtschaft.) Hrsg.: Inst. ėkonomiki Akad. nauk SSSR. Moskva: Izd. ekonomičeskoj lit. 1962. (490 S.) 8°. (1963 A 947)

1-64/02-0067 K r u z, Adam. Obliczanie zapotrzebowania pracy ludzkiej i siły pociągowej w gospodarstwach wielkorolnych. (Die Berechnung des Bedarfes an menschlicher Arbeit und Zugkraft in landwirtschaftlichen Großbetrieben.) Warszawa: Pańsstw. wyd. roln. i leśne. 1963. (143 S.) 8°. (1963 A 921)

1-64/02-0068 Die Auswirkungen der leihweisen Übergabe der Technik der Maschinen-Traktoren-Stationen an die landwirtschaftlichen Produktionsgenossenschaften auf die Durchsetzung der wirtschaftlichen Rechnungsführung in den LPG. Diss.Staats- u. Rechtswiss. Potsdam-Babelsberg. 1962. (XIV, 200 S.) 4°. (Diss. 9163)

1-64/02-0069 Die Entwicklung der Weidewirtschaft im Bezirk Karl-Marx-Stadt. Karl-Marx-Stadt: Inst. f. Landw. d. Rates d. Bezirkes. 1963. (56 S.) 8° = Schriftenreihe des Instituts zur Einführung des wissenschaftlich-technischen Fortschritts. 1963. 6. (SR 3041, 1963 6.)

1-64/02-0070 M e i n h o l d, Kurt und K o c h, Reinhold. Arbeitsbedarf und Mechanisierung bäuerlicher Betriebe Süd- und Norddeutschlands. Frankfurt/M.: Kommentator. 1961. (104 S.) 8° = Schriftenreihe des AID. Gr. Reihe. H 119. (SR 956, 119)

E. MESS- UND PRÜFWESEN

1-64/02-0071 A n o n y m. Neues Klebeschleifringsystem zur Meßwertübertragung von Wellen. - Motortechn. Z. 24 (1963) Nr.8. S.265. - 2 Abb.

Klebeschleifringsystem zur kurzfristigen Bestimmung von Drehmoment, Leistung oder Temp. an rotierenden Teilen sowie zur Messung mit Dehnungsmeßstreifen und Thermoelementen. 2410.

1-64/02-0072 S - e c k h a r d t, H. Normen für Rauhigkeitsmessungen. - Motortechn. Z. 24 (1963) Nr.8. S.264-265. - 1 Abb.

Für feinbearbeitete Oberflächen ist das englische Rubertverfahren beschrieben, das mit galvanoplastischen Oberflächennormalen Rauhigkeiten vergleicht. 2415a.

F. EIGENSCHAFTEN, VERHALTEN UND NATURWISSENSCHAFTLICHE GRUNDLAGEN DES BODENS, DER LANDWIRTSCHAFTLICHEN PRODUKTE UND DER HILFSSTOFFE

1-64/02-0073 B e z r u k i j, L.P. Experimentelle Untersuchung der Zerstörung von Bodenkrümeln. Aus: Traktory i sel'chozmašiny, Moskva 31 (1961) Nr.11. 11 S. (Übers. aus d. Russ., Maschinenschr. vervielfält.) - TO 670.

G. ALLGEMEINES ZU TECHNOLOGISCHEN PROZESSEN FÜR ZWECKE DER LANDTECHNIK

1-64/02-0074 T i c, Z.L.; Pljustschewo, Gebiet Moskau, Unions-Forsch.-Inst. für Mechanisier. der Landwirtsch. Ob ėffektivnosti razdelenija sypučich materialov. (Über die Sichtschärfe bei der Sichtung von Schüttgut.)-Vestnik sel'skochozjajstvennoj nauki, Moskva 8 (1963) Nr.2. S.92-100. - 1 Diagr.,

1 Tab., 7 Zeichn., 11 Lit. Zus. in Engl., Franz., Dtsch.
Vf. befaßt sich mit den von verschiedenen Autoren angegebenen Ausdrücken für die Sichtschärfe, vergleicht diese Ausdrücke miteinander und wendet sie auf konkrete Fälle an. Dabei bedient er sich einer von Zezinowski angegebenen einfachen graph. Darst. des Sichtvorganges. Er stellt fest, daß die Ausdrücke der verschiedenen Autoren zu unterschiedlichen Ergebnissen führen, weil einige Autoren die Fraktionen nur quantitativ bewerten. Vor allem hängt das Ergebnis davon ab, ob die Sichtschärfe auf den Durchlauf oder auf den Überlauf bezogen wird. Richtig sind nach Ansicht des Vf. nur die Ausdrücke, die in beiden Fällen zum gleichen Ergebnis führen.

W. Balkin. 2650.

1-64/02-0075 W e s s e l, Josef; Münden, TH, Inst. für Landmaschinen. Beitrag zur Theorie des Siebvorgangs. - Kraftfutter 46 (1963) Nr. 6. S. 286-290. - 5 Abb., 4 Lit.

Die Siebung von Schüttgütern übernimmt Klassier- und Sortieraufgaben sowie das Entstauben. Der Klassiervorgang besteht aus der Schichtungs-, der Auslese- und der Transportphase des Feinkorns. Der Gütegrad der Absiebung ist abhängig von der optimalen Beziehung zwischen den Bewegungskomponenten des Siebbodens und des Gutes. Die Dauer des Ausleseprozesses ist beim chargenweisen Sieben durch die vorgegebene Siebzeit, beim kontinuierlichen Sieben durch die Länge des Siebweges und der Transportgeschwindigkeit des Gutes festgelegt. Die Relativgeschwindigkeit der Partikel auf dem Siebboden kann erreicht werden durch Neigung, Umwälzen, Schwingbewegungen, Neigung und Schwingung, Bürsten oder durch ähnlich wirkende Vorschuborgane. Die Transportphase erfolgt unter dem Einfluß der Bewegungskomponenten beim Wurf mit den Bewegungskomponenten des Siebbodens, des Gewichtes der Gutsschicht, der Luftkräfte und der Fliehkraft. Der optimale Siebeffekt wird bei Einhaltung einer entsprechenden Höhe der Gutsschicht erreicht. Die schärfste Absiebung bei größtmöglicher Wurfzahl ist nur mit der Absiebungskennziffer $K_v = 3{,}3$ erreichbar. Die flächenbezogene Aufgabenmenge (in kg/h m^2) nimmt mit wachsender Feinheit stark ab. Die Beziehung zwischen flächenbezogener Aufgabenmenge und Sieböffnung kann durch eine Potenzfunktion für verschiedene Stoffe angenähert werden. In grober Annäherung steigt die flächenbezogene Aufgabenmenge mit der Weite der Sieböffnung. E.-R. Franke. 2651.

III. E N E R G I E, K R A F T M A S C H I N E N U N D S C H L E P P E R

B. ENERGIE UND KRAFTMASCHINEN

1-64/02-0076 A l s h u t h, Klaus. Elektrische Energie - rationell eingesetzt. Stromkosten, Anschlußwerte, zweckmäßige Antriebsformen. - Landmaschinen-Markt 42 (1963) Nr.6. S.258-261. - 2 Abb., 2 Tab. 3130a.

1-64/02-0077 K r a u s p, V.R. Nočnoj tarif na ėlektroėnergiju v sel'skom chozjajstve. (Nachttarif für Elektroenergie in der Landwirtschaft.) - Mechanizacija i ėlektrifikacija socialističeskogo sel'skogo chozjajstva, Moskva 21 (1963) Nr.4. S.41-43. - 2 Schemaskizzen, 1 Tab., 4 Lit. 3130a.

1-64/02-0078 P l a e t s c h k e, J. und K o n d r i t z, A. Über die Notwendigkeit und die Art der Ausbildung und des Einsatzes von Elektrofacharbeitern in der Landwirtschaft. - Dtsch. Agrartechn. 12 (1962) Nr.12. S. 574-575. - 5 Lit. 3130a.

1-64/02-0079 G r e i l, O. Unfälle und Brände in landwirtschaftlichen Betrieben - Folgen unvorschriftsmäßiger Elektroanlagen. - Dtsch. Agrartechn. 12 (1962) Nr.12. S.575-576. 3130a.

1-64/02-0080 A j z e n b e r g, Ju. B., G u n č e v, A.V., D e m č e v, V.I. und Š v e n t i c k i j, I.I.; Lichttechn. Unions-Forsch.-Inst. Novye oblučajuščie pribory i ustanovki dlja sel'skochozjajstvennogo proizvodstva. (Neue Bestrahlungsgeräte für die Landwirtschaft.) - Mechanizacija i ėlektrifikacija socialističeskogo sel'skogo chozjajstva, Moskva 21 (1963) Nr. 1. S.36-38. - 7 Lit.

Bei mit UV-Licht bestrahlten Tieren wurden folgende Steigerungen im Verhältnis zu den Kontrolltieren erzielt: Gewichtszuwachs bei Ferkeln 21-24 %, bei Kälbern 18-25 %, Milchertrag 10-12 %, Eiertrag 20-25 %. Bestrahlungen in Treibhäusern erhöhten den Ertrag um 20-25 %. Vff. beschreiben folgende Anlagen: Fahrbare mechanisierte Anlage zur UV-Bestrahlung von Schweinen, Rindern und Geflügel mit 2 oder 4 Strahlern, die an Seilen mit 0,3 m/min durch die Ställe bewegt werden. Selbstfahrende UV-Bestrahlungsanlage mit einer UV-Lampe "PRK-2" zur 375 W für die Bestrahlung von jährlich 20 000 bis 25 000 in Käfigen gehaltenen Hühnern. Bestrahlungs- und Beleuchtungsgerät "EO-1-30" mit einer 30-W-Lumineszenslampe und einer 40-W-Glühlampe, ausreichend für eine Fläche von 18 m^2 in Hühner- und Kälberställen. 3 verschiedene Ausführungen von Infrarotleuchten für 250-500 W. Bestrahlungs- und Beleuchtungsgerät "OST-10-40" mit 10 Lumineszenslampen zu 40 W und 10 Glühlampen zu 60 W sowie "OST-1-750" mit einer Hochdruck-Quecksilberdampflampe zu 750 W und 2 Glühlampen zu 250 W für die Bestrahlung von Gemüsesetzlingen im Winter. W.Balkin. 3130a.

1-64/02-0081 K i s t e n, G.E. Avtomatičeskoe upravlenie transformatorami. (Automatische Steuerung von Transformatoren.) - Mechanizacija i ėlektrifikacija socialističeskogo sel'skogo chozjajstva, Moskva 21 (1963) Nr.3. S. 43-45. - 4 Diagr., 1 Schema. 3130d.

1-64/02-0082 S e m č i n o v, K.M. und Š a c, E.L.; Unions-Forsch.-Inst. für Elektrifizier. der Landwirtsch. Uproščennye zazemliteli dlja sel'skich ėlektroustanovok. (Einfache Erder für landwirtschaftliche Elektroanlagen.) Mechanizacija i elektrifikacija socialističeskogo sel'skogo chozjajstva, Moskva 21 (1963) Nr. 1. S.42-44. - 1 Schema, 3 Diagr., 2 Tab., 5 Lit.

Es wurden folgende einfache Erder auf ihre Verwendungsfähigkeit in der

Landwirtschaft geprüft: um den Mastfuß in 1,0–1,5 m Tiefe mit 29 Windungen gewundener Draht von 27 m Länge; um den Mastfuß in gleicher Tiefe lose mit 3 Windungen und in einem Mastabstand bis zu 15 cm um den Mast herumgelegter Draht; als flache Spirale unter dem Mastfuß angeordneter Draht von 2 m Länge. – Drahtmaterial: Stahldraht von 6 mm Dmr. Es wurden Versuche zur Ermittlung der Ausbreitungswiderstände der Erder durchgeführt. Vff. besprechen die Ergebnisse und bringen u.a. ein Diagr. mit den Ausbreitungswiderständen der Erder in Anhängigkeit von der Jahreszeit. Dem zuerst genannten Erder ist der Vorzug zu geben, weil sein Widerstand durch Änderung der Windungszahl geregelt werden kann. Bei Bodenwiderständen bis zu $1,6.10^4$ Ohm/cm reichen 10–12 Windungen aus und bei $2,2.10^4$ Ohm/cm sind bereits 30 Windungen erforderlich. Diese Erder können auch in Blitzschutzanlagen verwendet werden. W.Balkin. 3130d.

1-64/02-0083 M ö l l e r, Tore und W i l h e l m s o n, Rolf. Lantgårdens elmotorer. (Elektromotoren für Landwirtschaftsbetriebe.) – Jordbrukstekn. Inst., Medd. 1963 Nr.298. S.1-59. – 50 Abb.

Die Broschüre ist eine Umarbeitung der bereits 1952 erschienenen Erstausgabe, die durch den Abschluß des Elektrifizierungsprozesses in der schwed. Landwirtschaft und der damit verbundenen verstärkten Nachfrage bedingt war. – Im einzelnen werden in leicht verständlicher Form behandelt: Hauptteile der verschiedenen Motorentypen; Wahl eines für landwirtsch. Zwecke bestimmten Motors; Geräte für Steuerung und Schutz; Standort, Kraftübertragung und Wartung der gesamten Ausrüstung. E.Kahn. 3130f.

1-64/02-0084 W i l k e, Wilhelm. Der Verbrennungsmotor als Chemomotor. – Motortechn. Z. 24 (1963) Nr.6. S.183-189. – 12 Abb., 2 Tab., 6 Lit.

Es wird an die zahlreichen Vorschläge erinnert, aus Verbrennungsmotoren neben mechanischer Energie auch anderen Nutzen zu ziehen. Praktisch hat man jedoch nur die bei chemischen Reaktionen auftretende Abwärme zur Energieerzeugung verwendet. 3135a.

1-64/02-0085 H e i t l a n d, Herbert H. Berechnung der Gasgewichte von Saugmotoren mit nicht zu großer Ventilüberschneidung unter Benutzung der Schmidt-Taylor'schen Füllungskonstante. – Motortechn. Z. 24 (1963) Nr.6. S.195-198. – 9 Abb., 6 Lit.

F.A.F. Schmidt berechnete die Mehrfüllung des überladenen Motors durch Restgasverdichtung und C.R. Taylor die Beziehung zwischen volumetrischem Füllungsgrad und dem Saug- und Abgasdruck. Hier wird eine Berechnung angegeben für die Gasgewichte beim gedrosselten Saugmotor, abhängig von Drehzahl und Drosselstellung. 3135a.

1-64/02-0086 B a u m g a r t n e r, H. Ein neues Schaubild zur Beurteilung des Verbrennungsablaufes in Kolbenkraftmaschinen. Teil II. – Motortechn. Z. 24 (1963) Nr.8. S.274-276. – 3 Abb. Teil I vgl. LZ. Abt. I 9 (1963) Nr.8. S.1048.

Die qualitativen Angaben in Teil I des Aufsatzes (vgl. l.c.) werden in Teil II thermodynamisch begründet. Es wird gezeigt, wie das Wärmeentwicklungsgesetz $dQ/d\varphi$, die Temp. T (φ), die Entrop S (φ) und der thermodynamische Wirkungsgrad aus den Diagr. entnommen werden können. 3135c.

1-64/02-0087 A n o n y m. Abgasturboaufladung für Nutzfahrzeuge. – Motortechn. Z. 24 (1963) Nr.8. S.285. – 2 Abb. 3135c.

1-64/02-0088 S c h u h, Walter. Oszillographische Spannungsanalyse an Kurbelwellen. - Motortechn. Z. 24 (1963) Nr.8. S.259-264. - 10 Abb.

Dehnungen in der Kröpfungskehle zwischen Zapfen und Wangen wurden durch Meßstreifenrosetten aufgenommen. Die Hauptspannungskomponenten konnten auf Elektronenstrahloszillographen maßstäblich dargestellt werden bei Verwendung von Dehnungsmeßbrücken mit einfachen elektrischen Anpassungsnetzwerken. 3135c.

1-64/02-0089 F r i z z o n i, G.-C. Die Anwendung der Elektronik im Traktorenbau. - Traktor u. Landmaschine /Brugg/ 25 (1963) Nr.9. S.499-501. - Aus: Dok.-Dienst ILT 1963 Nr.9.

Die Mängel und Schäden der bisherigen Zündanlagen werden z.T. durch Einführung der elektronischen Zündung beseitigt, weil der Unterbrecher und der Kondensator durch Transistoren ersetzt sind. Diese übernehmen das Ein- und Ausschalten des Primärstromes. Die Transistoren arbeiten störungsfrei in einem Temperaturbereich von -65 bis ca. +75 °C. Der Zündfunke ist über den ganzen Drehzahlbereich stärker als bei Batteriezündung. Bes. in den niedrigen Gängen konnte bei hoher Motorendrehzahl eine größere Leistung beobachtet werden, weil wegen des stärkeren Zündfunkens eine bessere Verbrennung erfolgt. 3135c.

1-64/02-0090 K i e n e, Werner. Zur Frage der Kraftstoffzusatzmittel bei Dieselmotoren. - Motortechn. Z. 24 (1963) Nr.6. S.199-202. - 3 Abb., 10 Lit.

Ein Zweizylinder-Viertakt-Dieselmotor wurde im praktischen Betrieb mehrere Jahre so eingespritzt, daß nur der eine Zylinder ein Kraftstoffzusatzmittel bekam, der andere Zylinder nicht. Ergebnis: Der Zylinder- und Kolbenringverschleiß war durch den Zusatz geringer, Düsen und Brennraum waren sauberer. 3135e.

1-64/02-0091 I v a n o v, P.F.; Tscheljabinsk, Traktorenwerk. Predvaritel'naja smazka podšipnikov skol'ženija pered puskom dizelja. (Vorschmierung der Gleitlager vor dem Anlassen des Dieselmotors.) - Traktory i sel'chozmašiny, Moskva 32 (1962) Nr.9. S.18-20. - 2 Diagr., 2 Zeichn.

Infolge ungenügender Schmierung der Kurbelwelle entsteht beim Anlassen des Motors trockene oder halbtrockene Reibung, was zu schnellerem Abrieb führt. Bes. groß ist der Verschleiß bei niedrigen Temp. und wenn der Motor lange nicht in Betrieb war. Um den Motor zu schmieren, muß eine Ölpumpe vorhanden sein. Diese können unterschiedlicher Ausführung sein. Vf. beschreibt verschiedene Ölpumpen und gibt seine Versuchsergebnisse bekannt. An Hand von 2 Zeichn. und 2 Diagr. ist die Ölpumpe "MZN-3" dargestellt.

G.Reumschüssel. 3135e.

1-64/02-0092 S i t k e i, Georg. Über den dieselmotorischen Zündverzug. - Motortechn. Z. 24 (1963) Nr.6. S.190-194. - 18 Abb., 11 Lit.

Reaktionskinetische Überlegungen und Versuche ergeben, daß im Dieselmotor die Entflammung mehrphasig erfolgt. Der ganze Zündverzug wird überwiegend durch die kalte Flamme eingenommen, mit der Cetanzahl abnehmend. Mit größerer Cetanzahl steigt die Aktivierungsenergie. Die Homogenität des Gemisches wirkt hemmend auf die Entwicklung der Entflammung. 3135e.

1-64/02-0093 Ř e z n í č e k, Radoš; Katedra Fysiky Mechanizační Fak. VŠZ. Experimentální vyšetřování dějů probíhajících ve vstřikovací trysce vznětových motorů. (Experimentelle Untersuchungen der Prozesse in der Einspritzdüse von Dieselmotoren.) - Sborník Vysoké Školy zemědělské Praha 1962 S. 283-301. - 18 Abb., 38 Lit. Zus. in Russ., Engl.

Die vom Vf. konstruierte Meßapparatur wird beschrieben, die zur Feststellung des Druckverlaufes an der Düsenöffnung des Einspritzsystems von Dieselmotoren dient. Ferner wurde der Hubverlauf der Düsennadel gemessen und nach diesen Werten der Verlauf der Einspritzung dargestellt. Der Düsendruck wurde mit einem Widerstandstensometer gemessen, dessen Widerstandsdraht an das verjüngte Ende der Öffnungsdüse angeschlossen war. Der Hub der Düsennadel wurde mit Hilfe eines Differentialtransformators ermittelt.

M. Douda. 3135e.

1-64/02-0094 H u b e r, E.W. Messung der Hubbewegung eines Druckventiles in einer Einspritzpumpe. - Motortechn. Z. 24 (1963) Nr.8. S.284-285. - 2 Abb. 3135e.

1-64/02-0095 M e l c h e r, Kurt. Elektronische Berechnung der Vorgänge in Einspritz ystemen von Dieselmotoren. - Motortechn. Z. 24 (1963) Nr.8. S.277 bis 280. 281-283. - 11 Abb. 3135e.

1-64/02-0096 L i l o v, C. Po vǔprosa za zagubite na naljagane vǔv vsmukatelnata sistema na dizelovite dvigateli. (Zur Frage des Druckverlustes im Ansaugsystem der Dieselmotoren.) - Naučni trudove. Visš institut po mechanizacija i elektrifikacija na selskoto stopanstvo - Ruse 4 (1962) S.123-129. - 4 Abb., 2 Lit. Zus. in Russ., Dtsch. 3135e.

1-64/02-0097 K o v a l e v s k i j, V.; Forsch.-Inst. für Ländl. Bauwes. Kompleksnye biogugazovye ustanovki. (Biogasanlagen.) - Sel'skoe stroitel'stvo, Moskva 17 (1963) Nr.2. S.11. - 2 Schemata.

Eine Biogasanlage in einem Viezuchtbetrieb mit 400 Kühen liefert 250 000 bis 300 000 m^3 Gas oder 1400 - 1600 Mcal im Jahr. Mit dem vergorenen Schlamm und den Abwässern der Anlage kann man 350 - 400 ha düngen und bewässern und damit die Ernte um mindestens 25 % erhöhen. Die Baukosten einer Biogasanlage rentieren sich in weniger als 2 Jahren. W. Balkin. 3150.

1-64/02-0098 J e r u s a l e m, H. Aufbau und Anwendung maschineller Kälteerzeugung in der Klimatechnik. - Wärme-, Lüft.- u. Gesundheitstechn. 15 (1963) Nr.8. S.159-164. - 16 Abb. 3155.

1-64/02-0099 F a h l e n b e r g, K.H. Grenzen und Möglichkeiten der Standardisierung in der Kältetechnik. - Wiss. Z. Techn. Univ. Dresden 12 (1963) Nr.2. S.423-425. 3155.

1-64/02-0100 C v e j n, Miroslav. Turbokälteanlagen. - Wiss. Z. Techn. Univ. Dresden 12 (1963) Nr.2. S.382-389. - 3 Abb. 3155.

1-64/02-0101 D a n ě k, Václav. Forschungsarbeiten an Radiallaufrädern bei hohen Machzahlen. - Wiss. Z. Techn. Univ. Dresden 12 (1963) Nr.2. S. 390-394. - 11 Abb. 3155.

1-64/02-0102 H o m é r, Georg. Kreiselverdichter für Kältemaschinen. - Wiss. Z. Techn. Univ. Dresden 12 (1963) Nr.2. S.395-404. - 18 Abb., 1 Tab. 3155.

1-64/02-0103 N a j o r k, Helmut. Untersuchungen an selbsttätigen Kälteverdichterventilen. - Wiss. Z. Techn. Univ. Dresden 12 (1963) Nr.2. S.447 bis 456. - 24 Abb., 8 Lit. 3155.

1-64/02-0104 B e w i l o g u a, Ludwig. Neon als Kältemittel. - Wiss. Z. Techn. Univ. Dresden 12 (1963) Nr.2. S.412-416. - 5 Abb., 38 Lit 3155.

1-64/02-0105 N a t a r a j a n, Mahadeva. Über das Verhalten des Kältemaschinenöles 51KM45 (polymerisiertes Äthylenöl) gegen das Kältemittel R 142 ($CH_3.CF_2CI$ - Difluor=monochloräthan). - Wiss. Z. Techn. Univ. Dresden 12 (1963) Nr.2. S.457-465. - 17 Abb., 13 Lit. 3155.

1-64/02-0106 B u d z k o, I.A. und S t e p a n o v, V.N. Ėlektričeskie linii i seti sel'skochozjajstvennogo naznačenija. (Elektrische Stromnetze für die Landwirtschaft.) 2., verb. u. erg. Aufl. Moskva: Sel'chozizdat. 1962. (382 S.) 8°. (1963 A 798)

1-64/02-0107 Literatur über Abgasfragen von Verbrennungsmotoren (Abgasentgiftung, Abgasanalyse usw.). Hrsg. Instn.: Dok.-Stelle im Inst. für Verkehrsforsch., Berlin. (Lit.-Nr.: 102/63. Titelanzahl: 28 m. Annotationen.)

1-64/02-0108 L i č a k, Sergej Karillovič. Nemecko-russkij slovar' po dvigateljam vnutrennego sgoranija i gazoturbinnym ustanovkam. (Deutsch-russisches Wörterbuch für Verbrennungsmotoren und Garturbinenanlagen.) Moskva: Glavnaja red. inostr. naučno-techničeskich slovarej fizmatgiza. 1961. (319 S.) 8°. (1963 A 995)

C. SCHLEPPER MIT AUSRÜSTUNG UND ZUBEHÖR

1-64/02-0109 N o ž k i n, M.I. Novye traktory dlja sel'skogo chozjajstva. (Neue Traktoren für die Landwirtschaft.) - Zemledelie, Moskva 24 (1962) Nr.6. S.65-69. - 4 Abb.

Vf. beschreibt folgende Schlepper: "DT-75" der 3-Mp-Klasse, 75 PS, 7 Vorwärtsgänge, 1 Rückwärtsgang; "T-40" der 0,9-Mp-Klasse, eine Weiterentwicklung des Schleppers "T-30", 40 PS, Masse 2150 kg, Spurweite 1200-1800 mm, 6 Vorwärtsgänge, 1 Rückwärtsgang, ausgerüstet mit hydraulischer Lenkhilfe; "T-130" der 6-Mp-Klasse, 135-140 PS, 8-Ganggetriebe, geschlossenes Fahrerhaus; "MTZ-52", eine Weiterentwicklung des Schleppers "MTZ-50", Bodenfreiheit 640 mm, Spurweite 1200-1800 mm, 50 PS, 9 Vorwärtsgänge, 1 Rückwärtsgang.

W.Balkin. 3205.

1-64/02-0110 A n o n y m. Australian tractor testing station Werribee, Victoria. Annual report for year ending 30 th June, 1962. (Australische Traktor-Prüfstation Werribee, Victoria. Jahresbericht bis 30. Juni 1962.) - Austral. Tractor Test, annu. Rep. 1962 3 S.

Im Berichtsjahr wurde der Traktor "International A 554" unter der Test-Nr. 36 geprüft und darüber berichtet. Bei den ISO-Beratungen vom Sept. 1961 in Turin wurde die Übereinstimmung der austral. Prüfmethoden in den meisten Details mit den internationalen Standard-Prüfvorschriften festgestellt. Ferner wurden verschiedene Auspuff-Funkenlöscher-Schalldämpfer geprüft und und die Prüfanlagen der Teststation weiter vervollkommnet. Neben einem Kurz-Farbfilm über die Traktorprüfung wurden auch verschiedene Veröffentlichungen herausgebracht.

K.-H.Schulte. 3205.

1-64/02-0111 A n o n y m. Zu Besuch bei Europas größter Traktorenfabrik in Köln. - Traktor u. Landmaschine /Brugg/ 25 (1963) Nr.10. S.551-554. - 2 Abb. Aus: Dok.-Dienst ILT 1963 Nr.9.

Bericht über die Besichtigung des Traktorenwerkes in Köln-Deutz. Programm des Motorenwerks: 72 verschiedene Typen mit 70 PS Durchschnittsleistung und Spitzenleistung bis 1400 PS. Export 40 % der Produktion in 45 Länder. Fertigung 1962: 90 000 Motoren für Industrie, Landwirtschaft, Schiffsbau u.a. Fertigung luftgekühlter Dieselmotoren insgesamt bis 1956: 200 000, bis 1961: 500 000 Stück im Bereich 4,5-340 PS. Ausstoß an Traktoren jährlich 45 000, Gesamtausstoß bis 1962: 250 000 Traktoren. 3205.

1-64/02-0112 A n o n y m. Hat die Zukunft schon begonnen? - Landtechnik 18 (1963) Nr.14. S.446. 448-449. - Aus: Dok.-Dienst ILT 1963 Nr.8.

Die Porsche-Diesel-Motorenbau GmbH., Friedrichshafen, wird die selbständige Produktion von Traktoren etwa Ende 1964 einstellen. Infolge zu großer Investitionen ist das Werk nicht voll ausgelastet und hat Marktschwierigkeiten. Das Werk geht jetzt eine Verbindung ein mit Renault auf der Basis der Aktiengleichheit. Künftig wird Renault die Getriebe, Porsche die Motoren liefern. Das vorläufige Programm sieht vor: Porsche-Diesel-Reihe, luftgekühlt mit 15-40 PS; Renault-Reihe, wassergekühlt mit 30-55 PS sowie Schmalspurtraktoren mit 24 und 35 PS. 3205.

1-64/02-0113 A n o n y m. Bromsningsproven på traktorer göres nu på kraftuttaget i stället för på remskiven. (Feststellung der Schlepperleistung auf dem Bremsstand über Zapfwelle anstelle Riemenscheibe - Staatlicher Maschinenprüfbericht Ultuna.) - Statens Maskinprovningar, Medd. Nr.1641. (1962) S. 1-3. - 1 Abb., 1 Tab.

In Anlehnung an das international festgelegte Prüfprogramm der OECD ist die schwed. staatl. Maschinenprüfstation dazu übergegangen, die Bremsleistung bei Traktoren über die Zapfwelle zu ermitteln. Eine Gegenüberstellung beider Bremsleistungsmethoden zeigt einen höheren Wirkungsgrad bei der Zapfwellenmethode, und zwar lag hier der Unterschied zwischen 3 und 11 %; auch der Kraftstoffverbrauch war etwas geringer. E.Kahn. 3205.

1-64/02-0114 W e s t o n, H.R. A survey of tractor noise and the effects on hearing. (Vermessung des Traktorengeräuschs und der Auswirkungen auf das Gehör.) - J. Austral. Inst. agric. Sci. 29 (1963) Nr.1. S.15-22. - 2 Abb., 7 Diagr., 2 Tab., 7 Lit.

Die Untersuchungen haben gezeigt, daß der Lärm der Traktoren allg. in den niederen Frequenzen vorherrscht, die mittleren Frequenzen aber noch ausreichende Intensität besitzen, um beim Fahrer zu nachteiligen Auswirkungen zu führen. Unter bes. Betriebsbedingungen reicht der Geräuschpegel häufig ins Unmäßige. Bei mehrjährigem Fahren können hierdurch Gehörschäden hervorgerufen werden. Das Risiko nimmt zu, wenn der Traktor ohne geeigneten Schalldämpfer gefahren wird. K.-H.Schulte. 3205.

1-64/02-0115 A n o n y m. 7 PS Gutbrod-Vielzweck-Einachschlepper "Kobold" L 7 mit Berning-Motor Typ "DK 6" und Spezial-Weinbergpflug Typ "N 21 c" - DLG-Prüfbericht. - DLG-Maschinenprüfber. Nr.704. Gr. 1 c/13. (1961) S.1-7. - 1 Abb.

Hersteller: Gutbrod-Werke GmbH., Bübingen/Saar. 3210.

1-64/02-0116 A n o n y m. 7 PS Gutbrod-Vielzweck-Einachsschlepper "Kobold" F 7 mit Berning-Motor Typ "DK 6" und Spezial-Weinbergpflug Typ "N 21 c" - DLG-Prüfbericht. - DLG-Maschinenprüfber. Nr.705. Gr. 1 c/14. (1961) S.1-7. - 1 Abb.

Hersteller: Gutbrod-Werke GmbH., Bübingen/Saar. 3210.

1-64/02-0117 J a k u b a u s k a s, V.I.; Litau.Forsch.-Inst. für Mechanisier. und Elektrifizier. der Landwirtsch. Vlijanie rel'efa na ėkspluatacionnye pokazateli traktora "Belarus". (Der Einfluß der Hangneigung auf die Betriebskennwerte des Schleppers "Belarus".) - Mechanizacija i ėlektrifikacija socialističeskogo sel'skogo chozjajstva, Moskva 21 (1963) Nr.1. S.18 bis 19. - 1 Diagr., 1 Zeichn., 1 Tab.

Zur Ermittlung der dynamischen und wirtschaftlichen Kennwerte auf hängigem Gelände fahrender Radschlepper wurden mit dem Schlepper "MTZ-5K" Versuche auf Hängen mit verschiedener Neigung durchgeführt. In der Schichtlinie wurde bei Neigungen zwischen 2°20' und 13°10', in der Fallinie bei Neigungen zwischen 3°40 und 9°30' und in der Schräglinie bei Neigungen zwischen 9°30' und 10°30' gefahren. Der Schlepper wurde mit dem Halbkettenschlepper "MTZ-5L" belastet, dem ein 3-Furchenpflug angebaut war. In einer Tab. bringt Vf. für verschiedene Hangneigungen die Geschwindigkeit, den Kraftstoffverbrauch, die Zugkraft, den Schlupf, den Schlepper-Ausnutzungsgrad sowie die Koeff. der Zugkraftreserve und der Schleppergewicht-Ausnutzung. Vf. bespricht die Unterschiede zwischen der Hangaufwärts- und Hangabwärtsfahrt sowie der Fahrt auf horizontalem Gelände und bringt abschließend ein Nomogr. zur Bestimmung der wichtigsten Zugkennwerte auf gepflügtem Feld bei verschiedenen Hangneigungen. W.Balkin. 3215.

1-64/02-0118 A d r i a n o v, A. und D a v y d o v, V.; Sibir. Maschinenprüfstat. Modernizacija traktora S-100. (Modernisierung des Schleppers "S-100".) - Sel'skoe chozjajstvo Sibiri, Omsk 7 (1962) Nr.2. S.59-61. - 2 Diagr., 1 Tab.

Das Schlepperwerk Tscheljabinsk führte folgende Verbesserungen am Schlepper "S-100" durch, die seine Leistung erhöhten und seinen Kraftstoffverbrauch senkten: Änderung der Kraftstoffeinspritzung, Erhöhung des Einspritzdruckes von 125 auf 210 kp/cm², Förderbeginn der Einspritzpumpe 24° vor OT anstelle 15 °, Erhöhung des Ventilhubes von 12,8 mm auf 14,5 mm, Verringerung der Schwungradmasse um 20 kg bei unverändertem Trägheitsmoment, Verringerung der Filterzahl, Anlassen mittels Starter und Sammlerbatterie u.a. Abmessungen, Schwerpunktlage und äußere Ausrüstung wurden nicht geändert. Die Pflugleistung stieg um 6,5 % und der Kraftstoffverbrauch sank von 15,8 kg/ha auf 11,5 kg/ha. W.Balkin. 3215.

1-64/02-0119 A n o n y m. Tracklayer specifications and prices. (Technische Daten und Preise von Kettentraktoren.) - Farm Mechanizat. 15 (1963) Nr. 167. S.88. - Aus: Dok.-Dienst ILT 1963 Nr.9.

Tabellarische Zusammenstellung techn. Daten, Preise und Lieferungsumfang von Kettentraktoren 12 engl. Firmen. 3220.

1-64/02-0120 •A n o n y m. Italienische Raupe auf Luftreifen. Reparatur u. Kundendienst 14 (1963) Nr.7. S.203-204. - Aus: Dok.-Dienst ILT 1963 Nr.9.

Vf. beschreibt die "luftbereifte" Kleinraupe "Bonmartini-Pneumatic-Farmer" der Fa. Lombardini mit beiderseitigen Gummigleisketten mit eingeschlossenen Luftschläuchen, die von der Reifenfirma Pirelli hergestellt werden. 3220.

1-64/02-0121 A v d e e v, N.E.; Woronesh, Technol. Inst. Ėnergetičeskij balans samochodnogo šassi SŠ-45. (Die im Maschinenträger "SŠ-45" auftretenden Kräfte und Leistungen.) - Vestnik sel'skochozjajstvennoj nauki, Moskva 7 (1962) Nr.11. S.88-97. - 8 Diagr., 3 Tab., 2 Lit. Zus. in Engl., Franz., Dtsch.

Im Jahre 1961 wurden von der Zentr. Maschinenprüfstat. die Kraft- und Energieverhältnisse des Maschinenträgers "SŠ-45" beim Arbeiten mit den Anbaumaschinen für die Getreideernte ("KPN-2"), die Silofuttterernte ("SKN-1,8") und die Kartoffelernte ("K-5B") sowie mit dem Kipp-Aufbau "PŠ-2,5" untersucht. Ziel der Kraftmessungen war die Bestimmung der für die Betätigung der Arbeitswerkzeuge und Fortbewegung aufzuwendenden Leistungen. Vf. bespricht die Versuchsergebnisse und bringt Tafeln und Diagr. für die Abhängigkeit der Leistungen und Drehmomente von der Belastung und Fahrgeschwindigkeit, 2 charakteristische Oszillogramme der Maschinen "KPN-2" und "SKN-1,8" mit Kurven der an verschiedenen Stellen gemessenen Leistungen sowie Häufigkeitskurven für die Widerstandsmomente an der Maschinenträger-Zapfwelle. Die für die Verarbeitung von 1 kg zugeführten Erntegutes erforderliche Leistung steigt merklich mit der Zufuhr. Der Mähdrescher "KPN-2" hat bei der optimalen Zufuhr von 2 kg/s bei Winterroggen einen Leistungsbedarf von 7,3 und bei Winterweizen von 5,3 PS/kg·s. Bei der Silofutter-Erntemaschine "SKN-1,8" beträgt der Leistungsbedarf bei der Zufuhr von 6 kg/s Silomais 1,7 PS/kg·s. Abschließend beurteilt Vf. kurz die Anbaumaschinen des Maschinenträgers. W.Balkin. 3225.

1-64/02-0122 A n o n y m. Eicher-Kombi-Geräteträger "G 200" mit Geräten - DLG-Prüfbericht. - DLG-Maschinenprüfber. Nr.743. Gr. 1b/1. (1961) S.1-18. - 5 Abb.

Hersteller: Gebrüder Eicher, Traktoren- und Landmaschinenwerke, Dingolfing/Isar. 3225.

1-64/02-0123 A n o n y m. Eicher-Kombi-Geräteträger "G 280" mit Geräten - DLG-Prüfbericht. - DLG-Maschinenprüfber. Nr.744. Gr.1 b/2. (1961) S.1-21. - 7 Abb.

Hersteller: Gebrüder Eicher, Traktoren- und Landmaschinenwerke, Dingolfing/Isar. 3225.

1-64/02-0124 B e g i d ž a n o v a, A.P., C h a r a č, G.M. und P o p o v, S.N.; Moskau, Staatl. Forsch.-Inst. für den Schlepperbau; Technol. Unions-Forsch.-Inst. für Instandsetz. und Betr. von Schleppern und Landmaschinen. Rezul'taty ispytanija frikcionnych uzlov traktorov na stende TIS-1. (Prüfungsergebnisse von Reibungsbaugruppen von Traktoren auf dem Prüfstand "TIS-1".) - Traktory i sel'chozmašiny, Moskva 33 (1963) Nr.1. S.7-11. - 1 Abb., 2 Diagr., 2 Schaltskizzen, 2 Tab. Aus: Dok.-Dienst ILT 1963 Nr.4.

Neuentwicklung eines Prüfstandes für Traktoren-Friktionsteile, der in konstruktiver Ausführung, in der Art der Anlegung der Belastung und nach den zu untersuchenden Größen und Parametern den Prüfungsbedingungen für Traktoren entspricht. Der Prüfstand besteht aus dem Motor und der Hinterachsbrücke des Traktors "DT-54", aus 3 Kupplungen, dem Getriebe und 2 Unterbrechern, die alle auf den Rahmen eines Traktors aufgebaut und auf ein geschweißtes Untergestell gesetzt wurden. Konstruktions- und Schaltschemata. Beschreibung der Prüfung von Kupplungen. 3240.

1-64/02-0125 B e r t a n z a, B. Il servosterzo puo rendere comodo il lavoro con le macchine agricole. (Die Servolenkung kann die Arbeit mit den Landmaschinen erleichtern.) - Macchine & Motori agric. 21 (1963) Nr.5. S. 57-61. - 3 Abb. Aus: Dok.-Dienst ILT 1963 Nr.8.

Beschreibung der Funktionsprinzipien der Servolenkung. Sie findet zunehmende Anwendung bei vielen Traktor-Fabrikaten, da die Servo-Lenkung das Lenken und Fahren auch der schwersten Traktoren unter verschiedensten Arbeitsbedingungen erleichtert. Weiterhin wird die hydraulische Servolenkung kurz beschrieben, und die gemachten Erfahrungen werden mitgeteilt. 3245.

1-64/02-0126 B e k k e r, Miecsyslaw Gregory. Die Mechanik der Geländefahrt. - Landtechn. Forsch. 13 (1963) Nr.3. S.70-78. - 17 Abb., 33 Lit. Aus: Dok.-Dienst ILT 1963 Nr.8.

Theoretischer Überblick über die bisherigen Erkenntnisse in der Mechanik der Geländefahrt. Beziehungen zwischen Spannung und Dehnung bei Stoffen, Aufstellen von Gleichungen für den Bodendruck (Einsinktiefe und Scherspannung) sowie für den Zugkraftbeiwert für Fahrzeuge mit unterschiedlichen Laufwerken. Vergleichende Versuche und Messungen mit Modell- und Originalfahrzeugen und Begründung der auftretenden Abweichungen. 3250.

1-64/02-0127 G i l'š t e j n, P.M. und S t a r o d i n s k i j, D.Z. Povyšenie tjagovych pokazatelej kolesnogo traktora pri rabote s navesnym plugom. (Erhöhung der Zugkraftkennziffern eines Radschleppers bei der Arbeit mit angehängtem Pflug.) - Traktory i sel'chozmašiny, Moskva 32 (1962) Nr.9. S.16-18. - 1 Diagr., 1 Tab., 3 Zeichn.

Bei der Arbeit der Radschlepper mit angehängten Pflügen beobachtet man oft ein Rutschen der treibenden Räder, was eine Verringerung der Zugkraft zur Folge hat. Vff. berichten über ihre Versuche und die Ergebnisse. In 3 Skizzen und 7 Formeln machen sie Vorschläge zur Erhöhung der Zugkraftkennziffern. Die theoretisch gewonnenen Erkenntnisse wurden mit dem Pflug "PON-2-30" unter Feldbedingungen nachgeprüft. Der Schlupf des hinteren Landrades des Schleppers konnte von 26 auf 7 % gesenkt werden. 3250.

1-64/02-0128 A n o n y m. Raddruckverstärker vermindern den Schlupf. - Landmaschinen-Markt 42 (1963) Nr.6. S.268.270. - 3 Abb. 3250.

1-64/02-0129 Z ö d l e r, Hans. Kraftheberteste. - Landtechn. Forsch. 13 (1963) Nr.3. S.68-70. - 3 Abb. Aus: Dok.-Dienst ILT 1963 Nr.8.

Hubkraftangaben in einem Traktorentest haben nur praktischen Wert, wenn zu ersehen ist, ob der geprüfte Traktor Anbaugeräte aus vorbekannter Schwerpunktlage ausheben kann. Die jetzigen Verfahren bei der Traktorenprüfung bieten diese Möglichkeiten nicht. Es werden lediglich die Hubkräfte in enger Beschränkung auf traktormechanische Gesichtspunkte geprüft, wobei vor der Messung der für den Hubvorgang maßgebliche obere Dreipunktlenker ausgebaut wird. Die gerätebauende Industrie ist deshalb weiterhin nur auf Schätzungen angewiesen. 3255.

1-64/02-0130 J e n s e n, Harlan P.; Waterloo, Iowa, John Deere Waterloo Traktor Works. Correlating laboratory techniques with field performance for testing tractor hydraulic components. (Die Verbindung der Laboruntersuchungen mit den Bedingungen des Feldeinsatzes bei der Prüfung von Traktor-Hydraulikteilen.) - Agric. Engng. 44 (1963) Nr.3. S.130-133. - 2 Diagr., 4 Schemata, 3 Lit.

Mit den ständig steigenden Forderungen der landwirtsch. Verbraucher an die Leistungsfähigkeit und Qualität der Maschinen gewinnt die Anwendung und Entwicklung verbesserter Laborprüfmethoden im Sinne der Verkürzung der Entwicklungszeiten immer mehr an Bedeutung. Am Beispiel der Traktorhydraulik behandelt Vf. dieses Problem und geht dabei neben der Organisation und Planung der Entwicklungs- und Prüfarbeit insbes. auf die unerläßliche Berücksichtigung der Feldeinsatzbedingungen bei der Durchführung von Laboruntersuchungen ein. K.-H.Schulte. 3255.

1-64/02-0131 O e h r i n g, Jochen. Die Regelhydraulik - praktisch betrachtet. - Dtsch. landwirtsch. Presse 86 (1963) Nr.33. S.330. - 1 Abb., 1 Tab. 3255.

1-64/02-0132 B o t s c h, E. Hydraulische Kraftheber richtig bedienen. - Landmaschinen-Markt 42 (1963) Nr.6. S.266. 268. 3255.

1-64/02-0133 C h a r č e n k o, N. Gidravličeskaja navesnaja sistema traktora DT-75. (Die Anbau-Hydraulik des Traktors "DT-75".) - Technika v sel'skom chozjajstve, Moskva 23 (1963) Nr.7. S.50-55. - 3 Schemata. Aus: Dok.-Dienst IIL 1963 Nr.9.

Von 4 Ausführungen des Traktors "DT-75" ist in der Landwirtschaft der Typ "DT-75-54" (Hydraulikpumpe, Hydraulikverteiler, Anbaumechanismus, Druckzylinder und Ölleitungen) eingesetzt. Beschreibung sämtlicher Baugruppen, bes. der Hubvorrichtung des Anbaumechanismus. Abmessungen des Anlenkdreiecks: Fundament 800-1000 mm, Höhe 700-900 mm. Bes. Merkmal: Erleichterung des Anschlusses von Landmaschinen am Traktor durch teleskopartig um 80 cm ausziehbare untere Lenker. Am Traktor ist eine Befestigungsstelle für den Aufsattel-Kopplungsbalken "SN-75" vorgesehen. Hinweise für Wartung und Pflege.

3255.

1-64/02-0134 E n g s t r o m, A.H. und R o m e o, F. Selecting hydraulic filters to match system requirements. (Die Wahl der Hydraulikfilter entsprechend den Erfordernissen des Systems.) - Machine Design 35 (1963) Nr.11. S.227-231. - 5 Abb., 4 Diagr. Aus: Dok.-Dienst IIL 1963 Nr.8.

Vff. behandeln die möglichen Verschmutzungen des Systems, die durch Filter beseitigt werden müssen. Definition des Feinheitsgrades der Filter. Kurze Beschreibung folgender Filtertypen: ultrafeiner Mikronfilter; Drahtgaze-Mikronfilter; Metallrandfilter; Filter aus porösem Metall; Tiefenfilter. Faktoren für die Auswahl der Filter sind: Durchlaufgeschwindigkeit, gewünschter Filterungsgrad, zulässiger Druckabfall und Standzeit der Filterelemente.
Als techn. Besonderheit besitzt der Filter eine Warn- oder Signalvorrichtung für den Fall, daß Verschmutzungsgrad einen kritischen Punkt erreicht. Hinweise für Wartung und Pflege werden gegeben. 3255.

1-64/02-0135 M e r ž v i n s k a j a, E.P., K o č e r y g i n, Ju.I. und G o c h t e l', A.Ch.; Moskau, Unions-Forsch.-Inst. für Landmaschinenbau. Tipaž s.-ch. pogruznikov periodičeskogo dejstvija. (Typenreihe landwirtschaftlicher Ladegeräte mit periodischer Wirkung.) - Traktory i sel'chozmašiny, Moskva 33 (1963) Nr.1. S.19-24. - 5 Abb., 3 Tab. Aus: Dok.-Dienst IIL 1963 Nr.4.

Einteilung der Lader in Front-, Schwenk-, Hub- und Überkopflader sowie nach der Hubkraft. Typenreihe für 1960-1965. Stellung der Lader im Traktorensystem. Wirtschaftlichkeit der Lader. Forderungen an den Traktorenbau für die Anpassung der Lader an die Traktoren und umgekehrt sowie an die Forschungs- und Konstruktionsorganisationen. 3255.

1-64/02-0136 A n o n y m. Traktormonterad lastare, Modig Snabb 600. (Schlepperfrontlader "Modig Snabb 600" - Staatlicher Maschinenprüfbericht Ultuna.) - Statens Maskinprovningar, Medd. Nr.1652. (1963) S.1-6. - 2 Abb., 1 Schema, 3 Tab.

Hersteller: KB Modigs Verkstäder, Umeå. - Beschreibung: Schlepperfrontlader für landwirtsch. Arbeiten. - Techn. Daten: Erdmulde 74 x 50 cm, Inhalt ca. 2,5 hl, Masse 31 kg; Schneemulde 179 x 74 cm, Inhalt ca.

6 hl, Masse 135 kg; Mistgreifer 77 x 81 cm, Masse 60 kg. - Prüfungsergebnisse: Bei einer Belastung von 700 kg (einschl. Masse des Laders) ist bis 2 m Förderhöhe ein Druck von 120 kp/cm^2 erforderlich, die Hubzeit beträgt 4 Sek. Der Frontlader wurde an den Schleppern David Brown "950" und Bolinder-Munktell "BM 350" eingesetzt. L.Machler. 3255.

1-64/02-0137 A n o n y m. Beproeving Atlas kraan type 402. (Atlas-Lader "402" - ILR-Prüfbericht Wageningen.) - Inst. Landbouwtechn. Rationalisatie Wageningen, Bull. Nr.226. (1963) S.1-5. - 1 Abb.
Hersteller: H. Weyhausen KG, Delmenhorst. - Beschreibung: hydraulischer Schlepperlader für Zapfwellenantrieb, bestehend aus einachsigem Fahrgestell mit Luftbereifung, Ladearm mit Greifer und 2 Hydraulikpumpen mit mehreren Zylindern. - Techn. Daten: Masse 550 kg; Inhalt der Erdmulde 125 l; Breite des Dunggreifers 58 cm; Breite des Rübengreifers 81 cm. - Prüfungsergebnisse: Der Lader ist geeignet für das Laden von Stallmist, Kompost, Erde, Rüben u.ä. Er kann weiterhin zum Ausbaggern von Gräben, zum Bedecken von Silos mit Erde und zum Entmisten von Laufställen eingesetzt werden. Beim Mistladen betrug die max. Leistung 23-28 t/h. Beim Verladen von Rüben in Waggons wurden 21-25 t/h erreicht. Für den Antrieb wird ein 25-PS-Schlepper benötigt.
L.Machler. 3255.

1-64/02-0138 Z i'n k, Carlton L. Anti-roll bars can they reduce tractor fatalities? (Umsturz-Schutzrahmen für Traktoren.) - Agric. Engng. 44 (1963) Nr.6. S.308. - 1 Abb.
Die Unfallstatistiken der USA weisen, wie die Werte des Bundesstaates Iowa zeigen, zahlreiche Traktorenunfälle auf. Von beispielsweise 47 Überschlägen auf oder entlang der Fernverkehrsstraßen waren allein 45 seitliche Umstürze zu verzeichnen. Deshalb werden zur Minderung der bei derartigen Unfällen auftretenden Verletzungen der Traktoristen mit teilweise tödlichem Ausgang zweckentsprechende Schutzrahmen oder Schutzkabinen gefordert. Durch Untersuchungen wurde festgestellt, daß Traktoren, die auf Grund eines Schutzrahmens nur bis etwa 90 ° umschlagen können, im Umsturzfall den Fahrer zumeist vor größeren Verletzungen bewahren. K.-H.Schulte. 3265.

1-64/02-0139 K o e n, J. Vakuumno ustrojstvo za zareždane na traktorite s gorivo. (Unterdruckvorrichtung zum Kraftstofftanken der Traktoren.) - Mechanizacija i elektrifikacija na selskoto stopanstvo, Sofija 12 (1962) Nr.3. S.9-10. - 1 Abb. 3265.

1-64/02-/140 N o w a c k i, Tadeusz. Ciągniki rolnicze i samochody. (Landschlepper und Kraftfahrzeuge.) -3. Aufl. Warszawa: Państw. wyd. roln. i leśne. 1963. (563 S.) 8°. (1963 A 916)

1-64/02-0141 G r u c h a l s k i, Wiktor. Zarys eksploatacji ciągników i maszyn rolniczych. (Handbuch für die Nutzung von Schleppern und Landmaschinen.) Warszawa: Państw. wyd. roln. i leśne. 1963. (200 S.) 8°. (1963 A 917)

1-64/02-0142 19 oder 6 Schleppertypen? Untersuchungen in der deutschen Ackerschlepperindustrie. - Berlin: Deuth-Vertr. 1962. (IX, 64 S.) 8° = RKW. Betriebsreihe. Betriebsuntersuchungen. (1963 A 760)

1-64/02-0143 Zetor-Super 50-es vontato szrelése és javitása. (Montage und Reparatur des Zetor-Super 50 PS.) Budapest. 1962. (77 S.) 4° = Országos Erdészeti Föigazgatóság. Müszaki Fejlesztési Osztály Nr. 4. (SR 3097, 4)

1-64/02-0144 "Unimog" munkatechnologia. (Arbeitstechnologie des Unimog.) Budapest. 1962. (63 S.) 4° = Országos Erdészeti Foigazgatóság. Müszaki Fejlesztési Osztály Nr. 9 (SR 3097, 9)

1-64/02-0145 Traktor "S-100-S-80". (Der Traktor "S-100-S-80".) Praha: Vyd. agrotechna ve statnim zemědělskem naklad. 1963. (589 S.) 8°. (1963 A 817)

E. FLUGZEUG MIT AUSRÜSTUNG UND ZUBEHÖR

1-64/02-0146 M o o r e, Robert A. Can helicopters compete with airplanes in agriculture? (Können Hubschrauber mit Starrflüglern in der Landwirtschaft konkurrieren?) - Agric. Chemicals 18 (1963) Nr.4. S.57-58. 60-62. - 3 Abb., 3 Tab.

Der Einsatz von Hubschraubern in der US-Landwirtschaft hat stetig zugenommen. Vf. untersucht die Gründe dafür und kommt zu dem Schluß, daß der Einsatz von Hubschraubern bei Berücksichtigung aller Faktoren wirtschaftlicher ist als der von Starrflüglern. Zunächst wird festgestellt, daß die Produktivität höher ist, was sich darin ausdrückt, daß die Hubschrauber zwar nur 2 % der Flugzeuge stellen, jedoch mehr als 6 % der Gesamtleistung bringen. Weiter ist zu beachten, daß die Qualität der Arbeit beim Hubschrauber allg. besser ist, da durch den Rotorwind die Chemikalien gleichmäßig auf alle Pflanzenteile gebracht werden. Man kann auch Einzelobjekte, wie Bäume in Streulage, sparsam behandeln. Infolge der geringen Abdrift benötigt man für einen gegebenen Mittelbelag nur 70-75 % des Mittelaufwandes des Starrflüglers. Wesentlich ist weiter, daß beim Hubschrauber alle Spezialgeräte außen angebracht sind und die Maschinen dadurch schnell und ohne großen Aufwand umgerüstet werden können. Schließlich kann der Hubschrauber noch unter Wetterbedingungen eingesetzt werden, bei denen Starrflügler nicht mehr arbeiten können. An Hand von Beispielen wird nachgewiesen, daß der Hubschrauber wegen der genannten Vorteile billiger arbeiten kann als der Starrflügler.

R.Angermann. 3405.

IV. T R A N S P O R T U N D F Ö R D E R U N G

A. ALLGEMEINES

1-64/02-0147 Ermittlung des erforderlichen Transportmittelbedarfes und die zweckmäßigste Zusammensetzung des Transportparkes in verschiedenen Betriebssystemen. - Meißen, Hochschule Landwirtsch. Produktionsgenossenschaften Plan-Nr.: 1702 07 h 2-04/1. 65 S. Abschlußber. (1/7.1963). - 6 Anlagen.

Um eine termingerechte Durchführung der Arbeiten im landwirtsch. Betrieb zu ermöglichen, ist eine zweckentsprechende Zusammensetzung des Transportmittelparkes erforderlich. Beeinflußt wird die Transportkapazität durch eine Reihe natürlicher und ökon. Produktionsbedingungen, die im einzelnen zu beachten sind. Transporte, die nicht an agrotechn. Termine gebunden sind, brauchen für die Berechnung der Anzahl von Transportmitteln nicht berücksichtigt zu werden, da bei entsprechender Arbeitsplanung und Organisation diese

Arbeiten in transportarmen Zeiten erledigt werden können. Ausgehend von dem höchsten Bedarf je Zeiteinheit (Dekade bzw. Woche) und der Einsatzzeit der Transportmittel kann dann die notwendige Anzahl festgelegt werden. Eine Vereinfachung der Transportmittelplanung in soz. landwirtschaft. Großbetrieben läßt sich mit Hilfe der angegebenen Richtzahlen erreichen. 4005.

1-64/02-0148 K r a u s e, V. Untersuchung der Einsatzmöglichkeiten von Straßentransportfahrzeugen in landwirtschaftlichen Betrieben. - Landarbeit 14 (1963) Nr.6. S.44.

Vf. geht davon aus, daß vollmotorisierte bäuerliche Betriebe unter 40 ha in der Regel 2 Schlepper laufen lassen, von denen der eine nicht voll ausgelastet ist und deshalb den Betrieb unnötig belastet. Auf Grund der von diesem 2. Schlepper geleisteten Fahrten kommt Vf. zu dem Schluß, daß ein Schlepper und ein geeignetes Straßentransportfahrzeug ein wirtschaftlich günstigerer Besatz wären. Vf. stellt die Forderungen an einen solchen Straßentransporter zusammen und hat mit Hilfe eines Versuchsfahrzeugs (Einzelheiten werden angegeben) ermittelt, daß dadurch Mehrkosten von 1500 DM im Jahr entstehen. Diese werden ausgeglichen durch die verbesserten Dispositionsmöglichkeiten und die tatsächlich eingesparten Schlepperstunden.

A.Bail. 4005.

1-64/02-0149 G ö r ö g, I. A fogatos és a traktoros szállitás arányának hatása a teljesitményre és földrendezésre. (Abhängigkeit der Transportleistung und der Bodennutzung von Gespann- und Schleppereinsatz.) - Mosonmagyaróvári mezögazdasági Akad. Közleménye /Mitt. Akad. Landwirtsch. Mosonmagyaróvár, Ungarn/ 1961 Nr.1/5. S.5/3-18. - Aus: Ung. Agrar-Rdsch. 1962 Nr.3.

Bei den Untersuchungen wurden die Arbeiten des Feldtransportes nach der Beschaffenheit der Wegeverhältnisse und nach dem Raumgewicht der transportierten Produkte gruppiert. Die Leistung der Schlepper im Vergleich zu dem des Gespannes ist um so höher, je besser der Verkehrsweg und je größer das Raumgewicht der transportierten Produkte ist. Mit entspr. Verteilung der Transportarbeiten auf diese beiden Transportmittel kann die diesbezügliche Arbeitsmenge und damit der Zeit- und Kostenaufwand des Transportes gesenkt werden. Bei Gespanntransport liegt das Raumgewicht der transportierten Produkte erheblich niedriger als bei denen des Schleppertransportes. Gleichzeitig sind aber die Wegeverhältnisse bei den Gespanntransporten wesentlich schlechter als bei den Schleppertransporten, weil die Betriebe die ungünstigeren Transportarbeiten in der Regel mit Gespann durchführen. Mit wachsendem Anteil des Schleppertransportes nimmt das Durchschnittsgewicht der Ladungen schrittweise ab, wobei der Anteil ungünstigerer Verkehrswege sowohl für den Gespann- als auch für den Schleppertransport wächst. Daher bleibt die Leistung bei beiden Transportmitteln niedriger. Beim Schleppertransport ist dieser Leistungsrückgang erheblich größer. Menge, Zeitaufwand und Kosten der Zugarbeiten wie auch der Einfluß der Bodennutzung auf die Zugarbeiten werden mit der Erhöhung des Schlepperzuganteiles erheblich verringert. Der Aufwand nimmt infolge der niedrigeren Leistungen nicht im gleichem Maße ab, wie der Schlepperzuganteil erhöht wird. 4005.

1-64/02-0150 G i l, L.; Antony (Seine), Národní Středisko pro Studium a Zkoušení Zemědělských Strojů. Doprava a manipulace v zemědělském závodě. (Transportarbeiten im Landwirtschaftsbetrieb.) - Sborník českoslov. Akad. zemědělských Věd, zemědělská Techn. 8(35) (1962) Nr.1/2. S.35-46. - 8 Abb. Zus. in Russ., Dtsch.

Die Ackerwagen können in drei Haupttypen eingeteilt werden: 2achsige Anhänger und 1achsige Anhänger mit der Achse inmitten oder am Heck. Die Wagenkasten werden mit abklappbaren Seitenwänden oder als starre Blechkasten mit abklappbarer Hinterwand konstruiert. Zum Wagenkastenkippen wird die hydraulische Schlepperpumpe oder die unabhängige zapfwellengetriebene Pumpe verwendet. Zum Laden dienen einerseits die Frontlader mit mittlerer Tragkraft von 500 kp, Reißkraft 800-1000 kp und Leistung 15-20 t/h, und die Hecklader mit einer Tragkraft von 600 kp, Reißkraft 1500-1800 kp und Hubhöhe 2,40 m. Die hydraulisch betätigten Schwenklader sind für eine mittlere Tragkraft von 400 kp, max. Arbeitshöhe 3,00 m und einen Schwenkbereich von 270° ausgelegt. Zum Aufladen auf dem Felde werden Elevatoren und Förderbänder verwendet. Auf dem Hofe wird das Korn entweder in Säcken oder lose mittels Förderbänder, Förderschnecken und Fördergebläse transportiert. Bei der Fütterung bewähren sich die Hängebahnen, in Offenlaufställen Förderbänder und -schnecken, zur Mistausbringung umlaufende Kratzerketten oder Schleppschaufeln. J.Rybička. 4010.

1-64/02-0151 K u n c z y ń s k i, Zygmunt. Mechanizacja i racjonalizacja transportu w rolnictwie. (Die Mechanisierung und Rationalisierung des Transportes in der Landwirtschaft.) Warszawa: Państw. wyd. roln. i leśne. 1963. (91 S.) 8°. (1963 A 685)

B. FAHRZEUGE

1-64/02-0152 H o l t, J.B. A self-loading vehicle for materials handling. (Selbstladefahrzeug für den Materialtransport.) - Farm Mechanizat. 15 (1963) Nr.167. S.65-66. - 4 Abb., 1 Skizze. Aus: Dok.-Dienst ILT 1963 Nr.8.

Vf. berichtet über eine Entwicklung des Nat. Inst. Agric. Engng. (N.I.A.E.) vor allem für den Obstbau. Einsatzmöglichkeit auch bei Kartoffelernte, beim Spritzen, zum Laden und Transport von Getreide, Heu- und Strohballen, Milch und dergl. Aufbau: Vorn vor der Ladepritsche befinden sich 2 Staplerarme mit je 1 endlosen Transportkette, die Ladepritsche ist ebenfalls mit 2 endlosen Förderketten ausgerüstet. Arbeitsweise: Aufnahme des Ladegutes (Paletten, Brühebehälter und dergl.) durch Staplerarme bis auf die Höhe der Ladepritsche, die endlosen Förderketten transportieren dann Stückgüter von den Staplerarmen bis an die gewünschte Stelle auf der Ladepritsche. Verschiedene Palettenformen stehen zur Verfügung. 4105.

1-64/02-0153 Z a u n m u l l e r, G.; Potsdam-Bornim, Výzkumný Ústav Zemědělské Techn. Normalizace Zemědělských přívěsů v NDR. (Zur Standardisierung landwirtschaftlicher Anhänger in der DDR.) - Sborník českoslov. Akad. zemědělských Věd, zemědělská Techn. 8(35) (1962) Nr. 1/2. S. 13-21. - 11 Abb., Zus. in Russ., Dtsch. 4111.

1-64/02-0154 D o m i n a, T.D. Anhänger und Aufbauten im Zeichen des Fortschritts. - Nutzfahrzeug 15 (1963) Nr.5. S.204-214. - 16 Abb. Aus: Dok.-Dienst ILT 1963 Nr.6.

Übersicht über die zahlreichen techn. Neuerungen. Als Schwerpunkte der Entwicklung werden genannt: 1) Verbesserung der Fahreigenschaften (insbes. Federung und Bremsanlagen); 2) zweckmäßige Aufbauvarianten für rationellen Transport; 3) Erhöhung der Nutzlasten ohne Einbuße an Stabilität. Ausführliche Erläuterungen von Federungs- und Bremsanlagen sowie von modernen Aufbauten für die verschiedenen Anhängerarten. 4111.

1-64/02-0155 S c h m i d t, F. und S e i f e r t, M. Motorhydrauliche Kippeinrichtungen und automatische Bordwandöffnungen für die Schnellentladung von Schüttgütern. - Dtsch. Agrartechn. 13 (1963) Nr.7. S.316-318. - 5 Abb., 2 Tab., 1 Lit. Aus: Dok.-Dienst ILT 1963 Nr.7.

Erläuterung und Einschätzung der techn. Möglichkeiten der Schnellentladung: 1) Motorhydraulische Kippeinrichtungen, 2) Verriegelung von Kippanhängern, 3) automatische Bordwände. Hinweise auf Grund von Einsatzerfahrungen. Anleitung zur nachträglichen Ausrüstung von Kippanhängern. 4111.

1-64/02-0156 M a l í k, Miroslav; Varšava, Ústav Mechanizace a Elektrifikace Zemědělství. K problémům přívěsů s hnanou nápravou a některé problémy s nimi spojené. (Triebachsanhänger und einige damit verbundene Probleme.) - Sborník českoslov. Akad. zemědělských Věd, zemědělská Techn. 8(35) (1962) Nr.1/2. S.22-34. - 14 Abb., Zus. in Russ., Dtsch.

Die Triebachsanhänger kommen in der Landwirtschaft immer mehr zur Geltung, bes. seitdem verhältnismäßig leichte Schlepper mit stärkeren Motoren ausgerüstet werden. Prüfungsergebnisse und theoretische Betrachtungen über das Problem der Zweiachs- und Einachsanhänger mit Triebachse. Beziehungen zwischen der Umfangsgeschwindigkeit des Schlepperrades, des Anhängerrades und des sich bewegenden Aggregats sowie den Schlupfgeschwindigkeiten beim Schlepper- und Anhängerrad. Die Arbeit des unter verschiedenen Bedingungen einen Triebachsanhänger ziehenden Schleppers. Versuchsweiser Vergleich der Zugcharakteristik des Schleppers "Ursus S-325" im Aggregat mit einem normalen und einem Triebachsanhänger. Beschreibung eines 2-Mp-Einachsanhängers mit Triebachse. Die Prüfungen fanden auf Beton- und Sandfahrbahn statt. Auf der Betonfahrbahn war die Zugkraft des Schleppers beim Einachsanhänger mit Triebachse um 125 %, auf der Sandbahn um 275 % größer. Weitere Schlußfolgerungen. Die Fortsetzung der Forschungsarbeiten wird empfohlen.

M.Douda. 4112.

D. FÖRDERMITTEL

1-64/02-0157 K o š e k, Václav; Řepy, Výzkumný Ústav Zemědělské techn. ČSAZV. Mechanizace nakládání a vykládání v zemědělství. (Mechanisierung des Auf- und Abladens landwirtschaftlicher Güter.) - Sborník českoslov. Akad. zemědělských Věd, zemědělská Techn. 8(35) (1962) Nr.1/2. S.50-53. - Zus. in Russ., Dtsch.

Von den Ladeeinrichtungen mit stetigen Ladegutbewegungen wird in der ČSSR das Förderband-Aufladegerät für Frontanbau zum Aufladen von Hackfrüchten, Rübenblatt u. dgl. und das Aufladegerät für Seitenanbau mit angehängtem Anhänger zur Heu- oder Strohballenaufnahme eingesetzt. Weiterhin steht der selbstfahrende Frontlader mit einem Fräswerk (Leistung 35 m^3/h) zur Verfügung. Zum Umsetzen und Laden vom Kompost wird vorübergehend ein Kompostumsetzer zum Aufbau an den 30-PS-Schlepper benutzt. Das Arbeitsorgan bildet ein Fräsrad. Für leichte Wald- und Gartenkomposte wurde ein Umsetzgerät für den allradgetriebenen 10-PS-Kleinschlepper entwickelt. Das Arbeitsorgan ist ein Becherwerk, die Leistung beträgt ca. 10 m^3/h. Bei den unstetigen Ladegeräten ist der Grundtyp ein hydraulischer Schwenklader, der an den Radschlepper angebaut wird. Der neuentwickelte Typ ist auch zum Grabenziehen verwendbar. J. Rybička. 4305.

V. PFLANZLICHE PRODUKTION

A. ALLGEMEINES

1-64/02-0158 Vereščagin, N.I., Pugačev, A.N., Pšečenkov, K. und Černikov. B.P. Mašiny ispytannye na Central'noj MIS. (In der Zentralen Maschinenerprobungsstation geprüfte Maschinen.) - Traktory i sel'chozmašiny, Moskva 33 (1963) Nr.6. S.39-40. - 3 Abb., 1 Schema. Aus: Dok.-Dienst ILT 1963 Nr.8.

Kurzbeschreibung von im Jahre 1962 geprüften Maschinen, die positive Ergebnisse zeigten: 1) Einachs-Kippanhänger "1 PTS-5"; 2) Anbau-Düngerstreuer für Kalk und Mineraldünger, "RMI-0,5"; 3) 4-reihiger Aufsattel-Krautschläger "UBP-4"; 4) Vorrichtung "PB-2,1" zur Bildung eines Doppelschwads für den Grasmäher "KZN-2,1".

H.Martin. 5005.

1-64/02-0159 Ebert, D. Der Einfluß der Mechanisierung auf die Maiserträge und daraus resultierende Forderungen an die Landtechnik. - S.-B. dtsch. Akad. Landwirtsch.-Wiss. Berlin 12 (1963) Nr.9. S. 29. - 12 Lit.- nach Zus.

Die Mechanisierung des Maisanbaues ist rel. weit fortgeschritten, sowohl im Hinblick auf den Einsatz der Technik in der Praxis als auch in Anbetracht des konstruktiven Niveaus der Maschinen. Dennoch ergeben sich einige Probleme, die bei den einzelnen Formen des Maisanbaues unterschiedlich gelagert sind. 1) Anbau und Ernte des Grünmaises sind techn. gelöst. 2) Bei der Aussaat des Silomaises sollte eine lokalisierte Ablage der Körner angestrebt werden. Dabei ist auf Gewährleistung der optimalen Pflanzendichte zu achten. Auf dem Gebiet der chem. Unkrautbekämpfung wird der Ganzflächenbehandlung die entscheidende Bedeutung beigemessen. Schwerpunkt landtechn. Entwicklung muß die weitere Mechanisierung der Ablade- und Verfestigungsvorgänge im Silo bleiben. 3) Saatmais erfordert eine schonende maschinelle Ernte, während Körnermais für Futterzwecke wahrscheinlich mit dem Mähdrescher geerntet werden kann. Die Ausdehnung des Körnermaisanbaues ist nicht nur eine Frage der sicher ausreifenden Sorte und des angemessenen Ertrages, sondern zugleich abhändig von einer ökon.-techn. Lösung der Ernte- und Konservierungsprozesse. 5005a.

1-64/02-0160 Budjosó, J. und Szijártó, O. Erfahrungen bei der komplexen Mechanisierung des Maisanbaues. - Int. Z. Landwirtsch. /Sofia/Berlin/ 1963 Nr.1. S.79-83. - 7 Abb., 2 Tab.

Im Jahre 1962 betrug die gesamte Maisanbaufläche in Ungarn 1,4 Mill. ha, davon 640 000 ha Körner- und 175 000 ha Silomais. Der Boden wird alle 4 Jahre 40-45 cm tief mit den jugoslaw. Pflügen vom Typ "Tigar" und "Lipos" umgebrochen. In den Zwischenjahren wird 25-30 cm tief gepflügt bei gleichzeitigem Lockern des Bodens (poln. Pflüge "PCW 4-30 p", sowjet. Pflüge "P-5-35-P" sowie ungar. Pflüge "FE-4" und "FE-3"). Die Aussaatnorm schwankt zwischen 6,8 und 8,5 kg/ha. In der Hauptsache wird die sowjt. Anbau-Legemaschine "SKGN-6" und die ungar. Anhängelegemaschine "TVD-6" eingesetzt. Eine Neuentwicklung stellt die Anbau-Maislegemaschine "FKV-6" dar, die mit einer Düngervorrichtung ausgerüstet werden kann. Techn. Daten für "FKV-6": Abmessungen 1760 x 4270 x 1100 mm, einstellbare Reihenweite 700-800-900 m, Zahl der Legeschare 6, Körnerzahl in den Säscheiben 1-2-3, Fassungsvermögen des

Düngemittelbehälters 25 kg, Masse 600 kg. - Stehen genügend Herbizide zur Bekämpfung der Unkräuter bereit, so wird in Reihen gesät, sonst nach dem Quadratnestverfahren. Die Herbizide werden mittels Bandspritzverfahren (beim Legen mit "TVD-6" kombiniert) oder über den ganzen Schlag breit gestreut ausgebracht. Die Silomaisernte erfolgt entweder mit dem Schlegelernter "Orkan" oder mit den Maishäckslern "SZJS-1,8", "AS-1,8", "SZK-2,6" und "E 065". Der Mähhäcksler "AS-1,8" wurde modernisiert (Masseverringerung von 2500 auf 1900 kg, Ausstattung mit Wurfhäcksler). Die Leistung der Maschine im Schleppzug eines 45 PS Traktors beträgt 0,65 ha/h. Die Körnermaisernte wird nach 3 verschiedenen Verfahren durchgeführt, und zwar Pflücken und Entlieschen der Kolben von Hand, anschließend Einsatz eines Mähhäckslers; Maisvollerntemaschinen "KB-1" und "KB-2V" und schließlich mit umgebauten Mähdreschern.

E.Kahn. 5005a.

1-64/02-0161 O š k i n, A.; Kuban, Forsch.-Inst. für Prüf. von Traktoren und Landmaschinen. Novoe v technologii i mechanizacii vozdelyvanija kukuruzy. (Neues in der Technologie und der Mechanisierung beim Maisanbau.) - Technika v sel'skom chozjajstve, Moskva 22 (1962) Nr.9. S.4-10. - 5 Abb., 2 Tab.

Die Bodenbearbeitung für die Aussaat von Mais hängt stark vom vorherigen Pflanzenwuchs ab. Vf. beschreibt Bearbeitungsverfahren, die nach der Ernte verschiedener Kulturen erfolgen müssen. Die richtige Düngung ist zu beachten. Es sind Maschinen genannt, die für diese Arbeiten in Frage kommen. Die Aussaat des Maises erfolgt im Quadrat-Nest-Verfahren mit den Sämaschinen "SKGK-6V" und "SKGN-6A". Es sind die Ergebnisse von den Untersuchungen bei verschiedenen Reihenabständen und Fahrgeschwindigkeiten genannt. In Abhängigkeit von der Mechanisierung sind ha-Erträge angegeben. Die Bestellarbeiten und dazu erforderliche Maschinen sind beschrieben. Ebenso die Ernte und die Einsilierung bzw. Lagerung.

G.Reumschüssel. 5005a.

1-64/02-0162 L j a c h, V.M. und P i v o v a r, S.G. Novoe v technologii vozdelyvanija kukuruzy. (Neues in der Technologie des Maisanbaues.) - Vestnik sel'skochozjajstvennoj nauki, Moskva 8 (1963) Nr.4. S.85-88. - 2 Tab. Zus. in Engl., Franz., Dtsch.

Die Ukrain. Maschinenprüfstat., die über einen Satz von Importmaschinen verfügt, hat eine neue Technologie des Maisanbaues entwickelt. Im Steppengebiet wurde die Einzelkornsaat mit einem Reihenabstand von 101 cm und Pflanzenabständen in der Reihe von 20 cm angewendet und im Waldsteppengebiet die Einzelkornsaat und Nestsaat mit Reihenabständen von 92 cm. Auf den Kontrollschlägen wurde nach dem Quadratnestverfahren mit 70x70 cm Abstand und 2-3 Körnern je Nest gesät. Vff. beschreiben kurz die Aussaat und Ernte und teilen mit, daß die neue Technologie gegenüber der Quadratnestsaat folgende Steigerungen gebracht hat: 4,3-6,1 dt/ha Körner- und 19,0-65,6 dt/ha Silofutter-Mehrertrag, 9,74 AKh/ha beim neuen Verfahren gegenüber 33,56 AKh/ha bei der Quadratnestsaat oder Verringerung des Arbeitsaufwandes um 70,8 %. Die Produktivität der Sämaschine McCormick ist bei der neuen Technologie 1,76mal höher als die der Quadratnestsämaschine "SKGN-6A" und 1,65mal höher als die der Maschine "SKGK-6V". Die Leistung bei der Ernte von Maiskolben mit der Maschine "Picker-Hasker" betrug 1,03 ha/h und bei der Ernte der Stengel und Blätter mit Schlegelernter 0,97 ha/h gegenüber 0,54-0,57 ha/h bei der Ernte mit der Maisvollerntemaschine "KKCh-3". Eine Nachlese war nicht erforderlich.

W.Balkin. 5005a.

1-64/02-0163 B r o c k, P. Zur Technologie des Getreideanbaues dargestellt am Beispiel der LPG "Geeignete Kraft" Wedlitz. - Z. Agrarökon. 6 (1963) Nr.7. S.203-207. - 4 Tab., 9 Lit.

5005b.

1-64/02-0164 F r i e ß l e b e n, G. Der Einfluß der Mechanisierung auf die Kartoffelerträge und daraus resultierende Forderungen an die Landtechnik. - S.-B. dtsch. Akad. Landwirtsch.-Wiss. Berlin 12 (1963) Nr.9. S.5. - 2 Abb., 7 Tab. Zus. in Russ., Engl. - nach Zus.

Beim Einsatz verschiedener Schlepper während der Pflege beeinflußte der "Zetor-50-Super" den Ertrag und die Bodenstruktur ungünstig. Eine weitere Versuchsreihe befaßt sich mit dem Problem, inwieweit bei Unkrautfreiheit eine Bearbeitung der Kartoffeln erforderlich ist. Die Vernichtung der Unkräuter erfolgte mit einem chem. Mittel. Im Versuch wurden die Pflegegänge allmählich bis zur vollkommenen Unterlassung der Pflege reduziert. Im 2jährigen Durchschnitt brachte die nichtbearbeitete Variante keine gesicherten Mindererträge. In einem Hack- und Häufelversuch konnten Ertragssenkungen durch 3maliges Hacken und durch zu spätes Anhäufeln nachgewiesen werden. Zum Abstriegeln der Kartoffeln vor dem Aufgang wird in der Praxis der umgekehrte Universalstriegel benutzt, wodurch die restlose Vernichtung der Samenunkräuter nicht möglich ist. Der dazu erforderliche Spezialstriegel müßte leichter sein und mit einer größeren Anzahl von Zinken, die etwas kürzer sind, ausgestattet werden, um die Kartoffeln auch vor dem Aufgang scharf striegeln zu können. Als Forderung an die Landtechnik in bezug auf die techn. Seite der Kartoffelpflege ergibt sich die verstärkte Produktion von leichten Pflegeschleppern, um den Bodendruck so gering wie möglich zu halten, die erhöhte Auslieferung von Anbaueggenträgern und die Konstruktion eines leichten Spezialstriegels, um eine wirkungsvollere Unkrautbekämpfung zu erreichen.

5005c.

1-64/02-0165 O e h m e, H. Der Einfluß der Mechanisierung auf die Zuckerrübenerträge und daraus resultierende Forderungen an die Landtechnik. - S.-B. dtsch. Akad. Landwirtsch.-Wiss. Berlin 12 (1963) Nr.9. S.17. - 7 Lit. - nach Zus.

Die direkte und indirekte Wirkung der Mechanisierung auf die Zuckerrübenerträge, der Einfluß des heute in der DDR erreichten Grades der Mechanisierung auf die Zuckerrübenerträge und die sich aus der Analyse ergebenden acker- und pflanzenbaulichen Forderungen an landtechn. Entwicklungsarbeiten werden behandelt. Die indirekte Wirkung der Mechanisierung besteht im Ersatz lebendiger durch vergegenständlichte Arbeit. Sie besitzt größere Bedeutung als die direkte, läßt sich aber kaum quantifizieren. Die direkte Wirkung wurde in Versuchen selten erfaßt, da sie eine sehr große Variabilität besitzt. Bei Ersatz der Handarbeit durch Maschinenarbeit ohne prinzipielle Veränderungen am Arbeitsverfahren ist kein bes. Einfluß auf den Ertrag zu erwarten. Aus der kritischen Einschätzung des in der DDR allg. üblichen Anbauverfahrens für Zuckerrüben ergeben sich als wichtigste acker- und pflanzenbauliche Forderungen an die Landtechnik: Entwicklung von leistungsfähigen Kehrpflügen und Pflugkörpern für maximal 40 cm Furchentiefe, Entwicklung eines

Saatbettbereiters zur Saatbettherrichtung in 1 Arbeitsgang, Einführung eines 2. Saatgutkalibers für die Einzelkornsaat, Bau von Geräten zur schonenden, aber wirkungsvollen Beseitigung von Bodenverkrustungen, Entwicklung einer mit der Einzelkornsämaschine gekoppelten Granulatdrillmaschine zum Aussäen granulierter Insektizide, Bau von Erntemaschinen, die die Lagerfähigkeit der Zuckerrüben nicht beeinträchtigen.

5005d.

1-64/02-0166 V o l k o v, P. Mašiny dlja vozdelyvanija u uborki sacharnoj svekly. (Maschinen für den Anbau und die Ernte von Zuckerrüben.) - Technika v sel'skom chozjajstve, Moskva 23 (1963) Nr.6. S.11-14. - 5 Abb., 1 Tab. Aus: Dok.-Dienst ILT 1963 Nr.8.

Übersicht über folgende neue Maschinen: 1) 6reihige Einzelkorndrillmaschine für monogermes und bigermes Saatgut; 2) Anbau-Netzegge zum Ausdünnen und Vereinzeln "BSPN-4" (4 m Arbeitsbreite, Kopplung mit Traktoren "DT-14" und "DT-20" durch Kopplungsbalken "NUB-4,8"); 3) Rotationshacke "PPS-6"; 4) 1reihige Vollerntemaschine "KSZ-1" (Greifertyp), Hersteller Rigaselmasch; 5) 2reihige Vollerntemaschinen "SKD-2" und "SKN-2-60" (Köpfroder).

5005d.

1-64/02-0167 P e t e r - N i l s, Evers. Überlegungen und Versuche zur zweckmäßigen Bodenvorbereitung, Saateinbringung und Bodenpflege im Zuckerrübenbau. - Landtechn. Forsch. 13 (1963) Nr.4. S.89-94. - 7 Abb., 1 Tab., 20 Lit. Aus: Dok.-Dienst ILT 1963 Nr.9.

Pflanzenbauliche Anforderungen für die Mechanisierung der Bodenvorbereitung und der Pflegearbeiten im Zuckerrübenbau lassen deutlich werden, daß eine Verbesserung der Keimeigenschaften des Saatgutes sowie auch zweckmäßigere Bestellmethoden zur Steigerung des Feldaufganges angewandt werden müssen. Über die Keimqualität des Saatgutes, die Ablagegenauigkeit der Einzelkorngeräte, die Bodenvorbereitung, Saatbettgestaltung und Bodenpflege wird berichtet.

5005d.

1-64/02-0168 A n o n y m. Spring work in sugar beet. Mechanization marks time. (Frühjahrsarbeiten im Zuckerrübenbau. Mechanisierung ist das Zeichen der Zeit.) - Farm Mechanizat. 15 (1963) Nr.166. S.40-43. - 10 Abb. Aus: Dok.-Dienst ILT 1963 Nr.7.

Bericht über Maschinenvorführung. Entwicklungsstand beim Monogermsaatgut in den USA und in England. Neue Arbeitsverfahren: Drillen in Doppelreihen; Querverhorsten nach manuell-mechanischer Methode; Spritzen von Petroleum als Mulchschicht; Spritzen von Sa zlauge als Dünger und zur Unkrautvernichtung; Kombination des Bandspritzgerätes mit der Hacke und dem Unkrautstriegel. Auffallendes Kennzeichen dieser Methoden sind: Der Anteil manueller Arbeit ist in England noch sehr hoch. Kurze Charakteristik der vorgeführten Maschinen.

5005d.

1-64/02-0169 M o k č i n, P., S i l ' č e n k o, N. und K o s t r o v, P.; Altai-Forsch. Inst. für Landwirtsch. Kompleksnaja mechanizacija vozdelyvanija kormovych bobov. (Vollmechanisierung des Futterbohnen-Anbaues.) - Sel'skoe chozjajstvo Sibiri, Omsk (1962) 7 Nr.2. S.51-59. - 5 Schemata, 1 Tab.

Bei vollmechanisiertem Futterbohnen-Anbau werden verwendet: für die Saatbettbereitung der Pflug "PN-4-35" und der Grubber "KRN-4,2A", für die Düngung der Düngermischer und Lader "SPU-40M" sowie der Düngerstreuer "RPTM-2,0", für die Bearbeitung des Dunges der Dunglagerstätten die Schlepper-Räumschaufel "SPU-40" sowie Zahntrommeln, für die Erwärmung der Saatbohnen die Trockner "SZS-2" oder "SZS-8", für die Beizung eine vom Altaier Landwirtsch. Inst. entwickelte Beizmaschine und für die Sichtung des Saatgutes die Windfegen

"OVP-20A" und "OSM-ZU". Für die Quadratnestsaat wurden die Sämaschinen "SKGN-6" und "SKGN-6A" umgebaut, deren Änderungen Vff. ausführlich beschreiben. Für das Engdrillen werden die Drillmaschinen "SD-24", "SU-24" und "SZT-47" verwendet. Die Unkrautbekämpfung erfolgt mit Zinkeneggen und Grubbern, die ebenfalls umgebaut wurden. Gemäht wird mit den Mähmaschinen "ŽR-4,9", "ŽB-4,6", "ŽRB-4,9", "KB-6", den umgebauten Mähdreschern "SK-6" und "SK-3" sowie der Bohnen-Spezialmähmaschine "ŽNU-3,2". Für den Schwaddrusch werden die Mähdrescher "SK-3" und "S-6" verwendet, wobei sich Verluste von 144 und 106 kg/ha ergaben. Abschließend berichten Vff. über Forschungen und Forschungsergebnisse des Altaier Landwirtsch. Inst. auf dem Gebiete des Futterrübenanbaues. W.Balkin. 5005e.

1-64/02-0170 Karaivanov, I., Alkalaj, A., Bojkinov, A. und Chikov, Ivan ; Plowdiw, Bulgarien, Zentralinst. für Tabakforsch.; Sofia, Zentr. Forsch.-Inst. für Mechanisier. und Elektrifizier. der Landwirtsch. Vŭzmožnosti za mechanizacija na tjutjunoproizvodstvoto. (Mechanisierungsmöglichkeiten des Tabakbaues.) - Bŭlgarski tjutjun, Sofija 1962 Nr. 4. S. 13-24. - 1 Tab.

Der Tabakanbau in Bulgarien erfordert einen Arbeitsaufwand je ha von 550 bis 650 Tagesarbeitsnormen bei 8std. Arbeitstag. 97 % dieses Arbeitsaufwandes sind Handarbeit, 2,5 % tierische Zugkraft und nur 0,5 % Maschinenarbeit. Im Laufe von 2 Jahren wurden Anbauversuche zur Untersuchung der Mechanisierungsmöglichkeit im Tabakanbau und zur Ermittlung ihres Wirtschaftserfolges durchgeführt. Diese Untersuchungen umfassen Bodenbearbeitung, Aussaat, Düngerstreuen, Bewässerung, Schädlingsbekämpfung, Auspflanzung, Hacken der Pflanzen, Einfahren des Tabaks, Auffädeln und Sonnentrocknung. Für die einzelnen Arbeitsgänge sind entsprechende Maschinen, die nach Typen und Hersteller benannt sind, benutzt worden, wobei auch die Organisation ihres Einsatzes angegeben wird. Aus den Untersuchungen wird festgestellt, daß beim Anbau des 'Baschibali'-Tabaks bei einem Ertrag von 1000 kg/ha der Arbeitsaufwand insgesamt um 87 AKh oder um 21 % vermindert werden kann. Eine bedeutendere Senkung des Arbeitsaufwandes ist beim Fädeln (54 %), bei der Auspflanzung (47 %) und bei der weiteren Pflege der Tabakpflanze (44 %) erreicht worden. Die Einführung der Mechanisierung bis zur Tabakernte senkt den Arbeitsaufwand um etwa 115 AKh, d.h. um etwa 37 %; das maschinelle Blattfädeln erhöht den Arbeitsaufwand zur Zeit um 25-30 % im Vergleich zum Handfädeln. Zum Schluß werden genaue Empfehlungen und Hinweise für die Arbeitsorganisation und die Mechanisierung im Hinblick auf die Auslastung der Maschinen und Einrichtungen gegeben. M.Stanischew. 5005e.

1-64/02-0171 Runčev, M.S.; Forsch.-Inst. für Mechanisier. und Elektrifizier. der Landwirtsch. der RSFSR. Ob ėkonomičeskoj ėffektivnosti universal'nych mašin. (Über die Wirtschaftlichkeit von Mehrzweck-Vollerntemaschinen.) - Mechanizacija i ėlektrifikacija socialističeskogo sel'skogo chozjajstva, Moskva 21 (1963) Nr. 1. S. 3-5. - 2 Abb., 2 Tab.

Im o. g. Inst. untersuchte man Zusatzvorrichtungen zu den Mähdreschern "SK-3" und "SK-4" für die Silo-, Körner- und Hybridmaisernte. Sie werden an die Mähdrescher frontal angebaut. Anstelle des Strohsammlers besitzen die Mähdrescher einen Becherförderer und einen Maiskolben-Sammelbehälter. Die Einsatzdauer derartig ausgerüsteter Mähdrescher steigt von 160 Std. auf

442 Std. reiner Arbeitszeit im Jahr. Der Arbeitsaufwand sinkt um 31 %, und die Gesamtproduktionskosten verringern sich um 22 %. Ein weiteres Beispiel wirtschaftlicher Anwendung von Mehrzweckmaschinen ist die Drill-, Hack- und Kopfdüngemaschine "SKRN-12M" für den Zuckerrübenbau. Ferner wurde eine Kombination von Bodenbearbeitungsgeräten entwickelt, mit der gleichzeitig Dünger gestreut, gepflügt, geschleppt und gewalzt wird.

W.Balkin. 5010.

1-64/02-0172 M j a g k o v, G.T. Polunavesnaja scepka SN-75. (Aufsattel-Kopplungsbalken "SN-75".) - Traktory i sel'chozmašiny 33 (1963) Nr. 7. S. 35-36. - 1 Abb., 1 Schema. Aus: Dok.-Dienst ILT 1963 Nr. 9.

Anbauaggregate von 6-9 m Arbeitsbreite arbeiten bei hohen Geschwindigkeiten ungenügend. Den größeren Anforderungen entspricht der Kopplungsbalken "SN-75", mit dem bis zu 12 m breite hydraulisch steuerbare Anbau- und Aufsattelaggregate zusammengestellt werden können. Art und Weise der Kopplung und verschiedene Kopplungssysteme werden beschrieben. Techn. Charakteristik: max. Tragfähigkeit der seitlichen Anbaumechanismen des Kopplungsbalkens 800 kp; Masse 1000 kg; Breite in Arbeitsstellung 11,1, in Transportstellung 3,3 m, Länge entsprechend 4,5 und 9,0 m. 5010.

1-64/02-0173 Trudy Vsesojuznogo naučno-issledovatel'skogo instituta mechanizacii sel'skogo chozjajstva (VIM). (Arbeiten des Unions-Forsch.-Instituts für Mechanisierung der Landwirtschaft.) Hrsg.: Vsesojuznaja ordena Lenina akademija sel'skochozjajstvennych nauk imeni V.I. Lenina. Moskva: Bjuro techničeskoj informacii VIMa. 1960. (134 S. m. 96 Abb., 11 Tab. u. 19 Lit.) 8°. Rbl. 6,15 = Trudy Vsesojuznogo naučno-issledovatel'skogo instituta mechanizacii sel'skogo chozjajstva (VIM), Moskva Bd. 28.

Im 28. Band werden Forschungsarbeiten über die verschiedenen Gebiete der landwirtsch. Mechanisierung publiziert. Es handelt sich um Untersuchungen über Betriebsbedingungen in Getreidereihigungsmaschinen, die Reinigung und Sortierung von Buchweizensaatgut, Untersuchungen über den Säapparat von Maisdrillmaschinen, über Energieverluste durch den Rollwiderstand des gummibereiften Schlepperrades und Verwendung von γ-Strahlen zur Bestimmung des Rollwiderstandes über Messungen des Drehmoments mittels entsprechender Geräte und Untersuchung einiger Probleme der Dynamik der Hinterachsbrücke am Kraftfahrzeug. W.Peitz.

1-64/02-0174 K o n o w r o c k i, Aleksander. Maszyny i narzędzia rolnicze. (Maschinen und Werkzeuge für den Ackerbau.) Warszawa: Państw. wyd. roln. i leśne. 1963. (562 S.) 8° = Zarys maszynoznawstwa rolniczego. Podręcznik dla techników rolniczych Bd. 1 Nr. 6. (1963 A 673, 1)

1-64/02-0175 Landmaschinen-Tabelle. Unsere Landmaschinen 1962 für Acker- und Grünlandwirtschaft. - Würzburg: Vogel-Verl. 1962. 4°. (1963 B 161)

1-64/02-176 C o o p e r, Malcolm MacGregor. Grazing management and grassland productivity. Belfast: Marjory Boyd. 1961. (19 S.) 8°. (1963 A 883)

1-64/02-0177 T ó t h, Jenö, D e t r e, Istvan und V á m o s i, Jenö. Szálastakarmányok termesztése szárítása és felhasználása. (Anbau, Trocknung und Verwendung von Halmfutter.) Budapest: Mezög. kiadó. 1962. (173 S.) 8°. (1963 A 788)

1-64/02-0178 G u d z e n k o, I.P. und F i r s o v, N.V. Mašiny dlja vozdelyvanija i uborki kartofelja. (Maschinen für den Anbau und die Ernte der Kartoffeln.) Moskva: Gos. naučno-techn. izd. mašino-stroitel'noj lit. 1962. (269 S.) 8°. (1963 A 1033)

1-64/02-0179 F i e d l e r, Jilji. Pěstování a sklizeň cukrovky. (Anbau und Ernte von Zuckerrüben.) Praha: Státní zemědělské naklad. 1963. (221 S.) 8°. (1963 A 825)

1-64/02-0180 B a c h m u t o v, V.A. und U l ' j a n o v, F.G. Mechanizacija vozdelyvanija zernobobovych kul'tur. (Mechanisierter Anbau von Körnerleguminosen.) Moskva: Izd. sel'skochoz. lit. 1962. (141 S.) 8°. (1963 A 866)

1-64/02-0181 B o l o t o v, I.N. u.a. Kompleksnaja mechanizacija l'novodstva. (Vollmechanisierung des Flachsbaues.) Leningrad; Moskva: Izd. sel'skochoz. lit., žurnalov i plakatov. 1962. (354 S.) 8°. (1963 A 715)

1-64/02-0182 K i r j u c h i n, Anatolij Michajlovič. Konvejer na uborke. (Fließband bei der Ernte.) Moskva: Izd. "Znanie". 1963. (47 S.) 8° = (SR 168, 1963,6) Stenogramma lekcii Serija 5 Nr. 6.

B. FELDARBEITEN AUSSCHLIESSLICH ERNTE

1-64/02-0183 R y ž i k o v a, A.G. Promyšlennye traktory "Merton". ("Merton"-Industrie-Traktoren.) - Traktory i sel'chozmašiny, Moskva 33 (1963) Nr. 7. S. 46. - 1 Abb., 1 Tab. Aus: Dok.-Dienst ILT 1963 Nr. 9.

Schaufellader "Merton 120A" und "100A" mit Allrad-Antrieb und Erdschaufel mit 1,6 m Fassungsvermögen, 3 Vorwärts- und 3 Rückwärtsgängen (6-40 km/h). Der "120A" besitzt einen 137-PS-Motor, der "100A" einen 106-PS-Motor (jeweils 6-Zylinder-Dieselmotoren). Breite der Schaufel 2,36 m; Hubhöhe 3,7 m, Kippwinkel 90°. 5110.

1-64/02-0184 A n o n y m. Mécanisation de l'agriculture. Mécanisation des travaux de défrichement des terres nouvelles. (Die Mechanisierung von Meliorationsarbeiten auf Neuland.) - Mécanisat. Agric., Nations Unies, Commiss. econ. l'Europe, Genève 1962 Nr. Agri/Mech/ 22. S.1-41. - 26 Abb., 1o Tab.

Von 1954-60 wurden in der SU 41 Mill. ha melioriert. Fast 200 Mill. ha sind entwässerungsbedürftig. Das vorhandene Maschinensystem kann den verschiedenen Arbeiten und Bedingungen angepaßt werden. Zur Buschrodung werden die Sträucher von fest am Traktor angebauten Werkzeugen dicht am Boden abgeschnitten, zu Schwaden gezogen und auf Mineralböden verbrannt oder auf Moorböden nach dem Verrotten oder Zerkleinern untergepflügt. Buschschneider (Häcksler) zerhacken das Holz soweit, daß es sofort mit Spezialpflügen untergepflügt werden kann. Serienmaschinen und Versuchsmuster werden beschrieben. In Waldgebieten werden erst die Stämme geschlagen und dann die Stubben gerodet. Das Roden ist mit Traktoren vollmechanisiert, doch bereitet das Entfernen der Erde aus den Wurzelballen noch Schwierigkeiten. Beschreibung der Maschinen und Geräte zur Stubbenrodung. Die Böden werden nach ihrem Steingehalt (in m^3/ha) eingeteilt in sehr stark> 100, stark 50-100, mittel 20-50, schwach 20, sehr schwach = einzelne Steine. Nach ihrer Größe unterscheidet man große von 0,6-1,8 m Dmr., mittlere von 0,3-0,6 m Dmr. und kleine von 0,07-0,3 m Dmr. Steine unter 7 cm Dmr. werden maschinell nicht entfernt. Beschreibung der Maschinen zum Entsteinen der Böden. Für das erste Pflügen der wichtigsten Arten von Neuland wurde ein spez. Pflug geschaffen. Die vollständige Wendung des Pflugbalkens ist von großer Wichtigkeit. Beschreibung der Pflugtypen. Eine bedeutende Rolle für die Erstbearbeitung mooriger Böden nimmt die Fräse ein. Beschreibung der Fräsen und der Kettentraktoren, die bei der Neulandgewinnung Verwendung finden. Es folgen die analogen Ausführungen für Arbeitsverfahren und die verwendeten Maschinen und Geräte in Griechenland und Finnland. H.Kaiser. 5110a.

1-64/02-0185 G o r i n s k i j, V.N.: Kostjakow-Unions-Forsch.-Inst. für Hydrotechn. und Meliorat. Drenaž iz plastmassovych trubok i mechanizacija ego ustrojstva za rubežom. (Mechanisierung der Plastrohrdränung im Ausland.) - Gidrotechnika i melioracija, Moskva 12 (1963) Nr. 2. S. 39-48. - 5 Abb., 1 Tab., 5 Zeichn., 20 Lit.

Umfassende Übersicht über die Entwicklung der Plastrohrdränung in England, den USA, Holland, der DDR und Westdeutschland. Zunächst werden die verwendeten Plaste und ihre physikalischen Eigenschaften besprochen. In Europa wird vorwiegend PVC, in anderen Ländern auch Polyäthylen weich und hart benutzt. 3 Verfahren sind gebräuchlich: Einschleppen perforierter, bei größeren Längen auf Spulen gewickelter Plastdränrohre mit Maulwurfpflügen, Formen der Plastrohre aus Band im Maulwurfpflug sowie Verlegen von fertigen Plastdränrohren in gebaggerten Gräben. Es wird im einzelnen eingegangen auf die Verfahren von Bush und der Fa. Caterpiller (USA), von Janert und Heese-Holjewilken (DDR), auf das finnische "Narsmo"-Verfahren, auf das Wavin-Rohr und andere holländische Verfahren sowie auf westdeutsche Entwicklungen (Anger, Gabodur-D). Abschließend werden Kosten und Leistungen der Plastrohrdränung besprochen. R.Teipel. 5110c.

1-64/02-0186 K u n t z e, H. Stand der Erfahrungen in der Verwendung von Kunststoffdränrohren. - Z. Kulturtechn. 4 (1963) Nr. 1. S. 1-11. 5110c.

1-64/02-0187 A n o n y m. Täckdikning med plaströhr. (Dränrohranlagen mit Plastrohren.) - Traktor J. /Stockholm/ 7 (1962) Nr. 13. S. 830-831. - 3 Abb.

Nach vielfachen Versuchen des Inst. für Hydrotechn. Ultuna erfolgte die erste Einsatzprüfung in der Praxis unter Verwendung von gelaschtem PVC-Rohr, Dmr. 100 mm und 40 mm anstelle von 5" bzw. 2" Tonröhren. Nach Ziehen der Drängräben in der üblichen Weise erfolgte das Verlegen der Rohre von Hand (maschinelles Verlegen wird noch geprüft). Die Rohre haben eine Länge von 5 m mit Muffe; Masse 800 g (bei 40 mm Dmr.). Der Arbeitsaufwand für das Verlegen von 80-90 m Rohr beträgt 10 Min. Neben dem üblichen Abdeckungsmaterial wie Kies, Torf, Sägemehl usw. verwendete man erstmalig speziell behandelte langfaserige Glaswolle von 3 cm Dicke und 18 cm Breite. Die Glaswolle ist auf einer Papierart befestigt, die im Boden rasch durch die Feuchtigkeit zerstört wird. Eine 20-m-Rolle wiegt 3 kp. Die höheren Kosten für dieses Material werden durch den verringerten Arbeitsaufwand ausgeglichen. Die Haltbarkeit der Plastrohre entspricht der der Tonröhren. E.Kahn. 5110c.

1-64/02-0188 G a l l w i t z, K. Nochmals: Die Dräntechnik heute. - Z. Kulturtechn. u. Flurbereinig. 4 (1963) Nr. 4. S. 255-256.

Techn. Daten des Fräskettenbaggers der Fa. J. Boeske, Goldenstedt, Oldbg. 5110c.

1-64/02-0189 O l b e r t z, M.H., W e r t z, G. und K ö s t e r, H.: Ein Verfahren zur Rekonstruktion von Dränanlagen. - Arb.-Ber. Inst. Meliorationswes. Univ. Rostock 1962 Nr. 1. S. 2-13. - 6 Abb., 1 Tab., 7 Lit. - nach Zus.

Am o. g. Institut wurde ein Gerät entwickelt, mit dessen Hilfe sich die Wiederauffindung (einschl. Ortung lokaler Verstopfungen) und die Reinigung der Dränsysteme ermöglichen läßt. Das Gerät besteht aus einer am "RS 09/15" angesetzten Hochdruckpumpe des Sprüh- und Stäubegerätes "S 293/2" oder "293/3", einem 100 m langen Decelithschlauch (13 mm lichte Weite) mit eingesetztem Spülkopf sowie aus einem Zusatzgerät zur Funkortung. Für den Einsatz des Gerätes werden 2 AK benötigt. 5110c.

1-64/02-0190 K u n t z e, H. Bericht über ein neues Verfahren zur Säuberung verockerter Dränanlagen. - Z. Kulturtechn. 4 (1963) Nr. 1. S. 51-56.
Vf. berichtet über ein neuentwickeltes Verfahren zur Reinigung verockerter Dränanlagen, welches unter Verwendung eines Druck- und Saugfilters - es kommt ein Vakuum-Gülle-Gefäß zum Einsatz - auch in schwierigen Fällen in kurzer Zeit und rel. billig die verockerten Dränanlagen säubern und dadurch wieder in Funktion setzen soll. Die entwickelte Methode basiert auf dem aus den Niederlanden kommenden Verfahren der Dränspülung - basierend auf Schlauch mit Spüllanze und -bürste, die sich wegen rückwärts gerichteter Strahlführung selbsttätig im Dränstrang vorwärts arbeiten - indem nunmehr einer Anregung der Praxis folgend ein speziell komplettiertes Vakuumgefäß hierfür eingesetzt wird. Es zeichnet sich aus durch: Inhalt 1200 bis optimal 3000 l sowie zapfwellenangetriebene Vakuum- und Druckpumpe mit Schlauch- und Druckstutzen und Abdichtungsringen. Das Aggregat entwickelt einen Unterdruck von ca. 1 at, hiervon 0,7 at nutzbar, und einem Pumpendruck von 2 at. Das Arbeitsverfahren wird ausführlich beschrieben. D.Kramer. 5110c.

1-64/02-0191 R e n z, G. Folienschneidwerk und -profiliergerät zur Vorbereitung der PVC-Bahnen für die Rostocker Plastrohrdränung. - Arb.-Ber. Inst. Meliorationswes. Univ. Rostock 1962 Nr. 1. S. 31-35. - 5 Abb., 1 Lit.
Die Schneidvorrichtung des Folienschneidwerkes ist in einem Rahmen aus Stahlkonstruktion untergebracht. Die Schneidelemente bestehen aus scheibenartigen Messern auf 2 übereinander angeordneten, mit Zahnrädern verbundenen Wellen. Der Schnitt wird von jeweils einem Messerpaar (Ober- und Untermesser) ausgeführt. Die Rollen des zu schneidenden PVC-Materials werden an der Vorderseite der Maschine in eine Schale gelegt. Über eine geneigte Ebene wird die Plastbahn in das Schneidwerk geleitet. Die jeweils erforderliche Breite der herzustellenden Plaststreifen wird durch entsprechend angebrachte Messerpaare erreicht. Das Profiliergerät (Stanzautomat) versieht die verschieden breiten Folienbänder mit dem für die "Weimarer Rohrknüpfung" erforderlichen Knüpfzungenschnitt. Bei der mit Walzenstempel versehenen Stanzvorrichtung stehen die Rotationsachsen senkrecht zur Vorschubvorrichtung des PVC-Bandes, wobei die Streifen durch 2 übereinanderliegende profilierte Walzen geführt werden. Die Stempel tauchen in Matrizen ein und klinken die Folie aus. Der Antrieb der Profilbolzen erfolgt durch E-Motor. Die Arbeitsleistung beträgt mehr als 5 km/h. E.v.Wangenheim. 5110c.

1-64/02-0192 A n o n y m. Reiniging drainreeksen. (Reinigung von Dränrohren.) - Inst. Landbouwtechn. Rationalisatie Wageningen, Werkvolgorde, Aanwijzingen 3 (1962) Nr. 27. 1 S. - 1 Abb., 1 Schema. 5110c.

1-64/02-0193 A n o n y m. Dig deep - cut steep. (Ein neuer Grabenbagger.) - Pract. Power Farming 31 (1963) Nr. 2. S. 23. - 1 Abb.Aus: Dok.-Dienst II/T 1963 Nr. 9.
Die Eigenkonstruktion zweier Farmer, die unter der Bezeichnung "Fenland Sa-

fety Digger" läuft, ist bes. geeignet für die Arbeit an Deichen. Einige Merkmale und techn. Daten: Dreipunktaufhängung und Zapfwellenantrieb; Abreißkraft 1360 kp, Fassungsvermögen des Eimers 1,02 dt; Abwurfhöhe bis 2,28 m; Breite des bearbeiteten Grabens bis 5,49 m. Weitere Zusatzausrüstung: Böschungsmäher "Hydro", der auch zum Heckenschneiden geeignet ist. 5110c.

1-64/02-0194 B a i t s c h, B.; Bonn, Univ., Inst. für Bau- und Kulturtechn. Über die Mechanisierung der Mäharbeit in der Landeskultur. - Wasser u. Boden 15 (1963) Nr. 8. S. 288-292. - 5 Abb., 1 Tab.

Bei der Unterhaltung von Abzugsgräben und Vorflutern spielt das Freihalten des Profils vom meist sehr starken Bewuchs eine ausschlaggebende Rolle in finanzieller, personeller und funktioneller Hinsicht. Deshalb wurde eine Mechanisierung der Mäh- und Rechenarbeiten vorgenommen. An die Spitze des Hydraulikarmes eines Schleppers von 30-40 PS wurde an die Stelle des Löffels ein von einem Hydraulikmotor angetriebener Mähbalken (Mulchbalken) gesetzt. Zum Abräumen kann der Mähbalken gegen eihen Räumrechen ausgetauscht werden. Da die Reichweite 6,0 m beträgt, können fast alle Abzugsgräben von einer Seite aus bearbeitet werden. Für den Schlepper sind 1 Fahrer und für die Bedienung des Mähbalkens oder Räumrechens 1 AK erforderlich. Das Gerät hat sich im Einsatz gut bewährt. W.Bohrisch, 5110c.

1-64/02-0195 F i n g e r, K. Beitrag zur hydrologischen Meßmethodik im Dränversuchswesen. - Arb.-Ber. Inst. Meliorationswes. Univ. Rostock 1962 Nr. 1. S. 37-40. - 3 Abb., 2 Lit.

Es wurde ein einfaches, billiges und wartungsarmes Meßgerät zur Dauerregistrierung des Grundwasserstandes entwickelt. Die Konstruktion beruht auf dem Gedanken, mittels eines Schwimmers und eines geeigneten Übertragungselementes den Wasserstand in der Zeiteinheit unter Verwendung einer durch ein Uhrwerk bewegten Trommel zu registrieren. Die Trommel stammt aus einem Regenschreiber und hat eine 7tägige Umlaufdauer. Der Wasserstand wird mittels eines hohlen Schwimmers aus PVC getastet, der mit Metallresten eichbar und in der Vertikalen fixierbar ist. Die getastete Höhe wird über ein Dederonseil einer Rolle übermittelt, wobei das Seil durch ein Gegengewicht gespannt bleibt. Die Rolle überträgt die Bewegung durch eine kugelgelagerte Achse auf eine zweite, 5 x kleinere Rolle. Über ein weiteres an ihr befestigtes Seil wird die Bewegung über eine Führungsrolle zur eigentlichen Schreibvorrichtung geleitet, die die Wasserstände im Maßstab 1:5 aufzeichnet.

E.v.Wangenheim. 5110c.

1-64/02-0196 G r i n o v e r o, Cesare. Tecnica ed economia delle irrigazioni negli ambienti collinari e pedecollinari Lombardi. (Technik und Ökonomik von Bewässerungen in den Hügel- und Vorhügelgegenden der Lombardei.) - Italia agric. 99 (1962) Nr. 8. S. 761-774. 5110d.

1-64/02-0197 G l u š k o v, F.I. und R a n t s u s, D.V. Sravnitel'naja ocenka perenosnych doždeval'nych ustanovok. (Vergleichende Charakteristik halbstationärer Beregnungsanlagen.) - Gidrotechnika i melioracija, Moskva 14 (1963) Nr. 2. S. 9-13. - 2 Abb., 1 Schema, 2 Tab.

Folgende Regenanlagen sind im Einsatz: 2-Konsolen-Anlage "DDA-100M" von VNIIGiM, Wasserentnahme im Fahren aus offenen Gräben, Wasserverbrauch 360 m^3/h; Kurzstrahlregenanlagen "KDU-55" und "KDU-55M" von VNIIGiM, Wasserentnahme aus unterirdischen Druckleitungen, Wasserverbrauch 90 m^3/h; Weitstrahl-Anbau-Anlagen "DDN-30" und "DDN-45" von VISCHOM, Wasserentnahme aus offenen Gräben, Wasserverbrauch 120 m^3/h. In Gebieten mit Hindernissen werden bewegliche Anlagen gebraucht, z.B. die Anlagen "KDU-55" und "KDU-55M" mit leichten Rohren. 1961 wurden 100 Regenanlagen "DDU-45" gebaut, bei denen neben Weitstrahl- auch Mittelstrahlregner (Schwinghebelregner) "SDA-2" (gebaut vom mechan. Reparaturwerk Kursk) verwendet wurden. Von 1959 bis 1961 wurden auf der Moskauer Beregnungsversuchsstation und in der Kolchose "Neues Leben" bei Moskau die Regenanlagen "KDU-55", "KDU-55M", "SDU" und "DDU-45" geprüft. Dabei ergaben sich folg. Daten (jeweils in der obigen Reihenfolge): Förderhöhen: 25, 25, 35, 35 m WS; Fördermengen: 90, 90, 65, 160 m^3/h; im Mittel in einer 7-Stundenschicht wurden verbraucht: 62, 71, 85, 85 m^3/h (bei einer Norm von 300 m^3/ha); Zahl der Regner oder Düsen pro Regenflügel: 12, 15, 10, 4; Düsendmr. der Regner 15, 13, 11, 24 mm; Regnerabstand: 10, 10, 20, 50 m; beregnete Fläche pro Regner bei einer Aufstellung: 1200, 1500, 4000, 10000 m^2; Entfernung zwischen den Zuleitungen: 240, 300, 400, 400 m; mittlere Regenintensität einschl. Überdeckung 75, 60, 16, 16 mm/h; notwendige Bedienungskräfte: 2 (bei allen 4 Anlagen); Leistung pro 7-Stundenschicht bei einer Norm von 300 m^3/ha: 1,44; 1,65; 2,00; 2,00 ha; Energieverbrauch für die Beregnung von einem ha: 20,4; 20,6; 28,6; 45,0 kWh; Lohnkosten : 3,80; 3,32; 2,72; 3,10 Rbl. Die produktivste Regenanlage "SDU" besteht aus 2 Regenflügeln (Wechselbetrieb) von je 190 m Länge und Schaltleitungen von je 90 m. Der Regnerabstand beträgt 20 m (Mittelstrahlregner "SDA-2"). Für die Erdleitungen werden 33,25 ("SDU") bis 50,35 m ("KDU-55") Asbestbetonrohrleitungen pro 1 ha benötigt, die 81-128 Rbl. kosten. Es werden überwiegend Rohre der Dmr. 189 mm verwendet. R.Teipel. 5110d.

1-64/02-0198 A n o n y m. "Rainline" irrigation now here. (Rollende Beregnung durch den "Regenstrang".) - Farm Implement Machinery Rev. 88 (1962) Nr. 1052. S. 1723. - 3 Abb.

Die Anlage bewegt sich durch den Wasserdruck, so daß ohne einen Handgriff ein ganzes Feld bewässert werden kann. Der "Regenstrang" besteht aus 84 ft. langen Abschnitten aus 4 in.-Rohren. Jeder dieser Abschnitte ist auf einer Raupe, in der der Wassermotor eingebaut ist, montiert. Die Anlage bewegt sich im Kreis um einen Drehpunkt, von dem aus die Wasserzufuhr erfolgt. Der Bodendruck der Raupe ist so gering, daß der "Regenstrang" gut für die Bewässerung von Kartoffeln oder Getreide eingesetzt werden kann. Für den Transport von einem Feld zum anderen gibt es Transportwagen, auf den die Raupen mit Hilfe einfacher Rampen auffahren. Dann kann die Anlage von einem Schlepper durch eine 12-ft.-Einfahrt gezogen werden. D.Voigt. 5110d.

1-64/02-0199 K o u k a l, Mojmír. Komplexně mechanizovaná stavba zavlahového kanálu. (Komplexmechanisierter Bau eines Bewässerungskanals.) - Mechanizace Zemědělství 13 (1963) Nr. 4. S. 119-121. - 4 Abb.

Es wird über einen Entwurf der Betonierungstechnologie eines Bewässerungskanals berichtet, der vom VEB Ingstav ausgearbeitet wurde. Den Kern der Mechanisierungseinrichtung bildet ein Profilfertiger ohne Gleisführung. Die Führungs-Verteilungs- und Formierungsteile des Fertigers bilden ein Ganzes. Die Leistung der Fertiger bei einer Schiebegeschwindigkeit von 22 cm/min beträgt 52 m^3/8 Std. (70 lfd.m), der Arbeitsbedarf je 1 m^3 Betonverkleidung 3,02 Std. Die Bedienung besteht aus 6 Arbeitskräften. Die Vorschubbewegung wird durch eine Seilwinde besorgt. Die Voraussetzung für erfolgreiche Führung des Fertigers im Gelände bildet die Applanierung der Kanalrinne mit einem Grader. Das Betongemisch wird in einer zentralen Baukasten-Betonmischanlage hergestellt. Mit Hilfe von 9 Tauch-Vibratoren wird es verdichtet.

ČSSR/ÚVTI. 5110d.

1-64/02-0200 R a b i n o v i č, N.I.; RSFSR, Staatl. Entwurfsbüro für Wasserwirtsch. Bauten. Novye peredvižnye dizel'nye nasosnye stancii. (Neue fahrbare Dieselpumpstationen.) - Gidrotechnika i melioracija, Moskva 14 (1963) Nr. 2. S. 14-19. - 2 Abb., 1 Diagr., 2Zeichn.

Die 1960 herausgebrachte, fahrbare Pumpstation "DNS-70" mit dem 65-PS-Dieselmotor "SMD-7" und der Pumpe "6NDV" auf metallbereiftem, ungefedertem Zweiachsanhänger wies einige Mängel auf. 1962 wurden 3 Modifikationen fahrbarer Pumpstationen vorgestellt (gebaut von "Rosgiprovodchoz"): "DNS-110/25A", B und V , die sich lediglich durch die verwendeten Anhänger unterscheiden. Die "DNS-110/25B" und "-V". leisten 180-415 m^3/h bei 52-25 m WS Förderhöhe mit dem 75-PS-Dieselmotor "SDM-14" und der Pumpe "6NDV", deren Kennlinien angegeben werden. Druck- und Entnahmeschwankungen werden durch einen Treibstoffregulator ausgeglichen. Die Pumpstation "DNS-110/25V" ist mit Auspuffejektor (Abb.) versehen, der Saugleitung und Pumpe in 20-50 Sek. mit Wasser füllt. Auf dem Fahrgestell ist ein Treibstoffbehälter von 80 l Inhalt (ausreichend für eine Schicht) angebracht. Die Masse der Pumpstation beträgt 2400 kg (Pumpe 300 kg, Motor 650 kg). Zur weiteren Verbesserung der Station wird der Einbau der sehr anpassungsfähigen, 2stufigen Kreiselpumpe "8 M-9x2" (konstruiert von M.G. Kotschneva) vorgeschlagen. Techn. Daten: 1500-1700 U/min (direkte Kupplung mit Dieselmotor), Leistung 180-415 m^3/h bei 80-25 m WS Förderhöhe.

R.Teipel. 5110d.

1-64/02-0201 S t a n s e l l, J.R. und S p a r r o w, G.N. Rainfall controlled shelter for research plots. (Ein Schutzdach für Forschungsparzellen kontrolliert den Regen.) - Agric. Engng. 44 (1963) Nr. 6. S. 318-319. - 5 Abb.

Die Notwendigkeit der genauen Steuerung der Feuchtigkeit bei Bewässerungsversuchen führte zum Entwurf und der Konstruktion eines Regenkontrollschutzdaches. Das Schutzdach kann die Parzellenfläche in weniger als 20 Sek. völlig bedecken. Das Schutzdach reagiert noch auf Niederschläge von 0,01 in./h. Es ist 22 ft. breit und 42 ft. lang. Es wird auf 3 Schienen mit Hilfe eines Autostarters bewegt, der aus einer 6-V-Batterie gespeist wird. Die Dachkonstruktion besteht aus Aluminiumrohren. Das Steuerungssystem wird an Hand eines Schaltschemas erläutert. Die gesammelten Erfahrungen zeigen, daß das Schutzdach ein nützliches Mittel für das Studium des Feuchtigkeitsbedarfes der Pflanzen ist. Wegen der begrenzten Fläche müssen die Parzellen unter dem Dach klein sein. Es können 12 Parzellen von 6 mal 10 ft. angelegt werden. Die Isolierung der Bodenfeuchte der verschiedenen Parzellen wird durch Plastmaterial erreicht, das rings um die Parzellen 30 in. tief in den Boden eingelassen ist.

D.Voigt. 5110d.

1-64/02-0202 D a m i a n i, Antonio. Alcune considerazioni sul moto perturbato nelle condotte in pressione in reti irrigue. (Einige Überlegungen über Bewegungsstörungen in Druckleitungen von Bewässerungsnetzen.) - Acqua Agric., Ig. Ind. 40 (1962) Nr. 6. S. 145-148. - 3 Abb. 5110d.

1-64/02-0203 A n o n y m. ABC-Leichtmetallrohr mit Steckkupplung - Prüfbericht DMA/Brugg. - Schweiz. Inst. Landmaschinenwes. u. Landarbeitstechn. Brugg (Aargau), Prüfber. Nr. Ep 1167. (1962) 4 S. - 1 Abb.

Hersteller: SEPPIC, 70, Champs Elysées, Paris. 5110d.

1-64/02-0204 T a n i s, K. Moderne machinale bodemverbetering. (Moderne maschinelle Bodenverbesserung.) - Tijdschr. Kon. nederl. Heidenaatschappij 74 (1963) Nr. 2. S. 46-60.

In den Niederlanden konzentriert sich die Bodenverbesserung auf Böden mit störenden Schichten, schwer zu bearbeitende Böden mit störenden Schichten, wenig tragfähige Böden und Böden mit hohem Kleigehalt, wenig tragfähige Böden und Böden mit unebener Oberfläche. Es wird der Einsatzbereich verschiedener Maschinen dargelegt. Der Bagger ist vielseitig bei Bodenbewegungsarbeiten zu verwenden, sein Einsatz fordert jedoch rel. hohe Kosten. Der Wühlpflug eignet sich zum Zerkleinern störender Bodenschichten. Tiefpflüge erreichen heute eine Pflugtiefe von ca. 1,70 m und können zur Verbesserung von Böden mit störenden Schichten, von schwer zu bearbeitenden Böden und Böden mit geringer Tragfähigkeit eingesetzt werden. Zum Einebnen von Flächen können Bulldozer verwendet werden. Mit Hilfe einer Besandungsmaschine zur Verbesserung der Bearbeitungsfähigkeit kann Sand aus einer Tiefe bis zu 4 m gefördert und auf der Oberfläche verteilt werden. L.Machler. 5110e.

1-64/02-0205 D u i n, R.H.A. van; Wageningen, Inst. voor Cultuurtechn. Waterhuishouding. Het ontwerpen van landinrichtingsplannen. (Das Entwerfen von Plänen für die Flurneuordnung.) - Landbouwkund. Tijdschr. 73 (1961) Nr. 15. S. 695-714. - 6 Diagr., 3 Schemata, 4 Tab., 24 Lit.

Beim Aufstellen von Plänen im Rahmen von Flurbereinigungs-Projekten muß mit Normen, die auf einer systematischen Analyse des Projektes basieren, gearbeitet werden. Das gilt vor allem für die Berechnung der erforderlichen Länge von Wegen und Gräben und die Menge des Bodens, der über größere Entfernungen bewegt werden muß. Es werden Grundlagen für die Berechnung und Beispiele mitgeteilt. M.Schröder . 5110g.

1-64/02-0206 A n o n y m. Minimum tillage: Corn belt interest continues to grow. (Minimale Bodenbearbeitung: Interesse des Maisanbaugebietes nimmt weiter zu.) - Implement & Tractor Farm Implement News 78 (1963) Nr. 13. S. 12-14. - 7 Abb. Aus: Dok.-Dienst IIT 1963 Nr. 8.

Kurzer illustrierter Bericht von Feldvorführung in Iowa. Einige der gezeigten Bearbeitungsvarianten werden von Experten beurteilt. Eingesetzte Maschinenaggregate verschiedener Firmen mit folg. unterscheidenden Merkmalen: Einsatz von Grubber und Bodenkrümler vor dem Dibbelaggregat; Verwendung von Grubber oder Krümler allein; Dibbeln in die Radfurche; sofortiger Umbruch des abgeernteten Maisfeldes und Zerkleinern und Einbringen der Stengelreste in 1 Arbeitsgang. Das sog. "Pflugdibbeln" ohne Saatbettbereitung wird nicht eindeutig als günstig bezeichnet. 5115a.

1-64/02-0207 B a r n e s, Kenneth, K. Minimum tillage - for cotton. (Minimum-Bodenbearbeitung im Baumwollbau.) - Implement & Tractor Farm Implement News 78 (1963) Nr. 13. S. 24. - 1 Skizze. Aus: Dok.-Dienst ILT 1963 Nr. 8.

Die normale Bearbeitung von bewässerten Baumwollfeldern umfaßt: Beseitigung der alten Stengel, Arbeit mit Doppelscheibenegge, Pflügen (rechtwinklig zu den Beeten), Arbeit mit Scheibenegge, Anhäufeln für die Bewässerung, Ausbringung von Nematoziden, Pflanzen. Hierfür sind 8 Fahrten über das Feld erforderlich (325 PSh/ha). Bei minimaler Bearbeitung wird die Bodenbearbeitung reduziert auf: Beseitigung alter Stengel, sog. "Präzisions-Bodenbearbeitung", Nematozid-Ausbringung und Pflanzen. Dieses Verfahren ergibt nur noch 4 Fahrten (130 PSh/ha). Erläuterung der Präzisionsbodenbearbeitung, wozu ein Grubber mit Dränmeißeln und Häufelkörpern, im Wechsel angeordnet, verwendet wird. 5115a.

1-64/02-0208 N i k i f o r o v, P.E.; Pljustschewo, Gebiet Moskau, Unions-Forsch.-Inst. für Mechanisier. der Landwirtsch. O rajonirovanii počvoobrabatyvajuščich orudij dlja osnovnoj obrabotki počvy. (Verteilung der Bodenbearbeitungsmaschinen auf hinsichtlich Klima und Boden verschiedenen Gebiete.) - Vestnik sel'skochozjajstvennoj nauki, Moskva 7 (1962) Nr. 5. S. 88 bis 96. - 2 Abb., 2 Diagr. Zus. in Engl., Franz., Dtsch.

Vf. kennzeichnet kurz Böden und Klima sowie die Feldgrößen der verschiedenen Gebiete (Westliches, Nordwestliches und Zentrales Nichtschwarzerdegebiet, Zentrales Schwarzerdegebiet, Kaukasus, Ukrain. SSR, Südöstliches Gebiet, Sibirien, Kasachstan, Ferner Osten, Bewässerungslandschaft, Berglandschaft) und empfiehlt die jeweils zweckmäßigsten Bodenbearbeitungsgeräte. Abschließend geht er auf die Anwendung der Allzweck-Schlepperpflüge in den verschiedenen Gebieten speziell ein. W.Balkin. 5115a.

1-64/02-0209 Č u d i n o v, B.; Zelina, Gebiet Rostow/Don, Maschinenprüfstat. Mašiny dlja obrabotki počv, podveržennych ėrozii. (Maschinen für die Bearbeitung von Böden, die zur Erosion neigen.) - Technika v sel'skom chozjajstve, Moskva 22 (1962) Nr. 9. S. 48-52. - 8 Abb.

Einen wichtigen Platz unter den Maßnahmen, die gegen eine Erosion wirken, ist die Herstellung einer windfesten Bodenoberfläche. Stoppelfelder von Getreide oder anderen Kulturen schützen den Boden im Winter und im zeitigen Frühjahr vor dem Wegblasen und Auswaschen. Vf. beschreibt Untersuchungen von Bodenbearbeitungs- und Sämaschinen in Gebieten mit unzureichenden Niederschlägen. Die Konstruktionen und Arbeitsweisen der Geräte sind angegeben. In Abb. sind zu sehen: Der Tiefgrubber "GPK-2,5" mit 1 und 2 Arbeitsorganen, die Grubber "KPŠ-2-250", "KPL-3-150A", "KĖP-3", "ĖKNŠ-2,8" und die Sämaschinen "SZP-47", "LDS-4". Die Arbeitsqualität der untersuchten Geräte ist beschrieben. G.Reumschüssel. 5115a.

1-64/02-0210 K a d u š i n, N.P. Protivoėrozionnye orudija dlja rajonov nedostatočnogo uvlažnenija. (Anti-Erosionsgeräte für Gebiete mit geringen Niederschlägen.) - Zemledelie, Moskva 25 (1963) Nr. 3. S. 55-59. - 3 Abb., 1 Schema, 2 Tab.

In bestimmten erosionsgefährdeten Lagen ist die Bodenbearbeitung mit Pflügen nachteilig. Zur Bodenlockerung wird der Tiefenlockerer "KPG-250" mit 2 Gänsefußscharen, 2,20 m Arbeitsbreite und bis 30 cm Arbeitstiefe am Schlepper "DT-54A" oder "T-75" verwendet. Zur Oberflächenbearbeitung kann dieses Gerät auch mit einem 2,50 m breiten Schar am "Belarus" angebaut werden. Ein weiteres Gerät "KP-2-250" arbeitet mit 2 Gänsefußscharen von je 2,50 m Arbeitsbreite bis 16 cm Arbeitstiefe am "DT-54A" oder "T-75" sowie einscharig am "Belarus". J.Gebhardt. 5115a.

1-64/02-0211 K o s a r č u k, A.N. K voprosu o koėfficiente trenija. (Über den Reibungskoeffizienten zwischen Boden und Stahl.) - Bjulleteń naučno-techničeskoj informacii po agronomičeskoj fizike. Agrofizičeskij naučno-issledovatel'skij institut, Leningrad 1960 Nr. 7. S. 68-70. - 1 Diagr., 5 Tab.

Vf. berichtet über Versuche, bei denen Stahlkufen mit einer Reibungsfläche von 600 cm^2 über eine völlig geglättete Erdoberfläche mittels eines Kraftfahrzeuges gezogen wurden. Variiert wurde dabei: Wärmebehandlung der Kufen, Oberflächengüte, Druck, Geschwindigkeit. Die aufgenommene Kurve zeigt zwischen 0,42 und 2 m/s einen Anstieg des Reibungskoeff. von 0,4 auf 0,54, um dann bis 10 m/s auf 0,51 abzufallen. Ferner ergaben die Versuche, daß die Reibungszahl mit wachsendem Druck etwas fällt und die Härte der Stahloberfläche stärker auf die Reibungszahl wirkt als die Oberflächengüte. W.Balkin. 5115a.

1-64/02-0212 P r o c h o r o v a, M.F.; Moskau, Unions-Forsch.-Inst. für Mechanisier. der Landwirtsch. O vlijanii polimernych pokrytij na sceplenie počvy s vibrirujuščimi rabočimi poverchnostjami. (Der Einfluß polymerer Deckschichten auf die Haftung des Bodens auf vibrierenden Flächen.) - Mechanizacija i ėlektrifikacija socialističeskogo sel'skogo chozjajstva, Moskva 21 (1963) Nr. 2. S. 4-6. - 1 Abb., 3 Diagr., 1 Tab., 2 Lit.

Mit den Versuchen sollte der Einfluß von Vibrationen und polymeren Deckschichten auf die Haftkraft und den Schubwiderstand von Erde auf Arbeitsflächen von Bodenbearbeitungswerkzeugen ermittelt werden. Das Versuchsgerät besaß eine horizontale rotierende Scheibe, die mit Amplituden von 1-5 mm in vertikale Schwingungen von 10, 20 und 33 Hz versetzt werden konnte. Die Bodenproben wurden mit einer kurze Zeit wirkenden Kraft von 0,2 kp/cm^2 auf kleine Teller gedrückt, die an der Scheibe angelenkt waren und mit einem beliebigen Winkel zur Horizontalen eingestellt werden konnten. Die Bodenproben hatten Halbkugelform. Die geringste Haftkraft wurde bei Winkeln von 35-45° gegen die Horizontale festgestellt. Die Widerstände gegen Abreißen und Schub verringern sich mit steigender Amplitude r und steigender Schwingungsfrequenz. Die Haftkraft von Lehm mit 24 % Feuchtigkeit fällt z. B. bei einer Frequenz von 10 Hz von 48 p/cm^2 bei r = 0 mm auf 32 p/cm^2 bei r = 5 mm und bei einer Amplitude von 2 mm von 45 p/cm^2 bei 0 Hz auf 29 p/cm^2 bei 33 Hz. An Plasten haftet der Boden schwächer als an Stahl. W.Balkin . 5115a.

1-64/02-0213 D e t i s t o v, F.M. Počvoobrabatyvajuščij posevnoj agregat APP-4-70. (Bodenbearbeitungs- und Säaggregat "APP-4-70".) - Traktory i sel'chozmašiny, Moskva 33 (1963) Nr. 7. S. 34-35. - 1 Abb. Aus: Dok.-Dienst ILT 1963 Nr. 9.

Aggregat für die Bearbeitung der im Quadratnest- oder Einzelkornverfahren ausgebrachten Hackfrüchte. Gleichzeitig mit der Aussaat werden folg. Arbeiten verrichtet: schichtweise Bodenlockerung ohne Wenden der Bodenschicht; Krümeln der oberen Schicht; Andrücken des Erdreiches in der Reihe; Auffüllen dieser Fläche mit lockerer Erde. Techn. Daten: Länge 4800 mm, Breite 3600 mm, Höhe 1600 mm; Arbeitsbreite 2,8 m; Reihenbreite 70 cm; Bodenfreiheit 300 mm; Schichtleistung 1,13-1,16 ha/h; reine Arbeitsleistung 1,93-2,19 ha/h; Arbeitsgeschwindigkeit 4,15-7,0 km/h. Weitere Leistungswerte sind genannt. 5115b.

1-64/02-0214 Ž a l n i n a, N. Pachotnyj agregat PKA-2. (Kombiniertes Bodenbearbeitungsaggregat Typ "PKA-2".) - Technika v sel'skom chozjajstve, Moskva 23 (1963) Nr. 6. S. 42-43. - 3 Abb., 1 Tab. Aus: Dok.-Dienst ILT 1963 Nr. 8.

Beschreibung des auf folg. Teilen bestehenden Aggregates: 4-Schar-Anhängepflug "PK-5-35"; Kopplungsbalken; Ackerschleppe; Klutenwalze mit 2 Scheibenbatterien. Verwendungszweck: Pflügen, Zerkleinern von Erdschollen und -kluten, Einebnen der Feldoberfläche, Verdichten der Bodenschicht unter der Oberfläche, Lockern der oberen Schicht. Techn. Daten: Arbeitsbreite 1,4 m; Länge 8340 mm, Breite 2900 mm, Höhe 1190 mm; Masse 1850 kg. Arbeitsmerkmale: reine Arbeitsleistung 0,86 ha/h; Arbeitsaufwand 1,45 AKh/ha. Tabell. Zusammenfassung der Arbeitswerte und Vergleich mit denen von Pflug "PK-5-35" mit Egge. 5115b.

1-64/02-0215 K u i p e r s, H. und O u w e r k e r k, C. van; Groningen, Inst. voor Bodemvruchtbaarh. Invloed op de grond van drie jaar vroeg of laat ploegen. (Einfluß von frühem und spätem Pflügen auf den Boden.) - Landbouwmechanisatie 14 (1963) Nr. 4. S. 283-287. - 1 Abb., 2 Diagr., 4 Tab., 4 Lit. Zus. in Engl.

Auf 5 Parzellen wurden während 3 Jahren Untersuchungen über den Einfluß frühen und späten Pflügens im Herbst und Frühjahr auf die Bodenstruktur durchgeführt. In diesen Versuchen wird "früh" als erster günstiger Zeitpunkt für das Pflügen definiert, "spät" als bewußte Überschreitung dieses Zeitpunktes und damit Pflügen unter ungünstigeren Bedingungen. - Ergebnisse: Die Bodendichte scheint durch spätes Pflügen ungünstig beeinflußt zu werden, jedoch bedarf es weiterer Versuchsjahre, um zu eindeutigen Ergebnissen zu kommen. Die Scholligkeit des Bodens (mit Reliefmeter bestimmt) nahm bei der Herbstfurche über Winter um etwa 20 Einheiten ab. Weitere Messungen ergaben, daß die durch die Herbstfurche erreichte Zunahme des Porenvolumens zum großen Teil durch die Bodenbearbeitung im Frühjahr aufgehoben wird. L.Machler. 5115c.

1-64/02-0216 F e u e r l e i n, Walter. Der Pflug im Frühjahr. - Mitt. dtsch. Landwirtsch.-Ges. 78 (1963) Nr. 7. S. 184. 186. 188.

Nach grundsätzlichen Ausführungen über Vorteile der Winterfurche stellt Vf. die Gründe dar, die ein Pflügen im Frühjahr notwendig machen können (bes. Anforderungen einiger Ackerkulturen, wie z. B. Hafer, Kartoffeln und bestimmte Bodenarten). Im Bericht wird dann auf die Bedingungen verwiesen, welche eine Frühjahrsfurche erfüllen muß: Sie muß schmal sein, um eine genügende Wendung des Bodenbalkens zu sichern, soll gleichmäßig lockern und schüttend fallen und darf keinesfalls bei zu feuchtem Bodenzustand gezogen werden, da Knetschnitte im Frühjahr selten mehr eingaren. Deshalb sollte im Frühjahr kein Sech verwendet werden. Der eingesetzte Traktor soll möglichst geringen Raddruck- und -schlupf beim Pflügen haben. Richtig ausgewählte Triebradreifen und Regelhydraulik sind wünschenswerte Hilfsmittel zur Erzielung eines befriedigenden Arbeitseffektes und sollten in Verbindung mit dem geeigneten Pflug bevorzugt beim Frühjahrspflügen eingesetzt werden. G.Curdt. 5115c.

1-64/02-0217 F e u e r l e i n, Walter. Die Pflugarbeit und ihre Beurteilung. - Grundlagen Landtechn. 1960 Nr. 12. 1. Teil. S. 44-50.
Es wird über die Aufgaben der Pflugarbeit und über einige Methoden zu ihrer Beurteilung berichtet. Die Wendung des Bodens kann bei steifem Furchenbalken an der Lage der Furchenquerschnitte nach dem Pflügen zeichnerisch ermittelt und daraus die vom Tiefen-:Breitenverhältnis abhängige Oberfläche der Furchendämme festgestellt werden. Der Wendewinkel wird durch den Einbau von Meßkörperchen bestimmt. Die Lockerung des Bodens kann durch Messung des Porenraumes sowie durch Ermittlung des Aufwurfes mit dem Profilschreiber oder anderen Vorrichtungen beurteilt werden. Ein Maß für den Seitentransport des Bodens, z. B. bei verschiedener Pfluggeschwindigkeit, ist die sog. Furchenöffnung. Sie kann gute Anhaltspunkte für die Eignung von Schnellpflugkörpern geben. Über die Zerteilung des Bodens in verschiedene Krümelgrößen geben Siebanalysen Aufschluß. Die Übersichtlichkeit dieser Ergebnisse kann verbessert werden, indem man aus den Einzelanteilen die innere Bodenoberfläche oder den mittleren Krümeldurchmesser ermittelt. Für den Strukturzustand des gepflügten Landes nach dem Winter ist die von der Körperform und der Arbeitsgeschwindigkeit abhängige Profilierung der Ackeroberfläche von großer Bedeutung. Man bestimmt hierzu den sog. Rauhigkeitsfaktor. Den Mischeffekt von Bearbeitungsgeräten wird man entweder an Hand von eingearbeiteten Meßkörpern verfolgen oder durch das Verhältnis von Bodenvolumen : Summe der Schnittflächen ausdrücken. Es werden noch einige ackerbauliche Ergebnisse von Pflugversuchen mit erhöhter Arbeitsgeschwindigkeit mitgeteilt.

D.Ermisch. 5115c.

1-64/02-0218 S ö h n e, W. Anpassung der Pflugkörperform an höhere Fahrgeschwindigkeiten. - Grundlagen Landtechn. 1960 Nr. 12. 1. Teil. S. 51-62.
Vf. erörtert die Möglichkeiten zur Steigerung der Arbeitsproduktivität beim Pflügen und weist nach, daß die rationellste Lösung in der Erhöhung der Arbeitsgeschwindigkeit liegt. Bei der Vergrößerung der Arbeitsbreite müssen sowohl die Motorleistung als auch das Triebachsgewicht erhöht werden, während die Steigerung der Pfluggeschwindigkeit lediglich eine Erhöhung der Motorleistung erfordert. In Feldversuchen wurden verschiedene herkömmliche Pflugkörper der Kultur-, Universal-, Wendel- und Schraubenform auf mittleren und schweren Böden bei Pfluggeschwindigkeiten zwischen 4 und 12 km/h auf ihren Zugkraftbedarf, den Furchenaufwurf, den Seitentransport des Bodens und die Krümelungswirkung getestet. Den größten Einfluß auf die mit zunehmender Pfluggeschwindigkeit ansteigende zusätzliche Beschleunigung des Bodens, die sich in der Wurfweite und damit im Zugkraftbedarf wiederspiegelt, übt der Seitenrichtungswinkel des Körpers am Streichblechende aus. Er muß bei Schnellpflugkörpern möglichst klein sein. Von großem Einfluß sind auch Scharschneiden- und Schnittwinkel. Die Krümelung wird mit zunehmender Geschwindigkeit nicht in jedem Falle feiner; es tritt jedoch eine Entmischung der Bodenaggregate ein, indem die gröbsten und feinsten Teile an die Oberfläche gelangen. Organische Stoffe werden bei höherer Geschwindigkeit schlechter eingebracht als bei niedriger. Um eine genügende Krümelung bei ausreichender Wendung des Bodens zu erreichen, dürfen der Scharschneidenwinkel und

der Schnittwinkel nicht zu klein gewählt werden. Weitere Untersuchungen setzen die Aufstellung systematisch variierter Pflugkörperreihen voraus, um den Einfluß bestimmter Winkel besser erkennen zu können.

D.Ermisch. 5115c.

1-64/02-0219 N i k i f o r o v, P.E. und I v a n o v, A.N. Plugi dlja raboty so skorost'ju bolee 9 km/čas. (Schnellpflüge für Geschwindigkeiten über 9 km/h.) - Mechanizacija i élektrifikacija socialističeskogo sel'skogo chozjajstva, Moskva 21 (1963) Nr. 1. S. 9-10. - 2 Diagr., 3 Tab.

1961 wurden für das Schnellpflügen die Versuchspflugkörper "PS-1A" für 5 bis 9 km/h und "PS-B" für mehr als 9 km mit geneigten Mantellinien sowie der Vorschäler "PS-2" mit horizontalen Mantellinien gebaut. Die Pflugkörper wurden mit mittelsteilen und Halbwendel-Pflugkörpern der Serienproduktion verglichen. Bei allen Versuchen wurden Vorschäler verwendet. Die Pflugarbeit wurde nach der Tiefe des Einpflügens und der Menge der nicht zugedeckten Pflanzenrückstände, der Schollengröße, dem Relief der Ackeroberfläche und der Furchensohle bewertet. Auf Winterweizenstoppel arbeiteten die mittelsteilen Vergleichspflüge bei 4-9 km/h, die Halbwendel-Vergleichspflüge bei 6-9 km/h und die Schnellpflugkörper bei 6-12 km/h zufriedenstellend. Die geringste Zugkraft erforderte der Pflugkörper "PS-1B". Beim Umpflügen von Sudangrasstoppel von 18 cm Höhe ergab sich eine zufriedenstellende Arbeit entsprechend bei 4-7, 6-12 und 6-15 km. In einer Tab. bringen Vff. die Abmessungen der neuen Schnellpflugkörper und des Vorschälers.

W.Balkin. 5115c.

1-64/02-0220 M j a g k o v, G.T. Širokozachvatnye luščil'niki LDP-10 i LOD-10. (Schälpflüge Typ "LDP-10" und "LOD-10" mit großer Arbeitsbreite.) - Traktory i sel'chozmašiny, Moskva 33 (1963) Nr. 8. S. 40-41. - 1 Abb., 1 Schema. Aus: Dok.-Dienst ILT 1963 Nr. 9.

Konstruktion und Verwendungszweck von 2 neuen Scheibenschälpflügen des Sibsel'maš: 1) Aufsattel-Schälpflug "LDP-10" und Spezial-Anhängepflug "LOD-10" zum Ziehen der Rinnen, um das Schmelzwasser anzustauen und gleichmäßig zu verteilen. Techn. Daten des Typs "LDP-10" ("LOD-10"): Arbeitsbreite 10,0 m (10,7 m); Bearbeitungstiefe 5-8 cm (13-15 cm); Flächenleistung 4,65 ha/h (4,5 ha/h). Scheibenbatterien jeweils 6 Stck., Regelbereich ihres Angriffswinkels zwischen 30 und 35°. Positives Prüfungsergebnis. 5115c.

1-64/02-0221 A n o n y m. Design break-through in new plows. (Entwicklung bei neuen Pflügen.) - Agric. Engng. 44 (1963) Nr.1. S. 33. - 1 Abb.

Vf. berichtet über ein neues Prinzip der Pflugkonstruktion und des -baues der Fa. Oliver Corp. Grundprinzip dabei ist, daß jeder Körper unabhängig von den anderen am Rahmen befestigt ist und mit einer Steinsicherung versehen wurde. Bei Auftreffen auf ein Hindernis kippt der gesamte Pflugkörper zurück und wird durch die eigene Schwere später wieder in Arbeitsstellung gebracht. Der Drehpunkt wurde bei der Konstruktion vom Pflugkörper an die Verbindung zwischen Körper und Rahmen verlegt, wodurch ein besseres Ausheben gewährleistet wird.

G.Curdt. 5115c.

1-64/02-0222 A n o n y m. Fortschritt im Pflugbau. - Landtechnik 18 (1963) Nr. 13. S. 439. - Aus: Dok.-Dienst ILT 1963 Nr. 8.

Neuer Volldrehpflug "Planet" der Nassauischen Pflugfabrik Wagner & Co., Limburg/Lahn. Der Pflug hat eine Grenzpflugeinrichtung und ist mit einer hydraulischen Wende- und Aushebevorrichtung versehen. Die verbesserte Arbeitsbreitenverstellung verleiht dem Pflug einen sicheren und festen Gang ohne Gegensteuerung auch in Hanglagen. Die lageveränderlichen Anlenkpunkte machen den Pflug passend für jeden Traktor. 5115c.

1-64/02-0223 A n o n y m. Kombinus-Kreiselpflug "2 AS" - DLG-Prüfbericht. - DLG-Maschinenprüfber. Nr.741. Gr. 3 a/4. (1962) S. 1-7. - 1 Abb.

Hersteller: Maschinenfabrik Raussendorf & Co. GmbH., Vienenburg/Harz. 5115c.

1-64/02-0224 S t r o p p e l, Theodor. Über die Güte, den Verschleiß und die Schneideform fabrikneuer Pflugschare. - Grundlagen Landtechn. 1961 Nr. 13. 2. Teil. S. 35-43.

An die Güte der Schare müssen folg. Forderungen gestellt werden: hohe Verschleißfestigkeit, Bruchsicherheit, hoher Widerstand gegen Verbiegung und Erhaltung der hochwertigen Fabrikhärtung bis zum völligen Aufbrauch. Das Zurücktreten des Schmiedehandwerks sowie ein wartungsfreieres und energiesparenderes Pflügen machen es notwendig, den Scharschneiden bereits bei der Fertigung eine hohe Verschleißfestigkeit zu vermitteln, um hohe Standzeiten zu garantieren. Vf. weist nach, daß die Standzeiten der Schare nicht nur vom Werkstoff und dessen Härtung, sondern auch von der Formgebung der Schneidkante abhängen. Die Standzeit nimmt zu, wenn der Abrundungshalbmesser des Schneidenkeiles vergrößert wird und die Dicke des Scharblattes mit dem Rückgang der Schneide nicht oder nur unwesentlich anwächst. Der Winkel des Schneidenkeiles muß demnach sehr klein sein. Diese Bedingungen werden bei ganzflächig gehärteten, völlig wartungsfreien sog. Einwegescharen erfüllt, die mehr an Bedeutung gewinnen. Bei diesen ist die Arbeitsfläche nur 100 mm breit, wovon für den Schneidenrückgang durch Verschleiß etwa 35 mm vorgesehen sind. Das Scharblatt ist im Abnutzungsbereich 4 mm dick, vollkommen prismatisch und nicht verwunden. Dem gegenüber der Scharschneide um 9 mal höheren Verschleiß an der Scharspitze kann durch schnabelförmiges Vorziehen der Scharspitze oder durch Aufteilen der Scharfläche und Auftragschweißung begegnet werden. D.Ermich. 5115c.

1-64/02-0225 A n o n y m. Struik's rijenverkruimelaar. (Struik's Reihenkrümler.) - Landbouwmechanisatie 14 (1963) Nr. 3. S. 224-225. - 2 Abb.

Der Struik-Reihenkrümler von N.V. Massee u. Zoon, Zwolle, ist für den Kartoffelbau auf klutigen Böden vorgesehen. Der Krümler wird an der Dreipunktaufhängung des Schleppers befestigt und durch die Zapfwelle angetrieben. 4 hin- und hergehende Arbeitswerkzeuge mit stählernen Zinken verkrümeln den Boden, Arbeitsbreite je Werkzeug max. 35 cm. Die Drehzahl beträgt 800-1000 U/min. Für den Antrieb werden ca. 20 PS benötigt. Der Krümler kann mit der Legemaschine in einem Arbeitsgang eingesetzt werden, um vor dem Legen den Boden zu krümeln. Der Reihenabstand ist einstellbar auf 65, 67,5 und 70 cm. Der Reihenkrümler kann auch kombiniert mit einer Löwe-Legemaschine mit Handeinlage geliefert werden. L.Machler. 5115d.

1-64/02-0226 K l i n n e r, W.E. und H e p h e r d, R.Q. The Landmaster Mark 650 rotary tiller. (Bodenfräse Landmaster "Mark 650" - N.I.A.E.-Test.) - Nat. Inst. agric. Engng., Rep. on Test Nr.309. (1962) S. 1-8. - 2 Abb., 4 Tab.

Hersteller: Landmaster Ltd., Hucknall, Nattingham. 5115d.

1-64/02-0227 K a p l a n, S.; Pljustschewo, Gebiet Moskau, Unions-Forsch.-Inst. für Mechanisier. der Landwirtsch. Kul'tivator dlja raboty na povyšennych skorostjach. (Grubber für Arbeiten mit erhöhten Geschwindigkeiten.) - Technika v sel'skom chozjajstve, Moskva 22 (1962) Nr. 9. S. 74-78. - 6 Tab., 3 Zeichn.

Die Vergrößerung der Arbeitsgeschwindigkeit auf dem Feld hat zum Ziel, die Arbeitsproduktivität zu steigern und die Arbeitsqualität der Maschinen zu verbessern. So erhöht sich die Arbeitsproduktivität beim Grubbern um 50 % und mehr, wenn mit Geschwindigkeiten von 8-15 km/h gefahren wird. Es wurden neue Gänsefußschare entwickelt und untersucht. Die Gänsefußschare sind aufgezeichnet. Die Ergebnisse wurden mit den herkömmlichen Scharen verglichen und in Tab. zusammengefaßt. Bei einer Arbeitsgeschwindigkeit von 10-12 km/h waren 40-13 % mehr Antriebsleistung erforderlich als bei der Arbeit mit Standardscharen bei gleichen Voraussetzungen. Die neuen Schare wurden am Grubber "KPNS-4" angebaut. Man bearbeitete 4 ha/h, das sind 58 % mehr als mit der Serienmaschine "KPN-4A". G.Reumschüssel. 5115e.

1-64/02-0228 Č i p i l s k i, I. Nov tip kultivatorni rabotni organi. (Ein neuer Kultivatorscharentyp.) - Mechanizacija i elektrifikacija na sel'skoto stopanstvo, Sofija 12 (1962) Nr. 4. S. 24-25. - 1 Abb. 5115e.

1-64/02-0229 P o d k a t i l o v, K. Samozatačivajuščiesja lapy kul'tivatorov. (Selbstschärfende Kultivatorschare.) - Technika v sel'skom chozjajstve, Moskva 23 (1963) Nr. 6. S. 64-67. - 2 Diagr., 2 Schemaskizzen, 3 Tab. Aus: Dok.-Dienst II/T 1963 Nr. 8.

Vergleichsprüfungen von selbstschärfenden, seriengefertigten und Versuchsscharen aus verschiedenem Material (Stahl "65 G" und Stahl "40"). Ermittlung der durchschnittlichen Standzeit, des linearen Verschleißes und der Veränderung des Anschliffwinkels in Abhängigkeit von der ha-Leistung sowie des Einflusses der Bodenbeschaffenheit auf das Selbstschärfen. Ergebnis: Standzeit der selbstschärfenden Schare auf allen Böden (außer steinigen und sandigen) 350-400 ha/Kampagne, bei Standardscharen betrug sie 15-35 ha. Verlängerung der Nutzungsdauer der selbstschärfenden Schare durch Verstärkung der Gänsefußscharspitzen und des Krümmungsmittelpunktes von den Winkelscharen. Bessere Ergebnisse bei Verwendung von Stahl "40" anstelle von Stahl "65 G". 5115e.

1-64/02-0230 A n o n y m. Spatenrollegge "Hankmo"21 B" - DLG-Prüfbericht. - DLG-Maschinenprüfber. Nr.740. Gr. 3 c/15. (1962) S. 1-4. - 1 Abb.

Hersteller: Wärtsilä-Koncernen A/B, Helsingfors (Finnland). 5115f.

1-64/02-0231 M i t t e r e r, Josef. Erfahrungen mit der Spaten-Egge. - Dtsch. landwirtsch. Presse 86 (1963) Nr. 34. S. 340-341. - 3 Abb. 5115f.

1-64/02-0232 Č i p i l s k i, I. Izpolzuvane na razrochvača RNB-1,5. (Einsatz des Bodenlockerers "RNB-1,5".) - Mechanizacija i elektrifikacija na selskoto stopanstvo, Sofija 12 (1962) Nr. 5. S. 18-19. - 1 Abb. 5115h.

1-64/02-0233 A n o n y m. Fa-3/2 jelü függesztett többkéses altalajlazitó. (Der mehrscharige Anbau-Tieflockerer "Fa-3/2".) - Mezögazdasagi Techn./Landtechn./ 1962 Nr. 5. S. 23. - Aus: Ung. Agrar-Rdsch. 1963 Nr. 1. 5115h.

1-64/02-0234 M a k s i m e n k o, V. Mašiny dlja pogruzki, raspredelenija i vnesenija udobrenij v počvu. (Maschinen für das Dung- und Mineraldüngerstreuen und die Düngerstreuerbeladung.) - Kukuruza, Moskva 7 (1962) Nr. 6. S. 31-33. - 6 Abb.

Vf. beschreibt kurz folg. Maschinen: Die Anhänge-Mineraldünger- und Kalkstreuer "TR-1A" (Arbeitsbreite 4 m) und "STT-3" (Arbeitsbreite 3 m, Leistung 1,2-1,3 ha/h); Anbau-Mineraldünger und Granulat-Tellerstreuer "STN-2,8"; Anhänge-Stalldung- und Mineraldüngerstreuer "RPT-2,0" und "RPTM-2,0", Streubreite bei Stalldung 5-6 m und Mineraldünger 7-8 m; Anbau-Stalldung-Breiter "RKN-1" zum Ausbreiten von Stalldunghaufen auf dem Felde, Streubreite 5-8 m, Leistung 2,5 ha/h; Anbau-Düngerlader "PU-0,8" zum Verladen von Stalldung und Mineraldünger auf die Transportmittel, Leistung 30 t/h; Anbau-Universallader "PUB-1,0" zum Laden von Stallmist, Torf und Mineraldünger, Nenn-Hubkraft 1 Mp, Leistung 30 t/h; Anbau-Universalförderer "HU-0,6" zum Laden, Planieren und Roden, Ladeleistung 40-60 t/h; Bagger "E-153", aufgebaut auf dem Fahrgestell des Schleppers "Belaruś", wechselweise ausrüstbar mit einem Löffel von 0,15 boder 0,5 m^3 Inhalt oder einer Dunggabel, Leistung 25-30 t/h; fahrbare Laderampen; Jaucheverteiler "RŽ-1,7"; Jauchedrillvorrichtung "PRŽ-7". W.Balkin. 5120a.

1-64/02-0235 H i n e, H.J. Focus on fertilizers in bags, bulk or boxes. (Düngemittel in Säcken, in loser Form oder in Behältern?) - Pract. Power Farming 30 (1963) Nr. 2. S. 8-10. - 12 Abb.

Für den Transport der Düngemittel vom Hersteller bis zum Zeitpunkt des Einbringens in den Boden gibt es eine Anzahl Möglichkeiten, deren jeweilige Wahl von der maschinellen Ausrüstung des landwirtsch. Betriebes, seiner Größe und der Möglichkeit der Zwischenlagerung abhängig ist, unter der Voraussetzung eines angestrebten Optimums. Von diesen vielfältigen Möglichkeiten stellt Vf. eine Anzahl vor, zu denen palettierte Sackladungen, loser Transport mittels Kraftfahrzeugen, Lagerung in überdachten Schuppen mit späterer Aufnahme durch Schaufellader sowie Anlieferung in speziell geformten Behältern, die nach Entleerung zusammengefaltet werden können, gehören. Die einfachste Art ist die Sackladung. Für die Lagerung des losen Materials in Räumen, die dem Straßenfahrzeug nicht zugänglich sind. eignen sich in vielen Fällen Schneckenförderer. Die mit einem trichterförmigen Boden versehenen Transportbehälter ermöglichen das Aufstellen auf ein Gerüst, unter das das Düngerfahrzeug fährt, um den Dünger abzuziehen. K.-J.Zurawski. 5120a.

1-64/02-0236 M ä t z o l d, G.; Gundorf, Dtsch. Akad. der Landwirtsch. zu Berlin, Inst. für Betriebs- und Arbeitsökonomik. Technologische Analyse der Arbeiten mit dem Mineraldünger. - Dtsch. Agrartechn. 13 (1963) Nr. 3. S. 110-112. - 2 Abb., 4 Diagr., 2 Tab.

In 35 LPG und VEG sind statistische Erhebungen über die mit der Mineraldüngung verbundenen Arbeiten durchgeführt worden. Die Unterteilung erfolgte dabei in 3 Abschnitte: 1) Ausladen des Düngers aus dem Waggon, Transport zum Lager und Abladen, 2) Arbeiten im Lager (Mischen und Aufladen) und 3) Transport vom Lager zum Feld und Streuen des Düngers. Für die erste Gruppe wurden dabei folgende Werte erzielt:

1	2	3	4
G-Wagen - Säcke - Sackkarre	2	9,9	0,21
G-Wagen - loser Dünger - Schaufel	4	4,5	0,90
O-Wagen - loser Dünger - Lader "T 170"	2	9,25	0,22
O/G-Wagen - loser Dünger - Schrapper	1	8,0	0,15

In dieser Tab. bedeuten Spalte 1: Verfahren, Spalte 2: eingesetzte AK, Spalte 3: Arbeitsleistung /t/h/ und Spalte 4: Arbeitszeitaufwand /AKh/t/. In einem Diagr. ist der Arbeitszeitaufwand in Abhängigkeit von unterschiedlichen Düngermengen/ha dargestellt. Für verschiedene Düngerstreuer sind spez. Abhängigkeiten dargestellt, und zwar die Flächenleistung in Abhängigkeit von der Fahrgeschwindigkeit bei Düngerstreuern verschiedener Arbeitsbreiten sowie der Arbeitszeitaufwand als Funktion der Fahrgeschwindigkeit und der Arbeitsbreite. Hieraus wird der wesentlich höhere AKh-Aufwand beim Einsatz der gekoppelten Düngerstreuer im Vergleich zum Großflächendüngerstreuer ersichtlich. Die sich auf die Flächenleistung auswirkende Zeit für das Düngernachfüllen ist ebenfalls dargestellt. Es werden Schlußfolgerungen aus der Analyse der einzelnen Größen gezogen. K.-J.Zurawski. 5120c.

1-64/02-0237 H o l l m a n n, Wilhelm und M a t h e s, Albert; Berlin, Inst. für Landtechn. Untersuchungen an Schleuder-Düngerstreuern. - Landtechn. Forsch. 12 (1962) Nr. 6. S. 179-186.; 13 (1963) Nr. 1. S. 17-24. - 28 Abb., 2 Tab., 9 Lit.
Die Abhandlung stützt sich auf mehrjährige Untersuchungen an Modellen und Düngerstreuern aus der Serienproduktion. Nach ausführlicher Diskussion der Bewertungsmethoden für die Verteilungsgüte wird eine Darstellung der Modellversuche mit horizontalen Schleuderscheiben gegeben. Es werden die Einflüsse von Bauelementen, wie Schleuderscheiben (deren Schaufeln, Drehzahl und Dmr.), Zuführvorrichtungen und Rührwerken (Art, Größe und Anordnung zur Scheibe), und ebenso die Einflüsse des Düngers herausgestellt und teilweise in Form techn. Charakteristiken zusammengefaßt. Anhand von Streuversuchen mit 4 Schleuderstreuer-Fabrikaten erfolgt eine Kritik der in den Modellversuchen gewonnenen Werte, wie ebenso der Nachweis über die Auswirkungen von Korrekturen nach den Erkenntnissen der Grundlagenuntersuchungen geführt wird. K.Fritzsch. 5120c.

1-64/02-0238 B e n g t s s o n, Gustav. Centrifugalspridarens för- och nackdelar. (Vor- und Nachteile des Zentrifugal-Düngerstreuers.) - Traktor J. /Stockholm/8 (1963) Nr. 5. S. 308-311. 313. - 6 Diagr., 2 Tab.
Vorteile: Doppelt so hohe Leistung wie andere Typen, um 2/3 billiger in der Anschaffung, einfache Konstruktion, geringer Verschleiß, längere Lebensdauer und leichte Wartung; Befahren schmaler Wege möglich, wodurch sich kostspielige Umrüstungsmechanismen erübrigen. - Nachteile: Schlechtere Arbeitsqualität, Witterungsabhängigkeit (Wind), Abhängigkeit von der Konsistenz und Körnigkeit der Düngemittel; die Bedienung erfordert genaue Kenntnis der Wirkungsweise, die vom Fahrer nicht unter 1 Saison erworben werden kann. -

Als Regel gilt: Muß eine Arbeit schnell ausgeführt werden, wird der Zentrifugalstreuer eingesetzt, für qualitativ bessere Arbeit wird ein Düngerstreuer anderen Typs bevorzugt. E.Kahn. 5120c.

1-64/02-0239 A n o n y m. Anbau-Schleuderdüngerstreuer "Burco" - DLG-Prüfbericht. - DLG-Maschinenprüfber. Nr.720. Gr. 4 a/4. (1962) S. 1-7. - 2 Abb., 1 Tab.

Hersteller: Burkert & Co., Maschinenfabrik, Gerabronn/Württemberg. 5120c.

1-64/02-0240 Z e h e t n e r und H a m m e r s c h m i d. Zentrifugal-Handelsdüngerstreuer "Amazone ZA" - Prüfbericht Wieselburg, N.Ö. - Bundesversuchs- u. Prüf.-Anst. landwirtsch. Maschinen Geräte /Wieselburg, N.Ö./, Prüfber. Nr. 626. Gr. 4a. (1962) 2 S.

Hersteller: Amazonen-Werke, H. Dreyer, Gaste bei Hasbergen, Krs. Osnabrück, BRD. 5120c.

1-64/02-0241 H e p h e r d, R.Q. Straight thinking on spinners. (Kurzer Überblick über Streuer.) - Pract. Power Farming 30 (1963) Nr. 2. S. 10-11. - 8 Abb., 1 Diagr.

Der am meisten verwendete Breitdüngerstreuer ist der Teller-Düngerstreuer. In letzter Zeit haben sich 2 Varianten davon in der Praxis eingeführt: der Vicon Vari- und der McCormick-International-Streuer. In England sind etwa 30 Typen von Teller-Düngerstreuern anzutreffen. Vf. gibt einige charakteristische Merkmale der verschiedenen Teller-Düngerstreuer. Ihre Arbeitsweise und Anbau an den Schlepper werden in 8 Abb. dargestellt.

G.Reumschüssel. 5120c.

1-64/02-0242 L o r e n z, Franz. Zweifache Düngerstreuerprüfung. - Landtechn. 18 (1963) Nr. 3. S. 74. 76. - 4 Diagr.

Von einem Düngerstreuer wird möglichst gleichmäßige Verteilung der mineral. Düngemittel erwartet, deshalb ist eine exakte, wiss. Prüfung der einzelnen Düngerstreuertypen erforderlich. Schwierigkeiten machen die sich ändernden Streueigenschaften vieler Düngemittel, die hygroskopisch sind. Es wird die Prüfung in einer Klimakammer vorgeschlagen, um die Ergebnisse zu vergleichen und zu wiederholen. Bei der Prüfung auf dem Felde geht es um die einwandfreie Funktion der Streuorgane. Es werden Hinweise zur Durchführung der Prüfung auf dem Bauernhof gegeben. Entscheidend ist, daß die bestehenden Prüfmethoden richtig angewendet und ausgewertet werden.

G.Reumschüssel. 5120c.

1-64/02-0243 B a r a n o w, P. Die Anwendung von flüssigen Stickstoffdüngemitteln. - Int. Z. Landwirtsch. /Sofia/Berlin/ 1963 Nr. 1. S. 58-64. - 1 Abb., 11 Tab.

Im Zusammenhang mit der Darstellung von Entwicklung, Umfang, Versuchswesen und Praxis der Anwendung von Ammoniakwasser führt Vf. einige techn. und organisatorische Gesichtspunkte an. In der UdSSR wird 25 %iges Ammoniak vom Stickstoffwerk per Eisenbahn in zentrale Tanklager und von dort aus per Kraftfahrzeugtank (3800 l) bis an die Behälter der Kollektivwirtschaften oder gleich in die Feldtanks gebracht. Die Einbringung in den Boden ist bei Verwendung des Düngegerätes "GAN-8", eines Universalanbausystems für den "T-16" (Geräteträger), "Belarus", "KDP-35" und "T-38" sowie für den schweren Kettentraktor "DT-54" während der gesamten Feldarbeitssaison möglich. Unter

Berechnung des erforderlichen Investitionsbedarfes in Düngemittelindustrie und Landwirtschaft wird der Nachweis der Kostenersparnis bei Verwendung von Ammoniakwasser gegenüber Ammonsalpeter geführt. K.Fritzsche. 5120c.

1-64/02-0244 A n o n y m. Spraying contractors buy Hovertrucks. (Lohnunternehmen für Flüssigdüngung kaufen "Hovertrucks".) - Pract. Power Farming 30 (1963) Nr. 5. S. 25. - 1 Abb.

Der "Hovertruck" ist ein Luftkissen-Fahrzeug auf der Grundlage des "Land-Rover", bei dem die Achslast durch das Luftkissen bis zu 73 % gemindert werden kann. Der bes. Vorteil liegt in der frühzeitigen Anwendungsmöglichkeit zur Flüssigdüngung auf nassen Flächen, ohne dabei nennenswerten Schaden anzurichten. 2 Gebläse sorgen in den von einem Metallrahmen getragenen Luftkissen für einen Mindestluftdruck von 2,5 kp/cm^2. Die Höheneinstellung kann durch die Maschine hydraulisch verändert werden. Bei einer Fahrgeschwindigkeit von 16-24 km/h und einer Aufwandmenge von ca. 340 l/ha können am Tag bis zu 32 ha bearbeitet werden. A.Jeske. 5120c.

1-64/02-0245 A n o n y m. Lime spreading attachment. (Kalkstreu-Einrichtung für den J. F. Stallmiststreuer. - N.I.A.E. - Test.) - Nat. Inst. agric. Engng., Rep. on Test Nr. 311. (1962) S. 11-16. - 2 Diagr., 2 Tab.

Hersteller: J.F. Fabriken, Sønderborg, Denmark. - Die Kalkstreueinrichtung wird anstelle der Miststreu-Vorrichtung angebaut. - Techn. Daten: Fassungsvermögen des Streuers 55 cu.ft. (ca. 1557 dm^3), Höhe der Streuvorrichtung über dem Boden 1 ft. 9 in. (ca. 53 cm), Masse 126 lb. (ca. 57 kg). - Prüfungsergebnisse: Bei einer Arbeitsgeschwindigkeit von 3,9 mile/h (ca. 6 km/h) und einer effektiven Streubreite von 10 ft. (ca. 3 m) betrug die Ausbringmenge an basischer Schlacke 81-153 lb./min (ca. 37-79 kg/min) bzw. 9,2 bis 17,4 cwt./acre (ca. 460-870 kg/ha). Bei gemahlenem Kalk lagen die entsprechenden Werte bei einer effektiven Streubreite von 10,5 ft. (ca. 3,2 m) zwischen 162 und 398 lb./min (ca. 73 und 180 kg/min) bzw. zwischen 17,5 und 43,1 cwt./acre (ca. 870-2185 kg/ha). M.Lüpnitz. 5120c.

1-64/02-0246 O e h r i n g, Jochen. Wie genau düngerstreuen? - Landtechnik 18 (1963) Nr. 3. S. 76-77. 80. - 3 Abb. Aus: Dok.-Dienst ILT 1963 Nr. 2.

Musterschau von über 400 Bauteilen aus Kunststoffen. Es wurden gezeigt: Kettenräder für Rollenketten, Gliederketten, Lager, Profile aller Art mit Glasfaser verstärkt, Schutzvorrichtungen, Motorverkleidungen am Traktor, wie überhaupt bemerkenswert viele Kunststoffteile für Traktoren. 2 Hauptgruppen, Duroplaste und Thermoplaste, werden in ihren bes. Eigenschaften, der besseren Formgestaltung und dem Festigkeitsverhalten beschrieben. Nach den neuen Perspektiven werden auch die Grenzen der Anwendbarkeit aufgezeigt. Dies gilt bes. für das wartungslose Gleitlager. Vorläufig besteht wenig Aussicht auf Erfolg. Die zulässigen Umfangsgeschwindigkeiten von 0,5 m/s bei "Vulkollan" oder 0,9 m/s bei üblichen Polyamiden und eine spez. Flächenbelastung bis 5 kp/cm^2 sind noch zu gering. Hohe Stoßbelastungen bis zu 300 kp/cm^2 sind dagegen zulässig. 5120c.

1-64/02-0247 S c h u l z e, Karl-Heinrich; Gießen, Justus-Liebig-Univ., Inst. für Landmaschinen. Technische Erfahrungen mit Stalldungstreuern. - Grundlagen d. Landtechn. 1963 Nr. 16. 1. Teil. S. 53-66. - 38 Abb., 4 Tab., 15 Lit.

Nach kurzer Darstellung der geschichtlichen Entwicklung von Stalldungstreuern wird näher auf die Konstruktion, vor allem der einachsigen Streuer, eingegangen. Im Hinblick auf gute Fahreigenschaften sind bes. die Stütz- und Achslasten zu beachten. Ihre Auswirkungen am Anhängemaul des Schleppers werden ebenso ausführlich besprochen wie ihre Berücksichtigung bereits bei der Konstruktion. Einen breiten Raum nimmt die Behandlung des Leistungsbedarfes, unterteilt in Leistungsaufwand am Zughaken des Schleppers und Leistungsbedarf an der Zapfwelle, ein. Ein Vergleich von Schmal- und Breitstreuern ergab keinen meßbaren Unterschied an Leistungsaufwand, wenn die Entladezeiten gleich blieben. Der Unterschied hängt vom Zustand des Stalldunges ab. Ausgiebig wird auch die Arbeitsgüte an Hand von Streubildern behandelt.

W.Bohrisch. 5120d.

1-64/02-0248 A n o n y m. JF spridarvagn, typ AV 3. (JF Dungstreuer, Typ "AV 3" - Staatlicher Maschinenprüfbericht Ultuna.) - Statens Maskinprovningar, Medd. Nr.1612. (1962) S. 1-3. - 1 Abb.
Hersteller: JF-Fabriken, Sönderborg, Danmark. Einachsiger Heckstreuer, Tragfähigkeit 3 Mp. 5120d.

1-64/02-0249 J a c u k, E.P. Agregat vypolnjaet četyre operacii. (Ein Aggregat führt vier Arbeitsgänge aus.) - Kukuruza, Moskva 8 (1963) Nr. 4. S. 46. - 2 Abb., 1 Schema.
Beschrieben wird das vom Unions-Institut für Futtermittelforschung und von "Sibsel'maš" entwickelte Fräsenaggregat, das 4 Arbeitsgänge gleichzeitig ausführt: Es bearbeitet den Boden mit der Fräse, führt Dünger zu, sät Mais und walzt den Boden nach der Aussaat an. Im Durchschnitt der 4jähr. Versuche bewirkte "VIK" um 7-21 % höhere Grünmassenerträge als bei gewöhnlicher Bearbeitung. Im Moskauer Gebiet wurde "VIK" mit Erfolg bei Stoppelsaat direkt hinter dem Mähdrescher eingesetzt, wobei das Aggregat die Stoppelstände gut mit dem Boden vermischte, die 4 Arbeitsgänge in einem einheitlichen technolog. Prozeß vereinigte, die gesamte Arbeit verkürzte und die Kosten für die Futtermittel senkte. L.Rang. 5125b.

1-64/02-0250 K o n j u c h o v, R.N. Sejalka - podkormščik. (Eine Saat- und Düngemaschine.) - Kukuruza, Moskva 8 (1963) Nr. 3. S. 44-45. - 2 Abb.
Beschrieben wird die Konstruktion und die Arbeit der Maislege- und Düngemaschine für die Aussaat von Mais mit gleichzeitiger portionsweiser Zufuhr von Ammoniakwasser in die Nester. Die Maschine wurde 1962 vom Unions-Forsch.-Inst. für Landmaschinenbau entwickelt. Eine schematische Zeichnung zeigt die Zuführung des Ammoniakwassers, eine Abb. das kombinierte Sä- und Düngeschar. Prüfungen auf der Agrikulturchem. Versuchsstat. des Gebietes Moskau haben die große Einsatzfähigkeit der neuen Maschine bestätigt.

L.Rang. 5125b.

1-64/02-0251 K a š u t i n, V.N. Uzkorjadno-kombinirovannye zernovye sejalki s podrjadnym vneseniem udobrenij. (Engreihig-kombinierte Sämaschinen mit unmittelbarer Einbringung von Dünger.) - Sel'skoe chozjajstvo Tadžikistana, Dušanbe 16 (1962) Nr. 1. S. 50-53. - 3 Abb., 3 Schemata.
Theorie und Praxis beweisen, daß durch das Streuen von mineralischem Dünger unmittelbar beim Aussäen der Samen höhere Ernteerträge erzielt werden. Bei den bestehenden kombinierten Sämaschinen "SK-24" und "2-SK-16" kommen oft die Samen mit dem Dünger in Berührung, was sich durch Erhöhung der Konzen-

tration von Salzen auf den Keimling negativ auswirkt. Eine Vergrößerung des Ernteertrages kann ebenfalls erzielt werden durch engreihige Aussaat. Es wurde eine kombinierte Sämaschine entwickelt, die die bekannten konstruktiven Fehler ausschließt. Vf. beschreibt diese Maschine und stellt sie in Abb. dar. Konstruktionsmaße sind angegeben. Versuchsergebnisse sind genannt.

G.Reumschüssel. 5125b.

1-64/02-0252 S y č e v, L.A., L o k t a r e v, A.M. und I l ' i n, V.V. Pereoborudovanie zernovych sejalok dlja poseva sacharnoj svekly. (Der Umbau von Getreidedrillmaschinen für die Zuckerrübenaussaat.) - Sacharnaja svekla, Moskva 8 (1963) Nr. 3. S. 48-49. - 2 Abb.

Eine ausführliche Beschreibung der Veränderung des Sämechanismus wird gegeben, der umgebaut eine gleichmäßige Aussaat von Zuckerrübensamen (9reihig) bei gleichzeitiger Einbringung von Mineraldünger gewährleistet.

G.Jury. 5125b.

1-64/02-0253 A n o n y m. Anbau-Vielfachgerät "Rau-Kombi" - Prüfbericht IMA/Brugg. - Schweiz. Inst. Landmaschinenwes. u. Landarbeitstechn. Brugg (Aargau), Prüfber. Nr.Ep 1159. (1962) 12 S. - 9 Abb.

Hersteller: Maschinenfabrik Rau oHG, Weilheim-Teck (Deutschland). 5125b.

1-64/02-0254 C a e s a r, K.; Rosenhof bei Heidelberg, Max-Planck-Inst. für Pflanzengenetik. Über die Aussaat verschiedener Saatgutformen von Zuckerrüben mit verschiedenen Sägeräten. - Zucker 15 (1962) Nr. 23. S. 610 bis 617. - 6 Tab., 24 Lit.

Unter den Möglichkeiten, ohne Verzieharbeit eine produktivere Standraumzumessung bei Rüben zu erreichen, ist die Einzelkornsaat von Monogermsaatgut oder monokarpem Saatgut die derzeit bedeutendste. Vom Vf. wurden Vergleichsversuche über die praktische Anwendung verschiedener Saatgutformen (Knäuelsaatgut, segmentiertes sowie monokarpes Saatgut) bei Aussaat mit Universaldrillmaschine und 2 verschiedenen Einzelkornsämaschinen angelegt. Auf der Basis gleicher Anzahlen keimfähiger Knäuel/m^2 wurden die Aussaatmengen bestimmt, wobei zur Erprobung der "Dünnsaat" mit Drillmaschine zusätzlich Varianten von 75 % und 50 % der Aussaatmenge Anwendung fanden. Der Dünnsaatversuch brachte den Nachweis, daß mit Universaldrillmaschine im Bereich riskant niedriger Aussaatmengen kein deutlicher Vorteil für die Vereinzelung erreichbar ist. Vf. bestätigt die bei der Verwendung von monokarpem Saatgut in Einzelkornsämaschinen auftretende Schwierigkeiten, die aus der vom Knäuelsaatgut abweichenden linsenförmigen Gestalt resultieren, betont jedoch den Vorteil dieser Saatgutform.

K.Fritzsch. 5125c.

1-64/02-0255 B a r m i n g t o n, R.D.; Fort Collins, Colorado State Univ. Trends in sugar beet planter design in Colorado. (Tendenzen der Entwicklung von Zuckerrüben-Sämaschinen in Colorado.) - J. Amer. Soc. Sugar Beet Technologists 12 (1962) Nr. 2. S. 141-147. - 2 Abb., 2 Tab., 4 Lit.

Die mit der Einführung von monokarpem Saatgut in der Aussaattechnik auftretenden Probleme geben Vf. Anlaß zur Analyse der Situation. In den letzten Jahren haben weniger neue techn. Prinzipien als viel mehr ständige Verbesserungen herkömmlicher Prinzipien zur Entwicklung beigetragen, z.B. techn. Bearbeitung und Aufbereitung des Saatgutes, Verbesserung von Arbeitsverfahren und Arbeitsorganen der Sämaschinen. Die Forderung nach Erhöhung der Produktivität in der Pflege der Zuckerrüben und Minderung der Arbeitskosten setzt die Abkehr vom System der Standard-Drillmaschine zugunsten der Einzelkornsämaschine voraus. Zur Sicherung guten Feldaufganges und gleichmäßiger Kornablage sind nach den Ergebnissen 3jähriger Feldversuche 3 Punkte maßgebend: sorgfältige Vorbereitung der Maschine, genaue Größenkalibrierung des Saatgutes in engen Grenzen und in Abstimmung mit den Säorganen sowie Einbringung des Saatgutes in eine Saatrille mit festem Grund und Bodenschluß.

K.Fritsch 5125c.

1-64/02-0256 Z u m b a c h, W. Untersuchung über die Eignung verschiedener Sämaschinen und Einzelkornsäapparate für die Aussaat von Monogerm-Zuckerrübensamen. - Traktor u. Landmaschine /Brugg/ 24 (1962) Nr. 15. S. 867-872. - 7 Abb., 1 Tab. Aus: Dok.-Dienst IL/T 1963 Nr. 1.

Überprüfung der Gleichmäßigkeit der Samenablage bei verschiedenen Drillmaschinen und Einzelkornsäapparaten. Laborversuche mit Hilfe von Klebstreifen auf speziell konstruiertem Prüfstand. Beurteilung der Ergebnisse und ihre Zusammenstellung in Tabellen. 5125c.

1-64/02-0257 S t r o o k e r, E.: Wageningen, Inst. voor Landbouwtechn. en Rationalisatie. Beter precisiezaaien met beter precisiezaad. (Bessere Einzelkornsaat mit besserem Saatgut.) - Landbouwmechanisatie 14 (1963) Nr. 3. S. 154-157. - 4 Diagr. Zus. in Engl.

Der Tendenz, bei der Einzelkornsaat von Rüben den Abstand von 7 auf 5 cm zu erweitern, wird entgegengetreten. Die Aussaatmenge würde bei dem größeren Abstand in der Reihe um 30 % vermindert und damit das Aufgangsrisiko erhöht werden. Außerdem erfolgt bei Einstellung der Maschine auf einen bestimmten Abstand keine genaue Ablage. Die Abweichungen sind um so geringer, je mehr Samengröße und Zellenform aufeinander abgestimmt sind. In den Niederlanden wird versucht, die Größenklassen für Rübensaatgut zu normen, um die Anpassung an die Säzellenform und -größe zu erleichtern. - Die gleichmäßige Saatgutablage wird außerdem durch die Arbeitsgeschwindigkeit beeinflußt: Verteilung des Saatgutes bei eingestelltem Abstand von 4 cm in der Reihe bei 3,6 km/h bzw. bei 6 km/h: 0-1 cm: 8,5 bzw. 18,5 %; 1-2 cm: 7 bzw. 5 %; 2-3 cm: 9,5 bzw. 9,5 %; 3-4 cm: 29,5 bzw. 17,5 %; 4-5 cm : 26,5 bzw. 18,5 %; 5-6 cm: 12,5 bzw. 19 %; 6-10 cm: 6,5 bzw. 12 %. L.Machler. 5125c.

1-64/02-0258 P o l n j a k o v, M.I.: Krasnodar, Unions-Forsch.-Inst. für Ölpflanzen und Äther. Ölkultur. Opredelenie ravnomernosti vyseva semjan s pomošč'ju sčetčika i oscillografa. (Bestimmung der Gleichmäßigkeit der Aussaat mit Zähler und Oszillograph.) - Mechanizacija i ėlektrifikacija socialističeskogo sel'skogo chozjajstva, Moskva 21 (1963) Nr. 1. S. 45-46. - 2 Schemata.

Zur Bestimmung der Gleichmäßigkeit der Aussaat benutzte Vf. anstelle der üblichen mit Klebstoff bedeckten Papierstreifen den Samenzähler "PPS-2" und den 3-Schleifen-Oszillographen "3SO-101". Es können soviel Sävorrichtungen geprüft werden, wie Schleifen vorhanden sind. Die Samen fallen auf den piezoelektrischen Geber des Samenzählers, der die von den auftreffenden Samen erzeugten Impulse nach Verstärkung der Oszillographenschleife zuleitet. Die Amplitude der Oszillogrammschwingungen hängt von der Masse der Samenkörper ab. Hat eine Oszillogrammzacke z.B. eine doppelte Amplitude, so sind 2 Körner gleichzeitig auf den Geber gefallen. Die Häufigkeit der Zacken und die Unterschiede ihrer Abstände geben ein genaues Bild von der Arbeit der Sävorrichtung. W.Balkin. 5125c.

1-64/02-0259 K u z n e c o v, B. und S l u c k e r, Ja. Sveklovičnye sejalki točnogo vyseva 2 STSN-6 i STSP-6. (Einzelkorndrillmaschinen "2 STSN-6" und "STSP-6" für Rüben.) - Traktory i sel'chozmašiny, Moskva 33 (1963) Nr. 8. S. 38-40. - 1 Abb. Aus: Dok.-Dienst ILT 1963 Nr. 9.

Beschreibung einer 12reihigen, aus 2 Gliedern bestehenden ("2STSN-6") und einer 6reihigen ("STSP-6") Einzelkorndrillmaschine und ihrer Funktionsweise. Konstruktionsmerkmal: beide kombiniert mit Düngevorrichtung. Einige techn. Daten: Arbeitsbreite 5,4 bzw. 2,4-3,6 m; Reihenbreite 45 bzw. 60 cm; Einbringtiefe 30-60 mm; Masse ca. 950 bzw. 480 kg; Flächenleistung bei einer Fahrgeschwindigkeit von 8 km/h 3,5 ha/h bzw. 2,3 ha/h. Weitere Arbeitsmerkmale werden genannt. 5125c.

1-64/2-0260 O r e l, M. und P o p o v, V. Sveklovičnaja sejalka STSN-6. (Die Zuckerrübendrillmaschine Typ "STSN-6".) - Technika v sel'skom chozjajstve, Moskva 23 (1963) Nr. 5. S. 49-50. - 2 Abb. Aus: Dok.-Dienst ILT 1963 Nr. 8.

Einzelkorndrillmaschine für die gleichzeitige Ausbringung von kalibriertem Saatgut und Mineraldünger in 60 cm Reihenbreite. Techn. Daten: Arbeitsbreite 3,6 m (6reihig); Arbeitsgeschwindigkeit 7-8 km/h; reine Arbeitsleistung 2,15 ha/h. Konstruktionsbesonderheiten: 3 auswechselbare Drillräder für jeweils 3-4, 4-5 und 5-6 mm großes Saatgut; Drillnorm und Samenabstand regulierbar (12 Drillnormen); Bodendruck des Schars verstellbar. Prüfungsergebnisse: durchschnittlicher Pflanzenabstand 7,5 cm; Leistung 15-17 ha/10 Std. Die Maschine wird für Serienfertigung empfohlen. 5125c.

1-64/02-0261 A n o n y m, Einzelkornsämaschine "Palm" - DLG-Prüfbericht. - DLG-Maschinenprüfber. Nr. 718. Gr. 5 a/3. (1962) S. 1-9. - 1 Abb., 2 Tab.
Hersteller: Selandia A. Mandrups Maskinfabrik A/S, Roskilde/Dänemark.

5125c.

1-64/02-0262 A l e k s a n d r o v, V.I. und K u z n e c o v, B. ; Moskau, Unions-Forsch.-Inst. für Landmaschinenbau. Tipaž navesnych ovoščnych i sveklovičnych sejalok. (Typenreihe für angebaute Gemüse- und Zuckerrübensämaschinen.) - Traktory i sel'chozmašiny, Moskva 32 (1962) Nr. 12. S. 28 bis 30. - 2 Tab.

Die Typenreihe für angebaute Gemüse- und Zuckerrübensämaschinen ergibt sich aus dem System der Komplexmechanisierung der Landwirtschaft und berücksichtigt die Konstruktionen neuer Maschinen. Die Typenreihe gliedert sich in 2 Gruppen: Maschinen zum Aussäen von Gemüsekulturen und Zuckerrüben. In 2 übersichtlichen Tab. sind die einzelnen Geräte zusammengefaßt, in denen man ihre Einsatzmöglichkeiten, techn. Daten, erforderlichen Schlepper u.a. vergleichen kann. Vff. beschreiben die Schwierigkeiten, die sich bei der Aufstellung der Typenreihen durch Unterschiede in den Samengrößen, Abständen zwischen Pflanzen und Reihen, in der Bearbeitung und Düngung ergeben. Es werden Aussaatnormen für verschiedene Kulturen angegeben.

G.Reumschüssel. 5125c.

1-64/02-0263 B e l j a e v, E.A.; Moskau, Unions-Forsch.-Inst. für Landmaschinenbau. Perspektiva razvitija kukuruznych sejalok na 1962-1965 gg. (Entwicklungsperspektiven von Maisdibbelmaschinen für die Jahre 1962-1965.) - Traktory i sel'chozmašiny, Moskva 32 (1962) Nr. 10. S. 32-33. - 1 Tab.

Vf. gibt einen Überblick von Maschinen zum Säen von Mais, Sonnenblumen, Bohnen, Baumwolle u.a. Kulturen. Die verschiedenen Aggregate sind in ihrer

Anwendung beschrieben. Es sind die zu erzielenden Flächenleistungen angegeben. Die Arbeitsgeschwindigkeit der Sämaschinen beträgt bei der Quadratnest-Aussaat 7-8 km/h und bei der Reihen- und Nestaussaat bis 10 km/h. In einer Tab. sind die beschriebenen Aggregate zusammengefaßt. Es wurden vergleichend aufgeführt: Reihenzahl mit Säorganen für welche Fruchtart; Modifikation der Maschine; Aussaatverfahren mit oder ohne Düngerbeigabe und für welche Gebiete der Sowjetunion geeignet; erforderliche Schlepper; Bezeichnung von Maschine und Hauptparametern, wie Abstand zwischen den Reihen, zwischen den Nestern, Arbeitsbreite und Maschinengewicht. G.Reumschüssel. 5125c.

1-64/02-0264 P u g a č e v, A.N. und S e r g e e v, V.V. Dvuchdiskovye vysevajuščie apparaty SKVD-6 k kukuruznym sejalkam. (Doppelscheiben-Sävorrichtung "SKVD-6" für Maisdibbelmaschinen.) - Traktory i sel'chozmašiny, Moskva 33 (1963) Nr. 4. S. 32-33. - 1 Abb.

Von der Zentr. Maschinenprüfstat. wurde 1962 die Doppelscheiben-Sävorrichtung "SKVD-6" geprüft und positiv bewertet. Die Sävorrichtung ist zur gleichzeitigen Dibbelsaat von Mais und Futterbohnen vorgesehen. Sie besitzt einen kleinen und einen großen zylindrischen Saatgutbehälter, die konzentrisch angeordnet sind. Eine Saatgutart wird in den inneren und die 2. in den äußeren Zylinder geschüttet. Unter den Zylindern befinden sich übereinander 2 Scheiben mit Säzellen. Zwischen beiden Scheiben ist unbeweglich eine mit Durchlaßöffnungen versehene Zwischenscheibe angeordnet. Auch die obere Scheibe hat kreisbogenförmige Öffnungen zum Durchlassen von Körnern aus dem inneren Behälter in die untere Scheibe. Bei der Fahrt der Dibbelmaschine drehen sich beide Zellenscheiben, und ihre Zellen füllen sich mit den entsprechenden Saatgutkörnern, die durch Austrittsöffnungen im Boden der Vorrichtung in die Saatgutleitung gelangen. Die Säleistung beträgt 1,79 ha/h reine Arbeitszeit. Laborversuche ergaben, daß 98 % der Nester Mais und Bohnen enthielten, 2 % nur Mais. Im Durchschnitt enthielt jedes Nest 4 Maiskörner und 3 Bohnen. Mechanische Beschädigungen: 6,7 % Mais und 7,7 % Bohnen.

W.Balkin. 5125c.

1-64/02-0265 M i c h a j l e n k o, E.A. und M e r c e d i n, R.N.; Shitomir, Landwirtsch. Inst. Sejalki SUB-48 možno prisposobit' dlja poseva l'na. (Einsatz der Drillmaschine "SUB-48" beim Leindrillen.) - Len i konoplja, Moskva 8(25) (1963) Nr. 3. S. 32-35. - 6 Abb., 1 Zeichn.

Vff. berichten, daß man die Drillmaschine "SUB-48" auch zum Drillen von Lein verwenden kann, wenn man die Konstruktion der Säschare ändert. Die Änderungsvorschläge sind beschrieben und bildlich dargestellt. Es wurden Säversuche mit diesen geänderten Scharen durchgeführt. Zum Vergleich wurde Lein unter den gleichen Bedingungen mit der Drillmaschine "SL-44" ausgesät. Die Samen, die mit der Drillmaschine "SUB-48" gesät wurden, gingen 2 Tage früher auf als die der Vergleichsmaschine. Die Keimfähigkeit war 11 % und die Ernte 10 % größer. Im Jahre 1962 wurden auch verschiedene Varianten der Säschare an der Drillmaschine "SUB-48" untersucht. Die Ergebnisse mit der Drillmaschine "SUB-48" zeigen, daß Spezialmaschinen zum Drillen von Lein nicht erforderlich sind. G.Reumschüssel. 5125c.

1-64/02-0266

1-64/02-0266 B a b a e v, M.K. und A l i e v, A.M.; Aserbaidshan. Forsch.-Inst. für Mechanisier. und Elektrifizier. der Landwirtsch. Agrotechničeskie i ėnergetičeskie pokazateli sejalki S-4. (Agrotechnische und energetische Kennziffern für die Drillmaschine "S-4".) - Chlopkovodstvo, Moskva 13 (1963) Nr. 2. S. 28-30. - 3 Diagr., 2 Tab.

Seit 1961 untersuchten Vff. die Besonderheiten der Mechanisierung bei der Bearbeitung und Ernte von Baumwolle. Sie ermittelten agrotechn. und energetische Kennziffern im Hinblick auf die Ertragssteigerung und die ökon. Auslastung der Schlepperaggregate in Abhängigkeit von der Fahrgeschwindigkeit und der Arbeitsbreite. Die Grenze der Fahrgeschwindigkeit hängt von den agrotechn. Forderungen ab. In dieser Richtung wurden die Drillmaschinen "S-4" und "STVCH-4" untersucht. Versuchsdurchführung und -ergebnisse sind beschrieben und in Diagr. dargestellt. Mit der Drillmaschine "S-4" konnten 15-16 ha/Arbeitstag ausgesät werden, während mit der "STVCH-4" nur 5-6 ha/Tag erreicht wurden. G.Reumschüssel. 5125c.

1-64/02-0267 V a k a r e l s k i, J. Prisposobena kvadratno-gnezdova sejalka SKG-6B za seitba na fastuci. (Umgebaute Quadratnestdrillmaschine "SKG-6B" zur Erdnüsseaussaat.) - Mechanizacija i elektrifikacija na selskoto stopanstvo, Sofija 12 (1962) Nr. 5. S. 27-28. - 1 Abb. 5125c.

1-64/02-0268 F i n l a y, K.W. A semi-automatic seed drill for experimental plots. (Halbautomatische Parzellen-Drillmaschine.) - J. agric. Engng. Res. 8 (1963) Nr. 1. S. 41-47. - 3 Abb., 2 Skizzen, 1 Tab., 1 Lit. Aus: Dok.-Dienst ILT 1963 Nr. 6.

Für Pflanzenzuchtversuche auf Versuchsparzellen in Südaustralien wurde eine Spezial-Drillmaschine entwickelt, die folg. Forderungen erfüllt: einfache Konstruktion und Bedienung durch 1 oder 2 Personen; vollkommen selbstreinigend; Leistung von mehr als 1000 Parzellen pro Tag; Bedrillen ganzer Parzellen auf einmal oder einzelner Reihen verschiedener Länge; Drillnormen leicht variierbar; genaue Kontrolle der ausgebrachten Saatgutmenge. Die Konstruktionsmerkmale werden angeführt. 5125c.

1-64/02-0269 Ø y f o r d, E. A universal experimental seed drill. - (Eine Universal-Parzellendrillmaschine.) - J. agric. Engng. Res. 8 (1963) Nr. 1. S. 85-87. - 8 Abb., 1 Tab., 7 Lit. Aus: Dok.-Dienst ILT 1963 Nr. 6.

Kurze Übersicht über Entwicklungsweg der Parzellendrillmaschine mit Keilriemen-Drillmechanismus. Aufbau und Funktionsweise der besprochenen Ausführung. Vorteile: Eine Eichung des Drillmechanismus auf verschiedene Saatgutsorten ist nicht erforderlich. Die Maschine ist selbstreinigend und für alle Saatgutarten von Wiesenlieschgras bis Erbsen geeignet. Die Einteilung der Parzellen ist einfacher als bei normalen Drillmaschinen. Technische Daten: Streuungenauigkeit 2,5 - 4 % bei Getreide und 7 - 10 % bei kleinem Saatgut; maximale Leistung 100 Parzellen pro Std. (60 - 70 im Durchschnitt). 5125c.

1-64/02-0270 P a d a l k o, F.T.; Region Altai, Sowchos "Smeinogorski". Mechanizirovali zagruzku vysadkoposadočnoj mašiny. (Die mechanisierte Beschickung von Pflanzmaschinen.) - Sacharnaja svekla, Moskva 8 (1963) Nr.3. S.19-20. - 1 Abb., 1Schemaskizze.

Die Beschickung der Pflanzmaschine "VPG-4" bei der Zuckerrübenstecklingsauspflanzung erfordert 2-2,3 AK-Tage/ha. Zur Senkung des Arbeitsaufwands wurde am "GAS-51" ein Förderband angebracht (Schemaskizze mit den wichtigsten Abmessungen), das den AK-Aufwand bis 0,6-0,7 AK-Tage/ha senkt.

G.Jury. 5125e.

1-64/02-0271 A n o n y m. Sugar beet mulch. (Zuckerrübenmulch.) - Farm Mechanizat. 15 (1963) Nr.166. S.72. - 1 Abb. Aus: Dok.-Dienst ILT 1963 Nr.7.

Kurzbericht über neues Verfahren zur Förderung der Keimtätigkeit von Zuckerrübensamen: Aufspritzen eines Petroleumpräparates der ESSO Research Ltd. in Streifen auf den Boden (direkt hinter dem Drillaggregat). Steigerung der Keimintensität bei Möhren 300 %, bei Zuckerrüben sollen 100 % erreicht werden. Beschreibung der zu diesem Zweck geschaffenen Vorrichtung. 5125f.

1-64/02-0272 A n t o n j u k, P.P.; Rostow/Don, Staatl. Entwurfsbüro für Landwirtsch. und Weinbaumaschinen. Rotacionnaja počvoobrabatyvajuščaja mašina MRB-6. (Rotierendes Bodenbearbeitungsgerät "MRB-6".) - Traktory i sel'chozmašiny, Moskva 32 (1962) Nr.8. S.35. - 1 Abb., 1 Schema.

Das Gerät ist für das Hacken, Verhauen und Kopfdüngen von Zuckerrüben und anderen niedrig wachsenden Kulturen sowie für die Saatbettbereitung vorgesehen. Es wird an die Schlepper "DT-20" und "DT-28" angehängt. Es besitzt 3 rotierende, zapfwellengetriebene Trommeln, an denen die Arbeitswerkzeuge und frei rotierende Scheiben zum Schutze der Pflanzen vor dem Zuschütten angebracht sind. Die Trommeln werden hydraulisch gehoben und gesenkt. Für das Kopfdüngen ist das Gerät mit 3 Kopfdünger-Streuvorrichtungen "ATS-2" versehen. Arbeitsbreite 2,7 m, Anzahl der bearbeiteten Reihen 6, Reihenabstand 45 cm, Fahrgeschwindigkeit 5 km/h, Leistung 1,3 ha/h.

W.Balkin. 5130b.

1-64/02-0273 D e t i s t o v, F.M. Rotacionnaja motyga MVN-4,2. (Rotationshacke Typ "MVN-4,2".) - Traktory i sel'chozmašiny, Moskva 33 (1963) Nr.8. S.38. - 1 Abb. Aus: Dok.-Dienst ILT 1963 Nr.9.

Hackmaschine mit rotierenden Zinkensternen als Arbeitsteile, an deren Enden teilweise Messer aufgeschweißt sind. Die Zinkensterne sind auf Wellen versetzt zueinander angeordnet. Einige techn. Daten: Masse 360 kg; Länge 1250, Breite 4510, Höhe 820 mm; Arbeitsbreite 4,2 m; Flächenleistung 3,5 ha/h; Leistungsbedarf 13,8 PS; Arbeitsgeschwindigkeit 8-10 km/h; Bodenfreiheit 500 mm. Eine Vergleichsprüfung brachte folgende Ergebnisse: Unkrautvernichtung auf sehr festem Boden 75-85 %; Pflanzenbeschädigung 0,6-4 %; Zugwiderstand 381 kp.

5130c.

1-64/02-0274 Z a m j a t i n, G.S. Rotacionnaja motyga. (Rollhacke.) - Kukuruza, Moskva 7 (1962) Nr.10. S.37-39. - 1 Abb., 3 Zeichn.

Paarweise angeordnete Hacksterne (sternförmige Scheiben) vernichten beim Abrollen in den dicht neben den Pflanzenreihen gelegenen Bodenstreifen bei geringster Beschädigung der Kulturpflanzen 80 % der jungen einjährigen Unkräuter und krümeln dabei die Bodenkruste. An der Hackmaschine "KRN-2,4" werden 12 Scheibenpaare so angeordnet, daß jeweils 2 Paare zu beiden Seiten der Pflanzenreihen rollen. Vom 700 mm breiten Zwischenstreifen werden dann die Seiten (je 150 bis 120 mm) von den Hacksternen und die Mitte (400 bis 450 mm) von den Hackmessern mit 9-10 km/h bearbeitet. In Bulgarien wurde eine Rollhacke entwickelt, bei der die Seiten des Zwischenstreifens von sternförmigen Scheiben und die Mitte von stichelförmigen Werkzeugen bearbeitet werden. Diese Werkzeuge, für die man die Messerplättchen der Mähmaschinen-Messerwerke verwenden kann, sind an Stielen befestigt, die an die gleiche Welle angeschraubt sind. Auf der die Sternscheiben sitzen. Derartig ausgeführte Rollhacken arbeiten mit Geschwindigkeiten von 15-16 km/h und bearbeiten 30-35 ha/h. W.Balkin. 5130c.

1-64/02-0275 G n i l o m e d o v, V.P. Novaja konstrukcija lap kultivatora. (Neue Konstruktion der Hackmesser.) - Kukuruza, Moskva 8 (1963) Nr.3. S. 45-46. - 3 Abb.

Im Kuibyschewer Landwirtsch. Inst. für Maispflege wurde ein neues Gänsefuß-Hackmesser zur Hackmaschine "KR N - 4,2" für die Arbeit bei hohen Geschwindigkeiten entwickelt. Das neue Hackmesser hinterläßt nach der Durchfahrt der Hackmaschine hinter sich eine gleichmäßige Bodenoberfläche, die gelokkerte Bodenschicht bleibt an Ort und Stelle und schützt die tieferen Schichten vor dem Austrocknen. Es beschädigt die Pflanzen weniger, arbeitet den Boden besser auf und senkt den Energieaufwand bei Bearbeitung mit höherer Geschwindigkeit um mehr als 40 %. L.Rang. 5130c.

1-64/02-0276 T i r o v s k a, S. und G r o z e v, G. Meždüredova obrabotka na carevicata pri povišeni skorosti. (Zwischenreihen-Maishacken bei erhöhter Fahrgeschwindigkeit.) - Izvestija na Instituta po mechanizacija i elektrifikacija na selskoto stopanstvo, Sofija 2 (1962) S.65-79. - 3 Abb., 11 Tab., 6 Lit. Zus. in Russ., Engl. 5130c.

1-64/02-0277 V a k a r e l s k i, J. Proučvane na sposobi za mechanizirano okopavane na zaštitnata zona na okopnite kulturi. (Verfahren zum mechanischen Hacken der Schutzstreifen bei Hackfrüchten.) - Naučni trudove. Visš selskostopanski institut "Vasil Kolarov". Agronomičeski fakultet, Plovdiv 11 (1962) Nr.1. S.235-250. - 7 Abb., 9 Tab., 5 Lit. Zus. in Russ., Dtsch. 5130c.

1-64/02-0278 M a l'n e v, P.P.; Ukrain. Maschinenprüf.-Stat. Zaščitnye ščitki i diskovye zagortači na meždurjadnoj obrabotke. (Hohlschutzscheiben und Scheibenhäufeler für die Hackarbeiten.) - Kukuruza, Moskva 7 (1962) Nr. 6. S.38-39. - 1 Abb., 2 Zeichn.

Vf. beschreibt Hohlschutzscheiben, die so an den Hackmaschinen angeordnet werden, daß sie über den Pflanzen eine Art Tunnel bilden, wenn die Hackwerkzeuge an den Pflanzen vorbeigehen. Um das zusätzliche Hacken von Hand des eng an den Nestern und Pflanzenreihen gelegenen Bodens zu vermeiden, kann man scheibenscharähnliche Häufelwerkzeuge verwenden, die den Boden in der Nähe der Pflanzen mit einer 5 cm dicken Erdschicht bedecken, so daß das Unkraut erstickt. Die Nutzpflanzen müssen dabei schon 30-35 cm hoch sein. Vf. beschreibt die Häufelwerkzeuge, die von den Betrieben aus den Scheiben ausgesonderter Scheiben-Schälpflüge selbst angefertigt werden können.

W.Balkin. 5130c.

1-64/02-0279 S t i r l i n g, R.T. Scottish station studies potato harvesting problems. (Untersuchungen in der Schottischen Station über die Kartoffelernteprobleme.) - Agric. Machinery J. 17 (1963) Nr.8. S.28.31. - 3 Abb. Aus: Dok.-Dienst ILT 1963 Nr.9.

Vf. behandelt folg. Neuentwicklungen der schott. Station des N.I.A.E.:

1) Häufelpflug mit rotierenden Werkzeugen (3 horizontal angeordnete Schnecken rotieren mit 100 U/min entgegengesetzt zur Fahrtrichtung); 2) Kartoffelkrautzieher (ähnlich dem Raufaggregat bei Maiserntemaschinen). Vorteile: 1) angetriebene Rotoren verringern Zugwiderstand; die Belastung der Traktortriebräder ist geringer, dadurch geringere Bodenverdichtung und Klutenbildung; 2) das Kraut wird vollkommen entfernt, da auch in der Erde befindliche Pflanzenteile mit herausgerissen werden. 5130d.

1-64/02-0280 S i e p m a n, A.H.J.; Wageningen, Inst. voor Landbouwtechn. en Rationalisatie. De verzorging van aardappelen op kleigrond. (Die Pflege von Kartoffeln auf Kleiboden.) - Landbouwmechanisatie 14 (1963) Nr.4. S. 248-251. - 4 Abb. Zus. in Engl.

Um den Einsatz von Sammelrodern zur Kartoffelernte auf Kleiboden zu ermöglichen, muß durch geeignete Bodenbearbeitungsgeräte ein klutenfreier Kartoffeldamm geschaffen werden. Bewährt haben sich Reihenfräsen, mit denen auf Kleiboden in 2-3 Arbeitsgängen ein ausreichend hoher Damm geschaffen werden kann. Für eine 3reihige Maschine wird ein 35-50-PS-Schlepper benötigt; die Arbeitsgeschwindigkeit kann 2,5-3,0 km/h betragen. Bei Reihenfräsen unterscheidet man 2 Systeme: mit horizontal drehenden Fräsmessern ("Melotte") und mit vertikal drehenden Messern (u.a. "Nobel"). - Eine Neuentwicklung stellt der "Struik"-Reihenkrümler dar. Diese 3reihige Maschine hat an Stelle der Fräselemente querstehende Harken, die durch die Zapfwelle angetrieben werden und eine max. Arbeitsbreite von ca. 35 cm haben.

L.Machler. 5130d.

1-64/02-0281 Spezielle Fragen der Kartoffelernte. - Potsdam-Bornim, Inst. Landtechn. Dtsch. Akad. Landwirtsch.-Wiss. Berlin Plan-Nr.: 1701 23 h-2-01. Abschlußber. (31/5.1963).

Im Hinblick auf eine Erleichterung der Absieb- und Trennvorgänge in der Rodemaschine bei der Kartoffelernte auf schweren Böden und eine Steigerung der Flächenproduktivität bei der Pflege wurden 4 verschiedene Häufelkörpertypen bei 3 Arbeitsgeschwindigkeiten untersucht. Die Untersuchungen zeigen, daß durch geeignete Formgebung der Häufelkörper ihr Einsatzbereich auch auf Arbeitsgeschwindigkeiten um 10 km/h ausgedehnt werden kann, wobei niedriger Zugkraftbedarf und gute Arbeitsqualität über den gesamten Bereich der untersuchten Fahrgeschwindigkeit vorhanden sind. 5130d.

1-64/02-0282 R j a b k o v, I. Novyj okučnik. (Ein neues Häufelgerät.) - Kartofel' i ovošči, Moskva 8 (1963) Nr.4. S.15. - 1 Abb.

Da die zum Grubber "KON-2,8" industriell hergestellten Häufelkörper den Anforderungen nicht genügten, wurde im Gebiet Rjasan ein neues Arbeitswerkzeug gefertigt, das in seiner Ausführung einem Hakenpflug ähnelt: Der rechte und linke Rumpf sind an ihrem oberen Ende so verschweißt, daß zwischen ihnen ein Spalt von 70-80 mm verbleibt. Diese Häufelkörper werden am Rahmen des Grubbers genau so befestigt und eingestellt wie die gewöhnlichen Grubberzinken. Praktische Erfahrungen zeigten, daß diese neuen Arbeitswerkzeuge das Unkraut gut abschneiden, den Boden befriedigend lockern und die Wände der Furchen nicht verdichten. E.Kahn. 5130d.

1-64/02-0283 W i l h e l m, W.; Halle, Univ. Landmaschinen-Inst. Wo stehen wir in der Technisierung der Rübenvereinzelung? - Int. Z. Landwirtsch. /Sofia/Berlin/ 1962 Nr.6. S.69-75. - 4 Abb., 5 Tab., 3 Lit.

Unter Hinweis auf sich abzeichnende Wege zur vollmechanisierten Vereinzelung von Zuckerrüben wird ein Abriß des derzeitigen Standes auf diesem Arbeitsgebiet gegeben. Anhand von Relativwerten des Handarbeitsaufwandes beim Vereinzeln nach verschiedenen Verfahren ergibt sich eine nach steigender Produktivität geordnete Reihenfolge. An der Spitze dieser Reihe steht die Einzelkornsaat einkeimigen Saatgutes in Verbindung mit dem Ausdünnen, ein Verfahren, das den Handarbeitsaufwand auf 40-25 % zu mindern vermag. Die in der DDR hierzu verfügbaren Maschinen, die Einzelkornsämaschine "A 765", der Ausdünnstriegel für Rüben, die Ausdünnmaschine "P 921" und die Ackerbürste " B 281", werden nach Aufbau und Arbeitsweise beschrieben. Abschließend gibt Vf. eine ausführliche Darstellung einer Reihe von Feldversuchen mit verschiedenen Vereinzelungsverfahren, die 1960 und 1061 von einer Arbeitsgemeinschaft von 30 Betrieben unter Anleitung des o.g. Inst. durchgeführt wurden. K.Fritzsch. 5130f.

1-64/02-0284 W i l h e l m, W.; Halle, Martin-Luther-Univ., Landmaschineninst. Die Senkung des Handarbeitsaufwands bei der Pflege der Zuckerrüben auf der Grundlage der neuesten Erfahrungen. - Dtsch. Landwirtsch. 14 (1963) Nr.5. S.221-224. - 3 Abb., 2 Tab., 6 Lit.

Ziel der handarbeitssparenden Rübenpflege sollte sein, den Handarbeitsaufwand um mehr als 50 % gegenüber den Verfahren zu senken, die heute noch auf ca. 70 % der Anbaufläche angewendet werden. Voraussetzung dazu ist die Anwendung exakt kalibrierten Rübensaatgutes (3,25-4,75 mm). Die Einhaltung des richtigen Kalibers ist dabei bedeutungsvoller als die Saatgutform. Man kann daher für die Einzelkornaussaat auch poly-, bi- und monogermes Saatgut verwenden. Vf. beschreibt die Einzelkornsämaschine "A 765-2,5" vom VEB Landmaschinenbau Bernburg. Hervorzuheben ist bei dieser Maschine, daß auch bei hohen Fahrgeschwindigkeiten (6-7 km/h) infolge der langen Füllzeit des Zellrades eine zuverlässige Füllung der einzelnen Zellen erfolgt. In einem Großflächenversuch mit polygermem Saatgut und der Einzelkornaussaat wurden folgende Varianten untersucht: 1) monogermes Saatgut (12-14 kg/ha) mit üblicher Drillmaschine und Vereinzelung in 3 Handarbeitsgängen; 2) kalibriertes Normalsaatgut mit der "A 765" (9,0 kg/ha) und Vereinzelung durch die Vereinzelungshacke; 3) Aussaat wie (2), Vereinzelung mit Ausdünnstriegel; 4) Aussaat mit "SKGK-6W" (8,9 kg/ha) und Vereinzelung mit Vereinzelungshacke; 5) Aussaat mit "SKGK-6W" und Vereinzelung mit dem Ausdünnstriegel. Die Ergebnisse bis zum Ertrag hin bestätigen, daß die Kombination Einzelkornsaat und Ausdünnen mit dem Ausdünnstriegel auch unter den Bedingungen der Praxis zu einer Steigerung der Arbeitsproduktivität führt (Senkung des Arbeitsaufwandes (AKh/ha) auf 54 bzw. 58,5 %). Die Fehlstellenanteile überschritten nicht die ertragsgefährdende Grenze. Ch.Förtsch. 5130f.

1-64/02-0285 S t r o o k e r, E.; Wageningen, Inst. voor Landbouwtechn. en Rationalisatie. Engelands dertiende nationale bietenverzorgingsdemonstratie. (Englands 13. Nationale Vorführung von Rübenpflegegeräten.) - Landbouwmechanisatie 13 (1963) Nr.14. S.49-55. - 14 Abb.

Von den 8 eingesetzten Einzelkornsämaschinen war die 2reihige dänische Maschine von Mammen bemerkenswert, die für das Aussäen auf Dämmen vorgesehen ist, eine Anbautechnik, die in Schottland angewendet wird. Für das Vereinzeln der Rüben wurden 4 Sternausdünner, 8 Pendelausdünner und 5 Verhackmaschinen eingesetzt. Neu war der Ausdünner von Stanhay, der mit 2 hintereinander montierten Ausdünnsternen arbeitet. Die Arbeitselemente werden am Rahmen der Einzelkornsämaschine befestigt und durch die Zapfwelle angetrieben. Die Irish Sugar Co. demonstrierte eine Kombination von Reihenfräse und Ausdünner als Anbaugerät. Für dieses Gerät wird neben dem Schlepperfahrer eine AK für die Steuerung benötigt. - Beachtung fand ferner das sog. Silk-System: Bei der Aussaat mit einer speziell ausgerüsteten Stanhay-Einzelkornsämaschine werden alle 25 cm 3 Samen nebeneinander gelegt. Das Vereinzeln erfolgt mit einem selbstfahrenden Gerät, jedes der 3 Ausdünnelemente wird durch eine AK bedient; die Flächenleistung beträgt 40 a/10 Std. je AK. - Ein neues Verfahren für die Reihenausbringung von Insekten- und Unkrautbekämpfungsmitteln wurde mit einem sehr einfachen amer. Gerät vorgeführt, das mit granulierten Bekämpfungsmitteln arbeitet.

M.Lüpnitz. 5130f.

1-64/02-0286 S t r o o k e r, E. Mechanisatie van de verzorging van suikerbieten en de gevolgen daarvan voor machinaal rooien. (Mechanisierung der Rübenpflege und ihre Auswirkung auf die maschinelle Ernte.) - Inst. Landbouwtechn. Rationalisatie, Wageningen Publ. 1963 Nr.69.S.1-44. - 8 Abb., 17 Diagr., 7 Tab. Zus. in Engl.

2jährige Versuche mit Zuckerrüben auf Kleiboden sollten klären, welchen Einfluß verschiedene Mechanisierungsstufen der Pflegearbeiten auf Ernteertrag und Maschineneinsatz bei der Ernte haben. Die Rüben wurden mit der Dorman-Einzelkornsämaschine ausgesät. Zum Vereinzeln wurde der Ausdünner von Vicon Skeketee, der mit vom ILR entworfenen Messer ausgerüstet war, eingesetzt. Nach dem ersten Arbeitsgang mit einer Ausdünnintensität von 50 % folgt der zweite mit schmaleren Messern. Danach sind 66 bzw. 75 % des Bodens in der Reihe bearbeitet. 1961 betrug die Ertragseinbuße auf den Flächen, die nicht nachträglich von Hand vereinzelt wurden, ca. 5 t Rüben/ha. 1962 trat kein Ertragsverlust infolge des Nichtvereinzelns von maschinell ausgedünnten Flächen auf. Die maschinelle Ernte bereitete keine Schwierigkeiten. Zusammenfassend wird festgestellt, daß bei guter Saatbettvorbereitung und Einsatz von Einzelkornsämaschinen und Ausdünnern die Handarbeit bei den Pflegearbeiten auf 1 h/t Rüben beschränkt werden kann.

L.Machler. 5130f.

1-64/02-0287 R i d, Heinrich und S c h i e c k'e, Ingeborg; München, Bayer. Landesanst. für Pflanzenbau und Pflanzenschutz. Versuche mit Verfahren des mechanischen Auslichtens von Zuckerrüben. - Zucker 16 (1963) Nr.2. S.42-47.; Nr.3. S.57-61. - 5 Abb., 10 Tab., 14 Lit.

Anhand von Ergebnissen eingehender Feldversuche (1957-1961) mit verschiedenen Systemen und Fabrikaten von Ausdünnmaschinen werden Anwendungsbereich, Einsatztechnik und Arbeitserfolg der Verfahren dargestellt. Die an verschiedenen Versuchsorten ausgelegten Saatgutform-, Aussaatmengen- und Bearbeitungsvarianten dienen in tabellarischer Zusammenfassung der Übersicht. Dabei werden der Pflanzenbestand vor und nach der Bearbeitung, Auslichtungseffekt, rel. Arbeitszeitbedarf und Arbeitsersparnis durch Zahlenwerte gekennzeichnet. Vff. betonen, daß ein einmaliges Auslichten von Monogermbeständen als Ziel zu erachten, jedoch der Einsatz von Ausdünnmaschinen in Einzelkornsaaten mit großem Risiko verbunden sei. K.Fritzsch. 5130f.

1-64/02-0288 D i m i t r o v, I. Izsledvane rabotata na rotacionnata brana. (Arbeitsuntersuchungen an Ausdünnmaschinen mit rotierenden Messersternen.) - Naučni trudove. Viss institut po mechanizacija i elektrifikacija na selskoto stopanstvo - Ruse 4 (1962) S.91-102. - 14 Abb., 4 Lit. Zus. in Russ., Dtsch. 5130f.

1-64/02-0289 B o r n s c h e u e r, E.; Einbeck, Han., Forsch.-Inst. der Kleinwanzlebener Saatzucht. Chemische Rübenvereinzelung. - Zucker 16 (1963) Nr.8. S.190-194. - 5 Abb., 13 Lit.

Es wird über einjährige Feldversuche zum "Blindvereinzeln" aus 5 Bestandes-Varianten berichtet. Statt einer Hacke ist im Versuch nach Abdeckung der Schonstellen mit "Jiffy"-Töpfen ein "Totspritzen" der überzähligen Pflanzen mittels des chem. Präparates "Reglone" vorgenommen worden. Vereinzelungszeitpunkt war das beginnende 6-Blatt-Stadium; die Aufwandmengen betrugen 400 l Wasser und 4 l "Reglone". Bei gleichbleibender Schonstellenlänge von 6 cm lagen die Spritzstellenlängen in den Varianten bei 8, 10, 12 und 18 cm. 4 der Varianten sind mit Einzelkornsämaschinen angelegt worden, eine in Handauslage bei 4,5 cm Abstand (monokarpes Saatgut). Mit jeweils einer Reihe von Zahlenwerten zu den Versuchen werden Pflanzenbestand und -verteilung vor und nach dem Vereinzeln sehr instruktiv charakterisiert. Vf. bringt den Nachweis, daß unter geeigneten biol. und techn. Voraussetzungen die Rübenvereinzelung blind maschinell durchführbar ist.

K.Fritzsch. 5130f.

1-64/02-0290 Obvodnenie i sel'skochozjajstvennoe vodosnabženie. (Bewässerung und landwirtschaftliche Wasserversorgung.) Hrsg.: Vsesojuznaja ordena Lenina akademija sel'skochozjajstvennych nauk imeni V.I.Lenina, Vsesojuznyj institut gidrotechniki i melioracii imeni A.N. Kostjakova. Moskva: Sel'-chozgiz. 1961. (187 S. m. 48 Abb., 44 Tab. u. 116 Lit.) 8°. Rbl. -,75 = Naučnye trudy VNIIGiM. Vsesojuznyj institut gidrotechniki i melioracii imeni A.N. Kostjakova, Moskva Bd. 33.

Verschiedene Vff. berichten in 7 Beiträgen über die Ergebnisse von Forschungsarbeiten, die in den letzten Jahren von den Mitarbeitern des Labors "Bewässerung und Landwirtsch. Wasserversorgung" im Kostjakow-Inst. für Hydrotechnik und Melioration durchgeführt wurden. Im einzelnen werden praktische Probleme der Verwendung von Grundwasser, gereinigten Wassers, die Verwendung von Porenbeton als Filter, die Reinigung von Trinkwasser und Betriebsbedingungen der Bewässerungskanäle im Winter behandelt. W.Peitz.

1-64/02-0291 Kratkij obzor naučnych issledovanij po vodnomu chozjajstvu SSSR 1959-1960 gg. (Kurze Übersicht der wissenschaftlichen Forschungen auf dem Gebiet der Wasserwirtschaft der UdSSR 1959-1960). Hrsg.: Akad. nauk SSSR, Sovet po problemam vodnogo chozjajstva. Moskva: Akad. nauk SSSR. 1963. (125 S.) 4°. (1963 B 185)

1-64/02-0292 T r á z n í k, Karel. Letecké hnojení. (Düngerstreuer mit Flugzeugen.) Praha: Ústav vědeckotechn. informací MZLVH. 1963. (26 S.) 8° = Metodiky pro zavádění výsledku výzkumu do praxe Nr.10. (SR 2716, 1963,10)

1-64/02-0293 Literatur über die Pflanzlochbohrer. Hrsg. Instn.: Dok.-Stelle im Inst. für Landmaschinen- und Traktorenbau, Leipzig. (Lit.-Nr.: 22/63. Titelanzahl: 19 m. Annotationen. Ber.-Zeit: 1955-1960.)

1-64/02-0294 Č a b a r t, Jan. Versuche zur Anwendung von Radioisotopen-Methoden bei meliorativen Untersuchungen in der Tschechoslowakei. (Übers. aus d. Russ., Maschinenschr. vervielfält.)-TO 683.

1-64/02-0295 B o u w e r, Hermann und H e l m s, J.O. Biegsame Leitungsröhren aus Kunstfasern für Berieselungsanlagen. Aus: Agric. Engng. 38 (1957) Nr.11. 23 S. (Übers. aus d. Engl.) - TO 657.

1-64/02-0296 Pflügen mit 9,7 km/h Geschwindigkeit mit J.D.-Riesentraktor. Aus: Agric. Machinery J. 17 (1963) Nr.3. S.38. (Übers. aus d. Engl.) - TO 693.

1-64/02-0297 Zweireihige Anbaukartoffellegemaschine "2-SaBN-62,5". Aus: Roudnice nad Labem. 335. (Übers. aus d. Tschech., Maschinenschr. vervielfält.) - T 110.

C. ERNTE EINSCHLIESSLICH DRESCHEN OHNE ZUSÄTZLICHE AUFBEREITUNG

1-64/02-0298 N a s t e n k o, N.N. und B o r o š o k, L.A. Avtomatičeskoe vysotnoe regulirovanie položenija rabočich organov s.-ch. mašin. (Automatische Höhenverstellung der Arbeitsteile von Landmaschinen.) - Traktory i sel'chozmašiny, Moskva 33 (1963) Nr.8. S.26-30. - 3 Schemaskizzen, 3 Diagr. Aus: Dok.-Dienst ILT 1963 Nr.9.

Theoretische Untersuchung über die Lage des Schneidwerks einer Maiskombine in verschiedenen Bewegungsetappen und Formeln für die Berechnung seiner jeweiligen Höhenlage. Bewegungsschemata und graph. Darst. der Arbeitshöhe in Abhängigkeit von Anbauschema und Bewegungsetappe. Konstruktion und Funktionsweise eines hydraulischen Systems zur automatischen Verstellung der Schnitthöhe an der Anhänge-Maiskombine "KKCh-3" auf Grund der gewonnen Erkenntnisse und der Gleichung für die Wahl der Parameter dieses Systems.

5210c.

1-64/02-0299 P a n k i n a, L.S. und V o r o b'e v, V.M. Ispytanie podbirajuščich mechanizmov transporternogo tipa. (Prüfung von Aufnahmeeigenschaften von Förderelementen.) - Traktory i sel'chozmašiny, Moskva 33 (1963) Nr.8. S.23-24. - 4 Abb., 1 Tab. Aus: Dok.-Dienst ILT 1963 Nr.9.

Prüfungen von Pick-up-Vorrichtungen mit großer Arbeitsbreite. Hauptmerkmal: Fördertuch mit darauf verschiedenartig angeordneten Zinken; rahmenlose und Rahmenkonstruktionen. Ergebnis: Alle Typen haben weniger Körner- und Ährenverluste als Vorrichtungen mit Aufnahmetrommel (0,13-0,23 %). Eine Geschwindigkeitserhöhung bleibt ohne Einfluß auf die Verluste. Vorteile: geringer Materialeinsatz, besseres Kopieren der Bodenoberfläche, gleichmäßigere Schwadaufnahme; Aufnahme unabhängig von Halmanordnung. 5210d.

1-64/02-0300 P e r s t n e v, S.N. Issledovanie raboty motovila na povyšennych skorostjach. (Untersuchung der Arbeitsweise der Haspel bei erhöhten Geschwindigkeiten.) - Traktory i sel'chozmašiny, Moskva 33 (1963) Nr.7. S.17-19. - 2 Diagr., 2 Tab., 6 Lit. Aus: Dok.-Dienst ILT 1963 Nr.9.

Experimentelle Untersuchung der Faktoren, die Körner- und Ährenverluste beeinflussen (durchschnittliche absolute Haspelgeschwindigkeit, Fahrgeschwindigkeit, Eintauchtiefe der Haspellatten, Intensität der Einwirkung der Latten auf Erntegut). In Tab. werden diese Verluste in Abhängigkeit von der Lattenzahl (3 und 5 Stck.) und der Drehzahl der Haspel (n = 38 U/min und n = 50 U/min) dargestellt. Feststellung: Bei Erhöhung der Fahrgeschwindigkeit ist eine Verringerung der Lattenanzahl auf 3 Stck. möglich.

5210e.

1-64/02-0301 K a š u t i n, V. Motovilo dlja uborki poleglych chlebov. (Haspel für die Ernte von lagerndem Getreide.) - Technika v sel'skom chozjajstve, Moskva 23 (1963) Nr.7. S.79-80. - 1 Schema. Aus: Dok.-Dienst ILT 1963 Nr.9.

Konstruktion und Funktionsweise einer ohne Exzenter arbeitenden Haspel. Vorteile: einfache Konstruktion, geringere Masse, größerer Regelbereich, Eintauchen der Latten in Getreidemasse ohne Schlagwirkung. 5210e.

1-64/02-0302 B a r a n o v, I.V. K rasčetu transportirovanija l'njanogo pnevmatičeskim sposobom. (Zur Berechnung der pneumatischen Förderung des ungereinigten Flachserntegutes.) - Traktory i sel'chozmašiny, Moskva 33 (1963) Nr.6. S.30-32. - 1 Schemaskizze, 2 Diagr., 2 Tab., 3 Lit. Aus: Dok.-Dienst ILT 1963 Nr.8.

An 4 Hauptgruppen des Flachserntegutes wird math.-theoretisch und experimentell die Schwebegeschwindigkeit bestimmt und das Verhältnis von Förder- und Schwebegeschwindigkeit bei Förderung in waagerechtem und schrägem Rohr untersucht. Feststellung: 1) Optimale Schwebegeschwindigkeit für das gesamte Gut ist die der Samenkapseln (8,6-13,1 m/s). Sie kann theoret. nach der Formel $v_s = 5{,}36\ d_m$ ermittelt werden. 2) Verhältnis Geschwindigkeit der Förderluft zu Schwebegeschwindigkeit = $\frac{v_l}{v_s}$ = 1,25 + 2,5. 3) Die benötigte Luftgeschwindigkeit in Abhängigkeit von der massemäßigen Zusammensetzung des Fördergemisches Luft-Fördergut ist v_l = 1,6 + 2,3. 5210f.

1-64/02-0303 Z a r g a r j a n, S.R. und A n d r e n k o, G.P. K voprosu povyšenija proizvoditel'nosti separirujuščich organov molotil'nych ustrojstv. (Zur Erhöhung der Leistungsfähigkeit der Trennorgane von Dreschvorrichtungen.) - Traktory i sel'chozmašiny, Moskva 33 (1963) Nr.5. S.24-26. - 4 Schemaskizzen, 6 Tab. Aus: Dok.-Dienst ILT 1963 Nr.8.

Die Leistungsfähigkeit der Trennorgane wird durch den Anteil an kleinen Strohteilchen auf dem Sieb beeinträchtigt. Ermittlung des rationellsten Strohabsaugverfahrens in 3 Untersuchungen mit verschiedenartigen Absauganlagen und Untersuchungstechnologien. Beschreibung der Anlagen und des Untersuchungsverlaufs, tabellarische Zusammenfassung der Ergebnisse. Die günstigste Anlage arbeitet nach Art eines Steigsichters. Das Erntegut wird seitlich in das Saugrohr eingeführt und ist bei freiem Fall (200 mm) dem entgegenkommenden Luftstrom ausgesetzt. Dabei wird gehäckseltes Stroh ausgeschieden und die schwereren Teilchen fallen aus dem Luftstrom heraus. Erkenntnisse: Wirksamste Trennung bei Belastung des Luftkanals mit 9-10 kp/m^{2}s bzw. bei Beschickung mit 8-9 kg/s; Verschmutzungsgrad des Endproduktes bis zu 42 %. Das Stroh wird aus Dreschgut ohne wesentliche Körnerverluste bei einer Massekonzentration von 0,20-0,40 kg/s gut abgetrennt. 5210k.

1-64/02-0304 V o l i k, R.N.; Pljustschewo, Gebiet Moskau, Unions-Forsch.-Inst. für Mechanisier. der Landwirtsch. Vlijanie uprugosti častic na razrychlenie zernovogo sloja pri vibracii. (Einfluß der Elastizität der Körner auf die Lockerung der Kornschicht bei Vibration.) - Vestnik sel'skochozjajstvennoj nauki, Moskva 7 (1962) Nr.12. S.63-66. - 2 Schemata. Zus. in Engl., Franz., Dtsch.

Bei der Einwirkung der Vibration auf geschüttetes Material lockert sich dieses nach bestimmten Gesetzen. Vf. gibt die Grenzen an, in denen bei der Vibration die innere Reibung in einer Körnerschicht erheblich verringert und die Körnerschüttung zusammengedrückt wird und ab wann sich die Körnerschicht in einem tanzenden Zustand befindet. Weiterhin wird angegeben, wie sich die Elastizität der einzelnen Körner auf die Lockerung der Kornschicht im Verlauf ihrer Bewegung über eine vibrierende Fläche auswirkt. Es werden Beziehungen zwischen Frequenz und Amplitude der Schüttbewegung formelmäßig angeführt. Daraus ergeben sich Aussagen über die Fortbewegung und Geschwindigkeit der Teilchen in der Kornschicht.

G.Reumschüssel. 5210k.

1-64/02-0305 J u n g h ü l s i n g, H. und G ü n t h e r, E. Der Handarbeitsbedarf bei der Weidepflege. - Dtsch.landwirtsch.Presse 86 (1963) Nr.30. S.299-300. - 3 Tab. 5215a.

1-64/02-0306 H e e g e, Hermann. Futterketten im modernen Grünlandbetrieb. Mitt.dtsch.Landwirtsch.-Ges. 78 (1963) Nr.15. S.527-530. - 3 Abb., 2 Skizzen.

Vf. behandelt: die Belüftungsheukette, Ladegerät für Belüftungsheu, die Ballen-Belüftungsheukette, die Feldhäckslerkette, die Gärfutterkette und die Feldhäcksler-Gärfutterkette. G.Reumschüssel. 5215b.

1-64/02-0307 D u b o i s, Olivier. Récolte mécanique des fourrages et conservation par ventilation. (Die mechanisierte Futterernte und die Belüftungstrocknung.) - Potasse 37 (1963) Nr.303. S.57-60.

Zur Verringerung der Futterverluste durch alleinigen Weidegang oder ungünstige Witterung während der Heuwerbung sind 2 Probleme zu lösen: Die Zeit zwischen Schnitt und Einfahren ist zu verkürzen; der Arbeitsaufwand muß verringert werden. Eine Vorführung verschiedener Ernteverfahren sollte die Lösungen aufzeigen: 1) Mähen mit gleichzeitigem Zetten, mit 30-40 % Wassergehalt einfahren, belüften. 2) Häckseln und auf Anhänger mit Aufbauten blasen, mit Rollboden in Fördergebläse abladen, das bis zum Lagerort transportiert. Schwader als Spezialgeräte zeigten bessere Arbeit als kombinierte Schwadwender. Halmquetscher beschleunigten bei schönem Wetter die Trocknung, doch ebenso bei Nässe das Wiederanfeuchten. Schlegelernter nehmen Schwaden mit angewelktem Futter gut auf, doch ist die Häcksellänge unregelmäßig und das Futter zerrissen und damit für die Silierung, nicht aber für die Belüftungstrocknung geeignet. Feldhäcksler mit ihrer gleichmäßigen und einstellbaren Häcksellänge ermöglichen die Futterwerbung durch eine Arbeitskraft. Für die Belüftungstrocknung werden nur Niederdruckpressen herangezogen. Mitteldruckpressen sind auch verwendbar, doch steigen damit die Trocknungskosten. Für angewelktes Futter sind Zuführungen nach dem Hebelprinzip in den Pressen besser geeignet als rotierende.

H.Kaiser. 5215b.

1-64/02-0308 K l e m e n t'e v, K.; Gomel, Landmaschinenbau. Sostojanie i perspektivy rabot po sozdaniju sredstv mechanizacii uborki silosnych kul'tur. (Stand und Perspektive zur Mechanisierung der Ernte von Silopflanzen.) - Traktory i sel'chozmašiny, Moskva 32 (1962) Nr.12. S.23-26. - 5 Abb., 1 Zeichn.

Vf. beschreibt die Entwicklung von Grünfutter-Erntemaschinen, die den Forderungen der Komplexmechanisierung der Ernte entsprechen. Die Typenreihe soll in den Jahren 1960-65 entwickelt werden. Die universale Anwendung und Standardisierung der Maschinen spielen eine wichtige Rolle. Es sind Grünfutter-Erntemaschinen beschrieben und abgebildet. Bei der Konstruktion der Maschinen wurde berücksichtigt, die Qualität des geernteten Gutes zu verbessern und die Ernteverluste zu verringern. Die Schnittbreite von 1,8 m erwies sich hinsichtlich der Arbeitsleistung und Manövrierfähigkeit am günstigsten. Es werden Hinweise gegeben, wie die Vereinheitlichung der verschiedenen Maschinen erreicht wird. G.Reumschüssel. 5215b.

1-64/02-0309 S q u i r e, M.J.E. Machinery for silage making. (Maschinen für die Silierung.) - Agric.Gaz.New South Wales 73 (1962) Nr.12. S.623-625. 660-663. - 2 Abb.

Beim Silieren werden eingesetzt: Mähwerke in Verbindung mit Hubladern oder

Grünfutterladern, Mählader, dabei Schnittlader, Häcksellader und Aufnahmelader, Aufnehme- und Ladepressen und verschiedene Arten von Schwadwendern. Hinzu kommen Heulader, Schlegelernter, Silohäcksler und Gebläse. Vf. bespricht die techn. und arbeitswirtsch. Vor- und Nachteile der einzelnen Verfahren, vergleicht ihre Kapazitäten und Anschaffungskosten, wie sie als Ergebnisse von Vergleichsprüfungen ermittelt worden sind. - Vf. schlußfolgert: Unabhängig von der Erntemethode sind ebene Felder notwendig, die als Fahrbahn geeignet sind. Das Silagefeld soll so nah wie möglich beim Silo liegen, um Anfahrtzeiten, Transportraumbedarf und Arbeitserfolg günstig zu gestalten. Die Anfahrten zum Silogebläse sollen gerade sein und gute Durchfahrt gestatten, damit hohe Arbeitsgeschwindigkeit bei geringem Wagenbedarf möglich wird. Möglichkeiten zum mech. Entladen der Anhänger sollen genutzt werden. Um hohen Effekt der Arbeit und Ausrüstung zu erreichen, soll ein fließender Ernteablauf organisiert werden und Fehler, Wartezeiten und Ausfälle auf ein Minimum reduziert bleiben. Durch die richtige Größenbemessung der Fuhren kann der zügige Arbeitsfluß wesentlich beeinflußt werden. G.Curdt. 5215b.

1-64/02-0310 N i s c h w i t z, J. und B e n n e w i t z, H.; Paulinenaue, Inst.für Grünland- und Moorforsch. der Dtsch.Akad.der Landwirtsch.-Wiss. zu Berlin. Die mechanisierte Grassilagegewinnung von Grünland. - Dtsch.Agrartechn. 13 (1963) Nr.5. S.197-199. - 1 Tab., 9 Lit.

Die Herstellung von Grassilage dient der Verbesserung der Qualität des geernteten Futters und der besseren Wintersaftfutterversorgung. Es werden neben der Senkung der Konservierungsverluste auf 15 bis 20 % eine Verminderung des Arbeitsaufwandes und eine erhebliche Senkung der Kosten je Stärkeeinheit erreicht. - Silageformen: Silage von frischem Gras, von angewelktem Gras und frisches Mähgut mit angewelktem Gras oder Feldfutter. Die Form der Silage, frisches Grüngut im Wechsel mit vorgewelktem Gras, welches bis zu 50 % Trockensubstanz enthält, wird bes. empfohlen. Bei der Mechanisierung der Silograsernte werden die Erfahrungen mit dem Mählader "E 062", dem Mähhäcksler "E 065/2" und dem Schlegelernter wiedergegeben. Für die Bereitung von Anwelksilage ist der zusätzliche Einsatz eines Mähwerkes, gekoppelt mit dem Zetter "E 251" erforderlich. Zum Ziehen der Schwaden für die Sammellademaschinen werden die Schwadwender "SOP 300" oder "E 243" benutzt. Der Transport des Silograses erfolgt durch Anhänger mit Häckselaufbauten. Als Gärfutterbehälter dienen ausschließlich Durchfahrtsilos. Darstellung der Arbeitsorganisation, des Arbeitsaufwandes und der Verfahrenskosten.

E.Nowatzky. 5215b.

1-64/02-311 A n o n y m. Three-in-one hay-making "combine". (Heumaschine "Kombine".) - Agric.Engng. 44 (1963) Nr.6. S.323. - 2 Abb.

Vf. beschreibt eine neue Maschine, die speziell für die Heuernte entwickelt wurde. Sie wird als "Kombine" bezeichnet, da in ihr 3 Arbeitsgänge vereinigt sind, die bisher von 3 einzelnen Maschinen bzw. Geräten erledigt wurden. Die Maschine ist selbstfahrend, mäht das Gras, legt Schwaden und recht. Die einzelnen Aggregate werden kurz erklärt und in ihrem Zusammenwirken bei der Arbeit beschrieben. Die "Kombine" hat sich bei der Prüfung im Einsatz auch unter ungünstigen Versuchsbedingungen bewährt. W.Bohrisch. 5215b.

1-64/02-0312 A n o n y m. Reform-Motorheuer "MKW 10" - Prüfbericht IMA/ Brugg. - Schweiz.Inst.landmaschinenwes. u. Landarbeitstechn. Brugg(Aargau), Prüfber. Nr.Ep 1163. (1962) 6 S. - 1 Abb. Hersteller: Reformwerke Bauer & Co., Wels (Österreich).

1-64/02-0313 E b e r t, W. Das Heckmähwerk "E 131". - Landtechn.Inform. 1963 Nr.6. S.136. - 1 Abb. Aus: Dok.-Dienst ILT 1963 Nr.8.

Neuentwicklung des VEB Fortschritt Neustadt: Traktor-Anbaugerät mit einem Rahmen in Schalenbauweise. Standardisierungsgrad 63,5 %. Antrieb über "Gelenkwelle mit Schutz". Techn. Daten: Arbeitsbreite 1,5 m; mittlere Messergeschwindigkeit 3,23 m/s; max. Traktorgeschwindigkeit 9 km/h; Flächenleistung 1 ha/h, d.h. Steigerung der Arbeitsproduktivität um etwa 30 %. Weitere Vorteile: Ausschwenkmechanismus zum Ausweichen beim Auftreffen auf Hindernisse; stufenlose Schnitthöhenverstellung; Vor eilverstellung für den Mähbalken und Verstellmöglichkeit der Klingenlage. 5215c.

1-64/02-0314 P h i l i p p, F. Das Doppelmesser-Schneidwerk. - Techn. u. Landwirtsch. 15 (1963) Nr.13. S.310-313. - 7 Abb. Aus: Dok.-Dienst ILT 1963 Nr.9.

Neben den Bauarten bei Einmesser-Fingerbalken, die zur Vermeidung von Erschütterungen ein Ausgleichsgewicht entgegen der Messerbewegung mitschwingen lassen, haben sich Doppelmesser-Schneidwerke herausgebildet, bei denen der Ausgleich durch gegenläufige Hin- und Herbewegung der Ober- und Untermesser erfolgt. Die Antriebskräfte werden kleiner, und ein erschütterungsfreier Lauf wird gewährleistet. Die Ober- und Untermesser werden durch mitschwingende Messerführungsarme federnd gegeneinander gedrückt, wobei die Arme in Gummi-Metallblocks gelagert sind. Der Reibungsverschleiß wird damit beseitigt. Die Schwenklagerstellen sind wartungsfrei. Bei Doppelmesser-Schneidwerken kann die Mähkurbeldrehungszahl infolge des kleinen Hubes jedes Einzelmessers im Verhältnis zum Fingerbalken um ca. 50 % erhöht werden, so daß Fahrgeschwindigkeit und Mähleistung gesteigert werden können. Die effektive Mähleistung von 6-Fuß-Schneidwerken liegt bei ca. 1-1,5 ha/h. 5215c.

1-64/02-0315 V o g l und W a x e n e g g e r. Fingerloses Doppelmesser-Mähwerk "Busatis" - Prüfbericht Wieselburg, N.Ö. - Bundesversuchs- u. Prüf.-Anst. landwirtsch.Maschinen Geräte /Wieselburg, N.Ö./, Prüfber. Nr. 570. Gr.7a$_1$. (1961) 2 S.

Hersteller: Busatis-Werke, Remscheid-Lennep, BRD. 5215c.

1-64/02-0316 C h r i s t o v, M. Sŭzdavane na kosjašt aparat za kosene na spleteni i polegnali bobovi kulturi. (Entwicklung eines Mähwerkes für kreuz- und querliegende Bohnenkulturen.) - Izvestija na Instituta po mechanizacija i elektrifikacija na selskoto stopanstvo, Sofija 2 (1962) S.143-147. - 3 Abb. Zus. in Russ., Engl. 5215c.

1-64/02-0317 P h i l i p p, Friedrich. Wildrett= einrichtungen - notwendig und möglich. - Landtechnik 18 (1963) Nr.14. S.454-456. - 4 Abb. Aus: Dok.-Dienst ILT 1963 Nr.8.

Schutz der in freier Wildbahn lebenden Tiere zur Vermeidung großer Wildverluste. Anbringung von Kettengehängen vor dem Mähbalken, um das Wild durch einen Berührungseffekt aufzuscheuchen. Mit dieser Einrichtung wurden Versuche durchgeführt. Rehkitze wurden bis 50 %, Fasanen und Feldhühner 60 % und Junghasen bis 85 % gerettet. Diese Kettengehänge können gegebenenfalls selbst hergestellt werden. 5125c.

1-64/02-0318 B e n d e r s, G. und P h i l i p s e n, P.J.J.; Wageningen, Inst. voor Landbouwtechn. en Rationalisatie. Biedt het kneuzen bij de hooiwinning perspectief? (Hat das Zerkleinern bei der Heugewinnung Perspektiven?) - Landbouwmechanisatie 14 (1963) Nr.5. S.365-371. - 3 Abb., 5 Tab. Zus. in Engl.

Die Ernte des Grüngutes mit dem Schlegelernter bietet die Möglichkeit, die Trocknungszeit bei der Heuwerbung wesentlich zu verkürzen. Jedoch besteht das Risiko, daß infolge der Zerkleinerung die Erntegutverluste 15-20 % höher liegen als beim üblichen Heuwerbeverfahren. Beim Schlegelernten aus dem Schwad wird das Grüngut nicht so stark zerkleinert wie beim Schlegelernten vom Halm. - Erfahrungen mit einem umgebauten Lundell-Schlegelernter zeigten, daß die Bodentrocknungszeit wesentlich verkürzt wird (1961 und 1,8 und 1962 um 3,2 Tage). Das Heu wurde anschließend belüftet. Die Futterqualität war ausgezeichnet, das Heu wurde von den Tieren gern aufgenommen. Zusammenfassend wird gesagt, daß diese Erntemethode zwar noch nicht der allg. Praxis empfohlen werden kann, aber gute Perspektiven hat. L.Machler. 5215d.

1-64/02-0319 S o m m e r k a m p, G. Der Schlegelfeldhäcksler - ein Vielzweckgerät. - Techn. u.Landwirtsch. 15 (1963) Nr. 13. S.313-314. - 1 Abb. Aus: Dok.-Dienst ILT 1963 Nr.9.

Die Leistung des Schlegelernters beträgt ca.150 dt/ha Grüngut. Außerhalb der Futterwirtschaft läßt sich der Schlegelhäcksler zum Bergen von Mähdruschstroh und Kartoffelkraut einsetzen. Die Maschine ist einfach zu bedienen, sie benötigt kaum Pflegearbeiten, ist robust, wird nicht reparaturanfällig und bleibt stets einsatzbereit. 5215d.

1-64/02-0320 S e r d e č n y j, A. Soveršenstvovanie rotornych kosilok-izmel'čitelej. (Verbesserung der Schlegelernter.) - Mechanizacija i elektrifikacija socialističeskogo sel'skogo chozjajstva, Moskva 21 (1963) Nr. 3. S. 51-52. - 1 Abb., 1 Tab. Aus: Dok.-Dienst ILT 1963 Nr. 8.

Kurzbeschreibung amer. und engl. Typen, die den Schmutzanteil im Häckselgut verringern sollen. Konstruktionsmerkmal einer sowjet. Neuentwicklung: Rotor mit entgegengesetztem Drehsinn und mit darunter verlaufender Kufe, die den Boden kopiert. Dadurch ist eine Schnitthöhe von 4-5 cm möglich. Anbau an den Traktor "Bjelaruß". Leistungsmerkmale: Flächenleistung 0,5 ha/h oder ca. 8-10 t/h Gras bei einem Ernteertrag von 150-200 dt/ha. Rotordrehzahl 1300 U/min. 5215d.

1-64/02-0321 H o l a r, V. und H u n a l, J. Seznamte se závesným cepovým sklizečem pice SPCZ-138. (Traktorgezogener Schlegelernter "SPCZ-138".) - Mechanizace Zemědělství 13 (1963) Nr.4. S.111-113. - 4 Tab.

Der im VEB Agrostroj in Pelhřimov entwickelte Schlegelernter "SPCZ-138" mit geradem Durchfluß ist für die Ernte von Getreidegemengen, Klee, Futterkohl usw. bestimmt. Die Arbeitsbreite der Maschine beträgt 1380 mm, die Masse 750 kg, die Stundenleistung 0,37-0,7 ha. Die Maschine wird vom Schlepperfahrer bedient. Sie erfordert einen Schlepper von mehr als 35 PS.
ČSSR/ÚVTI. 5215d.

1-64/02-0322 A n o n y m. Slaghack Tive Minor. (Schlegelernter "Tive Minor" - Staatlicher Maschinenprüfbericht Ultuna.) - Statens Maskinprovningar, Medd. Nr.1591. (1962) S.1-7. - 1 Abb.

Hersteller: AB Tierp-Verken, Tierp. 5215d.

1-64/02-0323 A n o n y m. Slaghack Ugerlöse, typ 1100 Bantam. (Schlegelernter Ugerlöse, Typ "1100 Bantam" - Staatlicher Maschinenprüfbericht Ultuna.) - Statens Maskinprovningar, Medd. Nr.1597. (1962) S.1-4. - 1 Abb.
Hersteller: Ugerlöse Maskinfabrik A/S, Ugerlöse, Danmark. 5215d.

1-64/02-0324 A n o n y m. Slaghack Ruf Junior 61. (Schlegelernter "Ruf Junior 61" - Staatlicher Maschinenprüfbericht Ultuna.) - Statens Maskinprovningar, Medd. Nr.1602. (1962) S.1-4. - 1 Abb.
Hersteller: Eskil Wind, Kolding, Danmark. 5215d.

1-64/02-0325 A n o n y m. Slaghack Flemstofte 1100. (Schlegelernter Flemstofte "1100" - Staatlicher Maschinenprüfbericht Ultuna.) - Statens Maskinprovningar, Medd. Nr.1636. (1963) S.1-4. - 1 Abb.
Hersteller: A/S Flemstofte Maskinfabrik, Fluglebjerg, Dänemark. - Beschreibung: Der Schlegelernter "1100" ist für Schlepperzug und Zapfwellenantrieb vorgesehen. - Techn. Daten: Masse 610 kg; Arbeitsbreite 90-100 cm; Dmr. der Schlegeltrommel + Schlegel ca. 60 cm; Drehzahl bei 540 U/min der Zapfwelle 1550 U/min. - Prüfungsergebnisse: Für den Antrieb des Schlegelernters wird ein 50-PS-Schlepper benötigt. Die Arbeitsgeschwindigkeit kann ca. 6 km/h betragen; die Leistung liegt bei 18-20 t Grüngut/h.

L.Machler. 5215d.

1-64/02-0326 A n o n y m. Slaghack ymer standard. (Schlegelhäcksler "Ymer Standard" - Staatlicher Maschinenprüfbericht Ultuna.) - Statens Maskinprovningar, Medd. Nr.1659. (1963) S.1-4. - 1 Abb.
Hersteller: Brenderup Maskinfabrik, Brenderup, Fünen/Dänemark. - Techn. Daten: Masse 540 kg; Länge 3,0 m; Breite 2,2 m; Höhe 2,9 m; Drehzahl der Walze bei 540 U/min an der Zapfwelle ca. 1300 U/min; Arbeitsbreite 110 m. - Verwendungszweck: Vorgesehen für Futterpflanzen zur Silagegewinnung und als Aufnahmehäcksler für Grünfutter, Kraut, Stroh usw. - Anhängegerät mit Zapfwellenantrieb. Die Leistung bei Klee betrug unter günstigen Verhältnissen 28 t/h mit einem 50-PS-Schlepper. E.Kahn. 5215d.

1-64/02-0327 A n o n y m. Beproeving JF maaikneuzer type FH. (JF Schlegelernter "FH" - ILR-Prüfbericht Wageningen.) - Inst.Landbouwtechn.Rationalisatie Wageningen, Bull. Nr.221. (1963) S.1-7. - 1 Abb., 1 Tab.
Hersteller: JF Fabriken, Sönderborg, Denmarken. - Beschreibung: Der Schlegelernter "FH" ist für Anbau an die Dreipunktaufhängung vorgesehen und läuft neben dem rechten Hinterrad des Schleppers, so daß hinten am Schlepper der Häckselwagen angekoppelt werden kann. Das zerkleinerte Grüngut wird auf den Wagen geblasen. - Techn. Daten: Masse ca. 400 kg; Arbeitsbreite 104 cm; Dmr. der Schlegeltrommel mit Schlegel 57 cm; Drehzahl bei 540 U/min der Zapfwelle 1700 oder 1340 U/min. - Prüfungsergebnisse: Der Schlegelernter eignet sich zum Ernten und Laden von Gras, Luzerne, Klee. Gras, Grünfutter und Rübenblatt können auch aus Schwaden aufgenommen werden. Für das Ernten von Gras zum Silieren wird ein 30-40- PS-Schlepper benötigt; bei einer Arbeitsgeschwindigkeit von 3-5 km/h beträgt die Flächenleistung 30-50 a/h.

L.Machler. 5215d.

1-64/02-0328 A n o n y m. Beproeving holbaek maaikneuzer. (Holbaek Schlegelernter - ILR-Prüfbericht Wageningen.) - Inst.Landbouwtechn.Rationalisatie Wageningen, Bull. Nr.223. (1963) S.1-5. - 1 Abb., 1 Tab.
Hersteller: Holbaek Maskinfabrik A/S. Holbaek, Denemarken. - Beschreibung: Schlegelernter für Schlepperzug und Zapfwellenantrieb mit Kopplungsvorrich-

tung für Häckselwagen. Das zerkleinerte Grüngut wird auf den Wagen geblasen. - Techn. Daten: Masse 520 kg; Arbeitsbreite 104 cm; Dmr. der Schlegeltrommel + Schlegel 61 cm; Drehzahl bei 540 U/min der Zapfwelle 1500 oder 1600 U/min. - Prüfungsergebnisse: Der Schlegelernter eignet sich zum Ernten und Laden von Gras, Klee, Luzerne. Das Grüngut kann auch aus Schwaden aufgenommen werden. Die Leistung ist abhängig von der Schlepperleistung und dem Grünfutterbestand. Beim Ernten von Gras zum Silieren wird ein 35-45-PS-Schlepper benötigt; bei einer Arbeitsgeschwindigkeit von 3-5 km/h beträgt die Flächenleistung 30-50 a/h. L.Machler. 5215d.

1-64/02-0329 P a s c a l, J.A., B u l l, K.G., H e p h e r d, R.Q. und P h i l l i p s o n, A. Gehl "chop-all" forage harvester and associated equipment main unit (FH 83), pick-up attachment (HA 83), mower attachment (MA 96), row crop attachment (CA 87), forage boxes (BU 84) and hopper blower (FB 86). (Gehl-Feldhäcksler "Chop-all" mit Zusatzeinrichtungen: Fahrwerk /"FH 83"/, Aufnahmevorrichtung /"HA 83"/, Mähwerk /"MA 96"/, Häckselvorrichtung /"CA 87"/, Anhänger für Häckselgut /"BU 84"/, Futtergebläse mit Auswurfrohr /"FB 86"/ - N.I.A.E.-Test.) - Nat.Inst.agric.Engng., Rep. on Test Nr.333. (1963) S.1-16. - 5 Abb., 1 Diagr., 6 Tab.

Hersteller: Rustproof Metal Window and Engineering Company Limited, Deva Works, Saltney, Chester. - Beschreibung: Anhängegerät für Schlepperzug mit 3 verschiedenen frontal angebauten Vorrichtungen zur Bergung von Lagergetreide, Halmfrüchten und Futterpflanzen (Mais). - Techn. Daten: Länge über alles 12 ft. 11 in., Breite über alles 7 ft. 5 in., Höhe insgesamt 10 ft. 8 in., Bereifung 650x16, Masse 2222 lb., erforderliche Leistung (mit Anhänger) 45-50 PS. - Bei der Prüfung lieferte das Gerät zufriedenstellende Arbeit bei leichter Bedienung. 8 geringfügige Konstruktionsfehler hatten sich herausgestellt, deren Behebung empfohlen wird.

E.Kahn. 5215d.

1-64/02-0330 A n o n y m. Feldhäcksler "Scampolo S" - DLG-Prüfbericht. - DLG-Maschinenprüfber. Nr.722. Gr.7 d/3. (1962) S.1-8. - 2 Abb., 1 Tab.

Hersteller: W. Speiser, Maschinenfabrik und Eisengießerei, Göppingen/Württ.

5215d.

1-64/02-0331 A n o n y m. Feldhäcksler "Scampolo H" - DLG-Prüfbericht. - DLG-Maschinenprüfber. Nr.723. Gr.7 d/4. (1962) S.1-8. - 2 Abb., 1 Tab.

Hersteller: W. Speiser, Maschinenfabrik und Eisengießerei, Göppingen/Württ.

5215d.

1-64/02-0332 A n o n y m. Feldhäcksler "FH" - DLG-Prüfbericht. - DLG-Maschinenprüfber. Nr.736. Gr.7 d/5. (1962) S.1-7. - 1 Abb., 1 Tab.

Hersteller: JF-Fabriken, Ing. J. Freudendahl, Sonderborg/Dänemark.

5215d.

1-64/02-0333 A n o n y m. AS-1.8 járvaszecskázó. (Feldhäcksler "AS-1.8".) - Mezögazdasági Techn. /Landtechnik/ 1962 Nr.8. S.23. - Aus: Ung.Agrar-Rdsch. 1963 Nr.1. 5215d.

1-64/02-0334 J o h n s o n, R.I. Pasture - sampling - machine. (Weide - Proben - Maschine.) - Agric.Gaz.New South Wales 73 (1962) Nr.11. S.607-608. - 5 Abb.

Vf. stellt ein neues techn. Hilfsmittel zur Probenahme auf Versuchsparzellen dar, welches große Arbeitsleistung bei geringem Arbeitsaufwand verspricht. Im Prinzip handelt es sich um eine stark verkleinerte, selbstfahrende Ausführung eines Schlegelernters, an dessen Auswurföffnung Probesäcke befestigt werden können. Die Maschine kann von 1 AK nach Art eines Gebirgsgrasmähers bedient werden, ist 86 cm hoch, 152 cm lang und 49 cm breit und kann leicht im Auto transportiert werden. Der Kraftbedarf der Maschine liegt zwischen 3 und 6 PS, sie fährt auf 4 gummibereiften Rädern und hat sich bei allen Versuchsarbeiten sehr gut bewährt, wobei etwa 50 % der sonst üblichen Arbeitszeit eingespart werden konnten.

G.Curdt. 5215d.

1-64/02-0335 A n o n y m. Sammelpressen: Bauarten - Anhängung - Eignung. - Techn.u.Landwirtsch. 15 (1963) Nr.13. S.306-307. - 8 Abb. Aus: Dok.-Dienst ILT 1963 Nr.9.

Vergleichende Darstellung der Hochdruckballenpressen der Firmen Massey-Ferguson, Claas, John Deere-Lanz, der Niederdrucksammelpressen von Speiser (Epple-Buxbaum), Bautz und Fella. Die Sammelpressen verarbeiten Erntegüter wie lose abgelegtes Mähdrescherstroh, bodengetrocknetes Heu, Belüftungsheu mit ca. 30-35 % Feuchtigkeit. Die Anhängung der Sammelpressen erfolgt so an der Ackerschiene des Traktors, daß die Pick-up-Trommel rechts seitlich hinter dem Traktor arbeitet. Der Einsatz der Presse geschieht in Verbindung mit einem zweiachsigen Wagen. 5215f.

1-64/02-0336 A n o n y m. Sammelpressen. - Techn.u.Landwirtsch. 15 (1963) Nr.13. S.304-305. - 1 Tab. Aus: Dok.-Dienst ILT 1963 Nr.9.

Darstellung der techn. Daten von Sammelpressen nach Firmenangaben, Stand: Juli 1963. Es werden Sammelpressen der Hersteller Bautz, Claas, Dechentreiter, Deere-Lanz, Fahr, Fella, Hoes (Bamfords), International Harvester, Ködel & Böhm, Massey-Ferguson, Speiser (Epple-Buxbaum), Schiefersten (Case), Stockey & Schmitz (New Holland) und Welger beschrieben. 5215f.

1-64/02-0337 A n o n y m. Niederdruckpresse John Deere-Lanz "F 80" - Prüfbericht IMA/Brugg. - Schweiz.Inst.Landmaschinenwes.u.Landarbeitstech. Brugg (Aargau), Prüfber. Nr.Ep 1178. (1963) 6 S. - 1 Abb.

Hersteller: Compagnie continentale de motoculture, Paris. 5215f.

1-64/02-0338 A n o n y m. Upptagande press Rivierre Casalis, typ NRA 2-075. (Sammelpresse Rivierre Casalis "NRA 2-075" - Staatlicher Maschinenprüfbericht Ultuna.) - Statens Maskinprovningar, Medd. Nr.1638. (1963) S.1-4. - 1 Abb.

Hersteller: Rivierre Casalis, Orleans, Frankreich. - Beschreibung: Sammelpresse für Zapfwellenantrieb. - Techn. Daten: Masse 1450 kg; Arbeitsbreite 1,39 m; Preßkanal, Breite x Höhe 78 x 30 cm. - Prüfungsergebnisse: Die Maschine wurde als Sammelpresse und im stationären Betrieb eingesetzt. Die max. Leistung beim Pressen von Heu aus dem Schwad mit einem Wassergehalt von 35-45 % betrug ca. 15 t/h, von Reuter mit 20 % 10 t/h, unter Praxisbedingungen 3-5 t/h bzw. 3-4 t/h. Beim Pressen von Stroh betrug die max. Leistung ca. 9 t/h, unter Praxisbedingungen 3-4 t/h. Zum Antrieb wird ein 35-50-PS-Schlepper benötigt.

L.Machler. 5215f.

1-64/02-0339 F i n n - K e l c e y, Peter. New ways with hay in the U.S.A. Free flowing from field to cow. (Neue Wege der Heuernte in den USA. Die geschlossene Arbeitskette vom Feld zur Kuh.) - Pract.Power Farming 30 (1963) Nr.5. S.17. - 2 Abb., 2 Schemata.

Obgleich die Ballen-Heuernte in Kalifornien weit mechanisiert ist, sind die

Gesamtkosten für die Einbringung des Luzerne-Heues vom Schwad bis zur Kuh zu hoch. Deshalb wurde ein Ladegerät entwickelt, das gestattet, das Heu, in kleine Würfel gepreßt, bis zur Kuh zu bringen. Vf. beschreibt dieses neue Ladegerät. Auf die Einsatzmöglichkeiten wird hingewiesen. Eine Weiterentwicklung ist erforderlich, damit dieses vielversprechende Gerät auch bei der Aufnahme von feuchterem Heu eingesetzt werden kann. Die Kantenlänge der Heuwürfel beträgt 1 1/4". Das so gepreßte Heu benötigt die Hälfte des Speicherraumes von normalem Ballenheu. Die Preßlinge ermöglichen den Transport und die Fütterung ohne Handarbeit. G. Reumschüssel. 5215f.

1-64/02-0340 P a r a š k e v o v, I. Nov način za sušene ljucernovo seno. (Ein neues Trocknungsverfahren für Luzerneheu.) - Mechanizacija i elektrifikacija na selskoto stopanstvo, Sofija 12 (1962) Nr.2. S.16-18. - 5 Abb.
Beschreibung einer Stengelquetschmaschine. 5215h.

1-64/02-0341 K a š u t i n, V. Agregatirovanie traktornych volokuš na uborke solomy i sena. (Verwendung von Traktor-Aufnahmegabeln bei der Ernte von Stroh und Grüngut.) - Sel'skoe chozjajstvo Tadžikistana, Dušanbe 16 (1962) Nr.7. S.44-45. - 1 Schema.
Gabelstabler haben sich bei der Ernte von voluminösem Futter, beim Verladen und Transport desselben gut bewährt. Sie wurden ebenfalls zur Reinigung von Feldern erfolgreich eingesetzt. Ihre ausgezeichnete Manövrierfähigkeit und vielseitige Einsatzmöglichkeit sprechen für ihre Anwendung. Die einfache Konstruktion der Aufnahmegabel ermöglicht eine schnelle Reparatur auch in kleineren Werkstätten. In einem Schema wird die Aufnahmegabel mit einem Schlepper dargestellt. Vf. gibt Hinweise für die Herstellung von Gabeln. Der Anbau einer Aufnahmegabel an einen Traktor ist beschrieben. Es wurde festgestellt, daß sich die Vergrößerung des Gabelgewichtes nachteilig auf die Arbeitsweise und Manövrierfähigkeit auswirkt.
G. Reumschüssel. 5215i.

1-64/02-0342 A n o n y m. Eicher-Rekordlader "Pick up" Typ AH 54 - DLG-Prüfbericht. - DLG-Maschinenprüfber. Nr.735. Gr.7 e/6. (1962) S.1-6. - 1 Abb., 1 Tab.
Hersteller: Gebr. Eicher, Dingolfing/Isar. 5215i.

1-64/02-0343 A n o n y m. John Deere-Lanz Heu- und Graslader "SL 160" - Prüfbericht IMA/Brugg. - Schweiz. Inst. Landmaschinenwes. u. Landarbeitstechn. Brugg (Aargau), Prüfber. Nr.Ep 1179. (1963) 6 S. - 1 Abb.
Hersteller: John Deere-Lanz AG, Mannheim. 5215i.

1-64/02-0344 D e n c k e r, C.H. Erntearbeitsketten im Körnerfruchtanbau. - Arch. dtsch. Landwirtsch.-Ges. 30 (1962) S.43-59. - 7 Abb., 2 Tab.
Die Arbeitsketten bei Getreide und Körnermais werden vom Blickpunkt westdeutscher Produktionsbedingungen beurteilt. Etwa 90000 Mähdrescher ernten 40-50 % der Getreideflächen; Hofdrusch und Schwadhäckseldrusch zeigen rückläufige Tendenzen. Die Überlegenheit von selbstfahrenden Mähdreschern gegenüber gezogenen zeigt sich nur im überbetrieblichen Einsatz (Lohndrusch). Als bes. Schwerpunkt gilt die Körnertrocknung auf hofeigenen Belüftungsanlagen, da etwa 60 % der Ernte in den Betrieben bleibt. Für die rationelle Ausnutzung von Warmluft-Körnertrocknern sind in feuchten Erntejahren Belüftungsanlagen als Puffer zur Zwischenlagerung wertvoll, die Kapazität der Warmluftanlagen kann dadurch auf das Dreifache erhöht werden. Die Strohber-

gungskette befriedigt weder als Häckselkette noch als Langgut- oder Preßgutkette, weil im Vergleich zur Körnerkette ein ungleich höherer Aufwand an Arbeit und Investitionen erforderlich ist. Der Verzicht auf Strohbergung gilt als Endlösung. Ernte und Trocknung von Mais werden kurz behandelt.

W.Horn. 5220b.

1-64/02-0345 I z a k s o n, Ch.I. K voprosu o trechfaznom sposobe uborki urožaja. (Zur Dreiphasen-Getreideernte.) - Traktory i sel'chozmašiny, Moskva 33 (1963) Nr.5. S.21-24. - Aus: Dok.-Dienst ILT 1963 Nr.8.

Untersuchung der Rentabilität der Dreiphasen-Erntetechnologie im Vergleich zum Mähdrusch. Gegenüberstellung der Leistungsfähigkeit der für die jeweiligen Verfahren eingesetzten Maschinenaggregate und technisch-ökonomische Berechnungen (Betriebskosten, Arbeitsaufwand in AKh, spez. Materialeinsatz, Leistungsaufnahme und Arbeitskräftebedarf) für beide Verfahren. Feststellung anhand von Prüfungswerten bei Dreiphasenernte: 1) Arbeitsaufwand nicht geringer; 2) Arbeitskräftebedarf um das 3fache höher. 3) Materialeinsatz um das 3fache und Erntekosten um das 2,2fache höher. 5220b.

1-64/02-0346 F a b r y, A. Uplatnění nové technologie sklizně řepky. (Einführung einer neuen Technologie der Rapsernte.) - Za vysokou úrodu 11 (1963) Nr.5. S.165. - 1 Abb., 2 Tab.

Im Jahre 1962 wurden 86 % der Winterrapssaatfläche der ČSSR mit den Mähdreschern geerntet. In den letzten Jahren wird außer der direkten Kombiernte auch die Zweiphasenernte eingeführt. Die letztere besitzt im Vergleich mit der direkten Mähdrescherernte den Vorzug, daß der Bestand um 7-14 Tage früher geerntet wird und das Korn trocken ist, ohne daß der Bestand vor der Mahd umständlich getrennt werden muß. Bei ständig nassem Wetter ist dagegen bei der Zweiphasenernte die Gefahr der Herabsetzung der Samenqualität größer. Die direkte Ernte ist bei unbeständigem Wetter, die Zweiphasenernte dagegen bei dünnen Beständen und bei anhaltend gutem Wetter am Platze. Gegenüber der Mähbinderernte war der Ertrag der direkten Ernte um 3,22 dt/ha höher, bei der Zweiphasenernte um 1,74 dt/ha, die Ersparnis an Erntekosten betrug bei der direkten Ernte 169,17 Kčs, bei der Zweiphasenernte 274,28 Kčs, die Ersparnis an menschlicher Arbeit erreichte bei der direkten Ernte 14,20 AKh und bei der Zweiphasenernte 23,34 AKh gegenüber der Mähbinderernte.

ČSSR/ÚVTI. 5220b.

1-64/02-0347 V o r o b'e v, V.M. Ispytanija novych širokozachvatnych mašin dlja uborki chlebov. (Prüfung neuer Schwadmäher mit großer Arbeitsbreite.) - Mechanizacija i ėlektrifikacija socialističeskogo sel'skogo chozjajstva, Moskva 21 (1963) Nr.1. S.53-56. - 3 Abb., 2 Schemata, 2 Tab.

1962 wurden folgende Getreideerntemaschinen geprüft: Anbau-Schwadmäher "ŽVN-7-14" mit 7 m Arbeitsbreite und drehbarem Förderer, der es ermöglicht, von einem 14 m breiten Mähstreifen nur ein Schwad zu bilden; Anbau-Schwadmäher "ŽA-14N" mit Front- und Seitenmähwerk von insgesamt 14 m Arbeitsbreite, Bildung von 1 oder 2 Schwaden; Anbau-Schwadmäher "ŽV-15" mit 2 Front-Mähwerken; Zusatzvorrichtung zum Anbau-Schwadmäher "ŽVN-6" zum Bilden von Doppeltschwaden. Die Mähleistung je m Arbeitsbreite beträgt beim Schwadmäher "ŽVN-6" 5,7 ha/Schicht, beim Schwadmäher "ZA-14N" 3,8 ha/Schicht. Der auf die Kampagneleistung bezogene Metallaufwand beider Maschinen ergibt 2,3 bzw. 3,9 kg/ha. In 2 Tab. bringt Vf. techn. und wirtschaftliche Daten der 4 Maschinen und geht auf die Mängel der Haspeln und Förderer ein. Alle Maschinen werden an Mähdrescher angebaut. W.Balkin. 5220c.

1-64/02-0348 B o j a d ž i e v, P. und T e r z i e v, Ch. Izsledvane na snopovrŭzvačkata VV-cl-2,1 pri rabota na nakloneni tereni v Salkanskite rajoni. (Untersuchung des Mähbinders "VV-cl-2,1" beim Betrieb auf Hängen im Gebirgsgelände.) - Naučni trudove. Visš selskostopanski institut "Vasil Kolarov". Agronomičeski fakultet, Plovdiv 11 (1962) Nr.1. S.251-261. - 4 Abb., 9 Tab. Zus. in Russ., Dtsch. 5220d.

1-64/02-0349 F e i f f e r, P. Technische, organisatorische und betriebswirtschaftliche Maßnahmen für eine erfolgreiche Druschfruchternte. - Landtechn.Inform. 1963 Nr.6. S.139-148. - 14 Abb., 1 Diagr., 7 Tab., 5 Lit. Aus: Dok.-Dienst ILT 1963 Nr.8.

Gründliche Auseinandersetzung mit den im Jahre 1962 bei der Mähdruschernte aufgetretenen Problemen: Vorbereitung des Mähdreschers zum Einsatz, Festlegung von Ernteverluststandards und Schnellbestimmungsmethode der Verluste, optimale Mähdruscheinstellwerte, Verlustsenkung durch verbesserten Schwadwalzenantrieb. Hinweise für den Einsatzzeitpunkt und die Schwadwalzengeschwindigkeit. 5220e.

1-64/02-0350 P e t k o v, Andon; Plowdiw, Bulgarien, Höheres Landwirtsch. Kolarow-Inst. Po vŭprosa za izpolzuvane na zŭrnokombajnite v MTS. (Po materiali na MTS - Plovdivski okrŭg.) (Zur Frage des Mähdreschereinsatzes in MTS - nach Materialien der MTS im Bezirk Plowdiw.) - Naučni trudove. Visš selskostopanski institut "Vasil Kolarov", Plovdiv 10 (1961) S.131-148. - 5 Diagr., 9 Tab., 10 Lit. Zus. in Russ., Dtsch. 5220e.

1-64/02-0351 A n o n y m. Mähdrescher. - Techn.u.Landwirtsch. 15 (1963) Nr.13. S.308-309. - 1 Tab. Aus: Dok.-Dienst ILT 1963 Nr.9.

Darstellung der techn.Daten über Mähdrescher nach Firmenangaben. Stand: Juli 1963. Es werden Mähdrescher der Hersteller Bautz, Claas, Dechentreiter, Deere-Lanz, Droningborg, Fahr, Fella, JF, JHC, Ködel & Böhm und Massey-Ferguson beschrieben. 5220e.

1-64/02-0352 A n o n y m. The giant is coming. (Der Gigant-Mähdrescher kommt.) - Pract.Power Farming 29 (1962) Nr.4. S.37. - 1 Abb.

Von der Bamford Ltd. wird ein neuer Groß-Mähdrescher ausgeliefert, der als größter Mähdrescher Europas ausgegeben wird. Der "Land-Lord"-Mähdrescher ist mit einem 105-PS-Dieselmotor ausgerüstet und hat zur Zeit ein hydraulisch betätigtes Schneidwerk von 4,25 m. Später sollen Schneidwerke von 5,50 m und 7,30 m folgen. Der Kornbunker faßt einen Inhalt von etwa 2,5 m^3. Die Dreschtrommel hat eine Länge von 1,27 m und einen Dmr. von 0,61 m und ist mit 8 Schlagleisten versehen. Als Reifengrößen werden die Dimensionen 15-30 und 10-18 verwendet. Die Flächenleistung wird mit max. 2 ha/h und die Mengenleistung mit 10 t/h angegeben. K.H.Schulte. 5220e.

1-64/02-0353 A n o n y m. Kompletterande prov med Självgående skördetröska Aktiv M 103 med 14 fot skärbord. (Selbstfahrender Mähdrescher "Aktiv M 103" mit 14 Fuß Mähwerk - Staatlicher Maschinenprüfbericht Ultuna.) - Statens Maskinprovningar, Medd. Nr.1632. (1963) S.1-4. - 1 Abb., 1 Tab.

Hersteller: Werkhuizen Leon Claeys P.V.B.A., Zedelgem, Belgien. - Techn. Daten: Zylinderlänge 100 cm, Schnittbreite 412 cm, Gesamtbreite 4,58 m, Gesamthöhe 3,73 m, bei aufgerichtetem Entleerungsrohr 3,94 m, Masse 5530 kg, Bereifung 18.4-30 vorn, 10.00-12 hinten, Masseverteilung bei gefülltem Kornbunker (Weizen), vollem Kraftstofftank und mit Fahrer - rechtes Antriebsrad 2810 kg, linkes 2860 kg, Lenkung 1070 kg. - Prüfung: Gute Arbeitsleistung auch bei stark lagerndem Getreide auf festem und moorigem Boden. Die große Arbeitsbreite ermöglicht die volle Ausnutzung der Kapazität bei einer Geschwindigkeit von 6 km/h bei Erträgen von 29 dt/ha und mehr. Die Leistung betrug 65-70 dt/h Körner. Die Maschine läßt sich leicht manövrieren und lenken.

E.Kahn. 5220e.

1-64/02-0354 A n o n y m. Bogserad skördetrösla, Vety 5 fot. (Mähdrescher "Vety 5 fot" als Anhängegerät - Staatlicher Maschinenprüfbericht Ultuna.) - Statens Maskinprovningar, Medd. Nr.1657. (1963) S.1-7. - 1 Abb., 1 Tab.
Hersteller: AIS Vestjyden Landbrugsmaskiner, Lemvig/Dänemark. - Techn. Daten: Arbeitsbreite 146 cm; Zylinderlänge 118 cm; Länge 6,50 m; Breite 2,80 m (Transport), 4,20 m (Arbeit); Höhe 2,90 m; Gebläsesiebe 93 x 74 cm (oben), 92,5 x 72,5 cm (unten); Masse 1880 kg; Zapfwellenantrieb. Verwendungszweck: Ernte von Weizen, Roggen, Gerste, Hafer, Raps. Leistung: 30 dt/h Körner. Körnerbunker für ca. 18 hl wird bei voller Füllung in 2-2,5 Min. entleert.

E.Kahn. 5220e.

1-64/02-0355 A n o n y m. Självgående skördetröska Bolinder-Munktell S-1000. (Mähdrescher Bolinder-Munktell "S-1000" - Staatlicher Maschinenprüfbericht Ultuna.) - Statens Maskinprovningar, Medd. Nr.1592. (1962) S.1-7. - 1 Abb., 1 Tab.
Hersteller: AB Bolinder-Munktell, Eskilstuna. 5220e.

1-64/02-0356 A n o n y m. Självgående skördetröska Aktiv M 2 S. (Mähdrescher "Aktiv M 2 S" - Staatlicher Maschinenprüfbericht Ultuna.) - Statens Maskinprovningar, Medd. Nr.1593. (1962) S.1-7. - 1 Abb., 1 Tab.
Hersteller: AB Westeråsmaskiner, Morgongåva. 5220e.

1-64/02-0357 A n o n y m. Självgående skördetröska Aktiv M 103. (Mähdrescher "Aktiv M 103" - Staatlicher Maschinenprüfbericht Ultuna.) - Statens Maskinprovningar, Medd. Nr.1594. (1962) S.1-7. - 1 Abb., 1 Tab.
Hersteller: Werkhuizen Leon Claeys P.V.B.A., Zedelgem, Belgien. 5220e.

1-64/02-0358 A n o n y m. Självgående skördetröska Sampo, typ 792 LP. (Mähdrescher Sampo, Typ "792 LP" - Staatlicher Maschinenprüfbericht Ultuna.)- Statens Maskinprovningar, Medd. Nr.1595. (1962) S.1-6. - 1 Abb., 1 Tab.
Hersteller: W. Rosenlew & Co. O.Y., Björneborg, Finland. 5220e.

1-64/02-0359 A n o n y m. Självgående skördetröska Claas Columbus. (Mähdrescher Claas "Columbus" - Staatlicher Maschinenprüfbericht Ultuna.) - Statens Maskinprovningar, Medd. Nr.1596. (1961) S.1-7. - 1 Abb., 1 Tab.
Hersteller: Gebr. Claas Maschinenfabrik G.m.b.H., Harsewinkel, Västtyskland.

5220e.

1-64/02-0360 A n o n y m. Självgående skördetröska Claas Matador. (Mähdrescher Claas "Matador" - Staatlicher Maschinenprüfbericht Ultuna.) - Statens Maskinprovningar, Medd. Nr.1603. (1962) S.1-7. - 1 Abb., 1 Tab.
Hersteller: Gebr. Claas Maschinenfabrik G.m.b.H., Harsewinkel, Tyskland.

5220e.

1-64/02-0361 A n o n y m. Självgående skördetröska Claas Europa. (Mähdrescher Claas "Europa" - Staatlicher Maschinenprüfbericht Ultuna.) - Statens Maskinprovningar, Medd. Nr.1604. (1962) S.1-7. - 1 Abb., 1 Tab.
Hersteller: Gebr. Claas Maschinenfabrik G.m.b.H., Harsewinkel, Tyskland.

5220e.

1-64/02-0362 A n o n y m. Beproeving Claas matador maaidorser. (Claas Mähdrescher "Matador" - ILR-Prüfbericht Wageningen.) - Inst.Landbouwtechn. Rationalisatie Wageningen, Bull. Nr.222. (1963) S.1-3. - 2 Abb., 10 Tab.
Hersteller: Gebr. Claas Maschinenfabrik G.m.b.H., Harsewinkel. - Beschreibung: Der Claas "Matador" ist ein selbstfahrender Mähdrescher, geprüft wurde eine 12-ft.-Maschine mit Getreidebunker. - Techn. Daten: Masse ca. 5100 kg; Antrieb durch einen 6-Zylinder-Dieselmotor mit 87 PS von Perkins oder Ford. Dreschtrommel: Breite 125 cm, Dmr. 45 cm, Drehzahl stufenlos verstellbar von 650-1400 U/min. - Prüfungsergebnisse: In der Praxis kann bei Getreide mit Leistungen von 4000-6000 kg/h oder 0,8-1,2 ha/h gerechnet werden. Der Getreidebunker ist mit 21,5 hl Inhalt der Leistungsfähigkeit des Mähdreschers angepaßt und kann in 2 Min. entleert werden. Der Kraftstoffverbrauch beträgt 10-12,5 l/h. L.Machler. 5220e.

1-64/02-0363 K l i n n e r, W.E. und H e p h e r d, R.Q. The Claas 106 combine-harvester. (Mähdrescher Claas "106" - N.I.A.E.-Test.) - Nat.Inst. agric.Engng., Rep.on Test Nr.310. (1962) S.1-15. - 2 Abb., 9 Tab.
Hersteller: Gebr. Claas, G.m.b.H., Harsewinkel, Westphalia, Germany.
5220e.

1-64/02-0364 A n o n y m. Mähdrescher Claas "Columbus" - DLG-Prüfbericht. - DLG-Maschinenprüfber. Nr.737. Gr.7 b/16. (1962) S.1-4. - 1 Abb., 4 Tab.
Hersteller: Gebrüder Claas, Maschinenfabrik GmbH., Harsewinkel/Westf.
5220e.

1-64/02-0365 A n o n y m. Mähdrescher Claas "Europa" - DLG-Prüfbericht. - DLG-Maschinenprüfber. Nr.738. Gr.7 b/17. (1962) S.1-14. - 1 Abb., 4 Tab.
Hersteller: Gebrüder Claas, Maschinenfabrik GmbH., Harsewinkel/Westf.
5220e.

1-64/02-0366 A n t i p i n, V.G.; Forsch.-Inst. für Mechanisier. und Elektrifizier. des Nordwestens. Opredelenie propusknoj sposobnosti zernouboročnych kombajnov. (Bestimmung des Mähdrescherdurchsatzes.) - Mechanizacija i ėlektrifikacija socialističeskogo sel'skogo chozjajstva, Moskva 21 (1963) Nr.1. S.14-17. - 2 Diagr., 2 Lit.
Vf. stellt umfangreiche theoretische Betrachtungen an und entwickelt Ausdrücke für folgende Begriffe: praktisch möglicher und theoretischer Durchsatz, errechnet nach den techn. Daten des Mähdreschers und nach den agrotechn. Daten des Feldes, Regelungsbereich der Fahrgeschwindigkeit bei konst. Arbeitsbreite, Gehalt des Erntegutes an feuchtem Korn, Belastung des Mähdreschers durch Stroh, Gewicht des Erntegutes im Augenblick der Ernte beim Mäh- und beim Schwaddrusch, Verhältnis zwischen der theoretisch möglichen Mähdrescherleistung beim Mäh- und beim Schwaddrusch u.a.m. Den praktisch möglichen und den theoretischen Durchsatz vergleicht Vf. in einem Diagr. für die Abhängigkeit des Durchsatzes vom Korngehalt des Erntegutes. Abschließend bringt er ein Nomogr., mit dem bei bekannter Korn- und Halmfeuchtigkeit im Augenblick der Ernte, bekanntem theoretischem Ertrag in dt/ha und vorgegebenem Mähdrescherdurchsatz bei normaler Feuchtigkeit in kg/s die tatsächliche Menge des Erntegutes in dt/ha, der praktisch mögliche Mähdrescherdurchsatz in kg/s sowie die Mähdrescherleistung in dt/h und ha/h ermittelt werden können. W.Balkin. 5220e.

1-64/02-0367 V a ž e n i n, A.N. K voprosu o postupatel'noj skorosti dviženija samochodnych kombajnov na podbore balkov. (Zur Fahrgeschwindigkeit selbstfahrender Mähdrescher bei der Schwadaufnahme.) - Traktory i sel'chozmašiny, Moskva 33 (1963) Nr.6. S.23-25. - 4 Diagr., 2 Tab. Aus: Dok.-Dienst ILT 1963 Nr.8.

Untersuchung der Auswirkung der Fahrgeschwindigkeit auf Dreschwerksauslastung, Körnerverluste und Leistungsbedarf des Motors bei Aufnahme und Drusch von verschieden starken mit den Mähmaschinen "ZRB-4,9", "ZVN-10" und "ŽVN-6" abgelegten Schwaden. Ergebnis: 1) Geschwindigkeitserhöhung bei Aufnahme kleinerer Schwade nachteilig (hoher Leistungsbedarf, ungenügende Auslastung de Dreschwerkes usw.); 2) optimale Fahrgeschwindigkeit 4-5 km/h bei Aufnahme von Schwaden, deren Größe 3,5-4,5 kg/m beträgt; 3) günstigste Ergebnisse mit Mähmaschine "ŽVN-10" (Ablage von Doppelschwaden aus 10-15 m breitem Mähschwad oder bei Anbau an Mähdrescher Schwadablage bei Hin- und Herfahrt).
5220e.

1-64/02-0368 F e i f f e r, R. Die Regelung der Schwadwalzendrehzahl. - Dtsch.Agrartechn. 13 (1963) Nr.4. S.151-155. - 7 Abb., 2 Tab., 6 Lit.

Möglichkeiten zur Anpassung der Umfangsgeschwindigkeit der Schwadwalze an die jeweilige Fahrgeschwindigkeit des Pick-up-Dreschers: 2stufige Drehzahlvariierung, Drehzahländerung durch stufenlose Schaltung, Antrieb durch Bodenrad, Kettenantrieb vom Triebrad, getriebegebundener Antrieb. Als volkswirtschaftlich günstigste Lösung wird der wegegebundene Antrieb bezeichnet.
5220e.

1-64/02-0369 B o g d a n o v a, L.I., L e b e d e v, V.N. und P a r a d e ž e n k o, K.D. Eksperimental'naja ocenka izmenčivosti parametrov rabočich organov kombajna v zavisimosti ot zagruzki ich chlebnoj massy. (Untersuchung der Arbeitswerkzeuge des Mähdreschers auf ihre Verwendbarkeit zur Messung der Erntegutzufuhr.) - Naučnye trudy. Elektrifikacija sel'skogo chozjajstva. Vsesojuznyj naučno-issledovatel'skij institut elektrifikacii sel'skogo chozjajstva (VIESCh), Moskva 10 (1961) S.141-146. - 1 Diagr., 4 Schemata, 1 Tab., 1 Zeichn.

Eine strittige Frage bei der Automatisierung der Getreidezufuhr zum Dreschwerk der Mähdrescher ist die Wahl des Arbeitswerkzeuges, das auf die Änderung der Getreidezufuhr am empfindlichsten reagiert. Zur Klärung dieser Frage wurde vom Lab. für Elektrifizier. der Feldwirtsch. gemeinsam mit dem Konstruktionsbüro des Landmaschinenwerkes in Rostow ein Mähdrescher mit folgenden Meßgebern ausgerüstet: am unteren Trum des geneigten Fördertuches zum Messen des Drehmomentes der Fördertuch-Antriebstrommel, an der Förderwalze über dem Fördertuch zum Messen der Dicke der Erntegutschicht und am Dreschkorb zum Messen der vom Dreschgut auf den Dreschkorb ausgeübten Kraft. Auf ebenem Boden wurden Schwaden von 30 m Länge ausgelegt und die Angaben der Meßgeber bei der Aufnahme dieser Schwaden mit einem Oszillographen registriert. Der Mähdrescher fuhr dabei im 1. und 2. Gang bei einer Aufnahme von 2-4 kg/s. Nach den aufgenommenen Werten wurde ein Diagr. gezeichnet, das für die 3 Meßgeber die Abhängigkeit des Verhältnisses zwischen den Ausschlägen bei Belastung und Leerlauf von der Zufuhr angibt. Vff. formulieren abschließend ihre Anforderungen an die für die Messung der Zufuhr in Betracht kommenden Arbeitswerkzeuge und begründen ihre Ansicht, nach der die Messung des Drehmomentes der Antriebswalze des geneigten Fördertuches das geeignetste Verfahren für die Kontrolle der Zufuhr ist.
W.Balkin. 5220e.

1-64/02-0370 P u g a č e v, A.N. und B y k o v, V.V.; Zentr.Maschinenprüfstat. Vibrobunker zernouboročnogo kombajna KPN-2. (Vibrationsbunker des Mähdreschers vom Typ "KPN-2".) - Traktory i sel'chozmašiny, Moskva 32 (1962) Nr.11. S.21-22. - 1 Schema, 1 Tab.

Der prinzipielle Unterschied zwischen einem Vibrationsbunker und einem normalen mit Schnecke besteht darin, daß die Getreidemasse infolge der Vibration von selbst aus dem Bunker fließt und keine mechanischen Hilfsmittel erforderlich sind. Der Vibrationsbunker hat folgende Vorteile: Getreide von beliebiger Feuchtigkeit fließt aus ihm; er ist einfacher in der Konstruktion, zuverlässig in der Arbeit und bringt hohe Leistung. Vff. beschreiben die Arbeitsweise des untersuchten Vibrationsbunkers (Schema). Konstruktionsmaße sind angegeben. Die Entleerung des Vibrationsbunkers betrug 17 bis 111 Sek. je nach Art und Feuchtigkeit der Körner. Der Vibrationsbunker wird für alle Getreide-Vollerntemaschinen vorgeschlagen.

G.Reumschüssel. 5220e.

1-64/02-0371 V a s i l e v, K. Analiz na njakoi faktori, vlijaešti vŭrchu rabotata na separiraštite organi na kombajnite. (Analyse einiger Faktoren, die die Arbeit der Mähdrescher-Sichtorgane beeinflussen.) - Izvestija na Instituta po mechanizacija i elektrifikacija na selskoto stopanstvo, Sofija 2 (1962) S.121-142. - 12 Abb., 7 Tab., 10 Lit. Zus. in Russ., Engl.

5220e.

1-64/02-0372 A k s e n t'j a n, K.B., G a l a d ž e v, R.S., M u r a t o v, R.B. und S t r o k o v, S.A. Rasčet pročnosti diskov variatora. (Stabilitätsberechnung der Scheiben eines stufenlosen Keilriemengetriebes.) - Traktory i sel'chozmašiny, Moskva 32 (1962) Nr.11. S.22-24. - 2 Diagr., 4 Schemata.

Beim Einsatz der ersten Getreide-Vollerntemaschinen "SK-3" traten Ausfälle ein, da die mittlere Scheibe des Fahrblockes zerstört wurde. Diese Scheibe ist schematisch dargestellt. Vff. untersuchten die Ursachen der Zerstörung. Sie führten analytische und experimentelle Untersuchungen zur Ermittlung der Scheibenfestigkeit des stufenlosen Keilriementriebes durch. Es sind mathematiscne Ableitungen gegeben. Der Versuchsablauf ist beschrieben. Die wichtigsten Kenndaten sind genannt. Der Versuchsstand ist schematisch abgebildet. Die Hauptbelastung der Scheibe des stufenlosen Keilriementriebes stellt die Achsbelastung vom Riemen dar. Die Konstruktion einer neuen Scheibe ist beschrieben. G.Reumschüssel. 5220e.

1-64/02-0373 P a r m a k o v, D. und P ŭ r v a n o v, P. Proučvane uslovijata za bezopasna elektrificirana vŭršitba. (Untersuchung der Voraussetzungen für eine gefahrlose Elektrifizierung des Drusches.) - Izvestija na Centralnija naučnoizsledovatelski institut po mechanizacija i elektrifikacija na selskoto stopanstvo, Sofija 1 (1961) S.161-176. - 7 Abb., 8 Tab., 9 Lit. Zus. in Russ., Dtsch. 5220k.

1-64/02-0374 A n o n y m. Neue Wege des Getreidetransportes. - Dtsch. landtechn. Z. 14 (1963) Nr.7. S.305-308. 310. - 14 Abb., 2 Tab. Aus: Dok.-Dienst ILT 1963 Nr.8.

Übersicht über die Möglichkeiten für den Körnertransport: 1) Körnerwagen (Plattformwagen, Kipper, Aufsetzbehälter, Aufsetztank, Spezial-Körnertransportwagen mit Überladeschnecke); 2) Annahmestelle (Körnersumpf, versetzbarer Annahmebehälter); 3) Körnerförderer (Becherwerke, Körnergebläse). Zusammenstellung von Richtzahlen für den Körnertransport für unterschiedliche Mähdreschergrößen. Liste der westdeutschen Hersteller von Körnertransportgeräten, Körnergebläsen und Körnerschnecken. 5220m.

1-64/02-0375 B i g s b y, F.W., T h o m p s o n, J.L. und K e m p, J.G. Development of a field flax brake. (Die Entwicklung eines Feld-Flachsbrechers.) - J.agric.Engng.Res. 7 (1962) Nr.3. S.181-184. - 3 Abb.

In Westkanada werden jährlich große Flächen mit Flachs abgeerntet, wobei das Stroh nach der Vollerntemaschine auf dem Felde liegenbleibt. Dieses Stroh dient als Rohmaterial in der Papierherstellung. Nach dem Sammeln muß das holzige Material in den Stengeln von den Fasern getrennt werden. Vff. beschreiben die Konstruktionen eines 1. und 2. Modells, die es gestatten, Flachs auf dem Feld zu brechen und für die Papierindustrie aufzuarbeiten. Die Ergebnisse arbeitswirtsch. Untersuchungen sind angegeben. Die beschriebenen Maschinen sind abgebildet. G.Reumschüssel. 5220o.

1-64/02-0376 G e r a s i m o v, S.A. Universal'nye mašiny dlja uborki kartofelja i sacharnoj svekly. (Mehrzweckmaschinen für die Kartoffel- und Zuckerrübenernte.) - Mechanizacija i ėlektrifikacija socialističeskogo sel'skogo chozjajstva, Moskva 21 (1963) Nr.1. S.5-8. - 1 Abb., 3 Schemata, 1 Tab.

Einzweckmaschinen verursachen hohe Material-, Fertigungs- und Betriebskosten. Da die Kartoffelernte mit der Zuckerrübenernte zeitlich kaum zusammenfällt, kann man Kartoffeln und Zuckerrüben mit der gleichen Maschine ernten. Vf. bespricht kurz die agrotechn. und technol. Voraussetzungen für die Konstruktion einer dafür geeigneten Mehrzweckmaschine. - 1962 begann das Unions-Forsch.-Inst. für Mechanisier. der Landwirtsch. mit der Entwicklung solcher Maschinen. Für die 2reihige Kartoffel-Vollerntemaschine "K-3" wurden 2 Varianten von Zusatzvorrichtungen für die 3reihige Rübenernte konstruiert. Bei der einen Vorrichtung werden Rodescheiben und bei der anderen Rodegabeln verwendet. Ferner wurde eine Zusatzvorrichtung zum Siebketten-Vorratsroder "KTN-2M" entwickelt, die 3 Rodegabeln besitzt. Versuche und Betriebseinsätze ergaben, daß die neuen Mehrzweckmaschinen auch unter schweren Arbeitsbedingungen gut arbeiten.

W.Balkin. 5225.

1-64/02-0377 S p e c h t, A. Mechanische Kartoffelernte - beschädigte Knollen? - Mitt.dtsch.Landwirtsch.-Ges. 78 (1963) Nr.26. S.859-861. - 4 Abb. 5230a.

1-64/02-0378 G e r l s m a, A. Geeft wagenrooien meer beschadiging? (Beschädigungen von Kartoffeln.) - Landbouwvoorlichting 20 (1963) Nr.7. S.369-370.

Während der Vorführung von Vorrats- und Sammelrodern und Transportgeräten wurden Proben zur Untersuchung der Kartoffelbeschädigungen in Abhängigkeit von der Art der Krautabtötung (Krautziehen oder Totspritzen), der Erntemaschine und des Transportes entnommen. Bes. Augenmerk wird auf die Beschädigungen gerichtet, die während des Transportes zum Lager entstehen. Um das Risiko der Pflanzgutbeschädigung einzuengen, wird die Untersuchung folgender Probleme gefordert: Verlauf des "Festwerdens" der Kartoffel nach dem Totspritzen und Krautziehen; Einfluß der Sorte und des Pflanzzeitpunktes auf die Festigkeit; Ermittlung der zulässigen Festigkeit mit Hilfe eines Druckmessers für das maschinelle Roden. L.Machler. 5230a.

1-64/02-0379 K a n d a u l o v, N.M. Pročnost' počvennych sloev kartofel'noj grjadki v period uborki. (Die Festigkeit der Erdschichten des Kartoffeldammes bei der Ernte.) - Traktory i sel'chozmašiny, Moskva 33 (1963) Nr.8. S.33-34. - 3 Diagr. Aus: Dok.-Dienst ILT 1963 Nr.9.

Festigkeitsuntersuchung im Dammquerschnitt bei Böden mit mittlerem Lehmgehalt, Einteilung in Festigkeitszonen sowie Ermittlung des Einflusses der Bodenbearbeitung (Herbst- oder Frühjahrsfurche) auf die Bodenbeschaffenheit im Kartoffeldamm. Feststellung: Schlecht gekrümelte Bodenschichten befinden sich in den untersten Schichten; die Klutenbildung ist bei Frühjahrsfurche geringer; zur Abschwächung der Bodenverdichtung durch die Räder sollten Aggretate mit möglichst geringem Bodendruck verwendet und mehrere Arbeitsgänge zusammengelegt werden. 5230a.

1-64/02-0380 G r e e n, H.C.; Silsoe, Nat.Inst.of Agric.Engng. A clod and yield sampler for potato rows. (Ein Probennehmer für Erdkluten und Ertrag in den Kartoffelreihen.) - J.agric.Engng.Res. 7 (1962) Nr.4. S.281.

Für spezielle Forschungsaufgaben wurde ein Probennehmer konstruiert, der die Bestimmung des Erdklutengehaltes und Kartoffelertrages sowie deren Größenfraktionen ohne größeren Aufwand gestattet. Ein 1reihiger Anbausiebkettenroder ohne 2. Siebkette wurde durch einen Auffangkasten ergänzt. Die im Auffangkasten gesammelte Probe kann auf ein Sortierwerk entleert werden, in dem neben einer kurzen Siebkette zur Feinerdabsiebung Sortierwalzen die Aufteilung in 3 Größenfraktionen übernehmen. Mit einer 4-Personenmannschaft kann eine Probe von 12 lfd. m Dammlänge auf diese Weise in 5 Min. entnommen, sortiert und gewogen werden. K.Baganz. 5230a.

1-64/02-0381 P s e č e n k o v, K. und V e r e š č a g i n, N. Potočnaja uborka kartofelja. (Die Kartoffelernte im Fließband.) - Technika v sel'skom chozjajstve, Moskva 22 (1962) Nr.9. S.11-15. - 4 Abb., 1 Tab.

1961 wurden 3 Maschinensysteme untersucht, die zur Kartoffelgewinnung im Fließband geeignet sind. Der 1. Komplex setzte sich aus folgenden Maschinen zusammen: Vollerntemaschine "KGP-2", Schlepper-Kipphänger "1-PTS-2", Selbstkipper "GAZ-93", Kartoffelsortierung "KSP-20" und Ladegerät "PG-0,5M". Diese Maschinen und ihre Zusammenarbeit sind kurz beschrieben. Der 2. Komplex besteht aus: Vollerntemaschine "K-3", den gleichen Anhängern und Selbstkippern, Kartoffelsortierung "KSP-15" und dem Transportsystem "STCH". Das 3. System entspricht dem 2. ohne das Transportsystem. In Abb. sind die genannten Maschinen dargestellt. Arbeitsaufwand und Kosten je ha und t sind in einer Tab. zusammengefaßt. G.Reumschüssel. 5230b.

1-64/02-0382 O g n e v, G.M. und C h o d y r e v, P.I. Konstrukcija i issledovanie diskovogo botvoudalitelja BD-1 na baze samochodnogo šassi. (Konstruktion und Untersuchung des Scheiben-Krauträumgerätes "BD-1" als Geräteträger-Anbaugerät.) - Trudy Belorusskoj sel'skochozjajstvennoj akademii, Minsk 35 (1961) S.41-49. - 1 Schema, 1 Diagr., 9 Lit.

Vff. schlagen ein neues Arbeitswerkzeug vor, welches als Anbaugerät am Geräteträger "DSŠ-14" allein oder in Verbindung mit anderen Maschinen eingesetzt wird. Bei der konstruktiven Auslegung wurden biol., physikal.-mech. Eigenschaften des zu bearbeitenden Materials in Abhängigkeit vom Reifezustand, der Feuchtigkeit, des Bestandes usw. berücksichtigt. Die Krautzerreißfestigkeit wurde mit 18-50 kp ermittelt. Die Abreißkräfte für die Knollen ergaben 0,68 - 18 kp. Die Reibungskoeffizienten des Erntegutes sind von einer Vielzahl von Faktoren abhängig und werden für polierte, verzinkte Stahloberfläche mit 0,7-0,8 angegeben. Zur Begründung der Schneidwerkkonstruktion wurden verschiedene Schneidsysteme (mit und ohne Gegenschneide) untersucht und eine Begründung der Schnittgeschwindigkeit gegeben. Die einzelnen Einflußfaktoren auf die erforderliche Schneidgeschwin-

digkeit bei Schneidwerken ohne Gegenschneide werden aufgezählt und Gleichungen für deren Ermittlung aufgestellt. Auf experimentellem Wege wurde ermittelt, daß die scheibenartigen Schneidwerke für Schnittgeschwindigkeiten zwischen 15 und 50 m/s zulässig sind. Bei Schneidgeschwindigkeiten unter 15 m/s verringert sich die Arbeitsqualität, während ab 20 m/s der Energiebedarf zur Überwindung der Massenkräfte beträchtlich ansteigt. Vff. beschreiben im weiteren das in der SU patentierte Schneid-Häcksel- und Wurf-Arbeitswerkzeug, ohne jedoch konstruktive Einzelheiten zu erläutern.
H.Ahlgrimm. 5230c.

1-64/02-0383 M a r č e n k o, N.M.; Unions-Forsch.-Inst. für Mechanisier. der Landwirtsch. Vlijanie polimernyh pokrytij lemechov na kačestvo raboty kartofeleuboročnych mašin. (Der Einfluß polymerer Deckschichten von Scharen auf die Arbeit der Kartoffelroder.) - Mechanizacija i elektrifikacija socialističeskogo sel'skogo chozjajstva, Moskva 21 (1963) Nr.2. S.6-8. - 2 Abb., 2 Diagr.

Das Klebenbleiben von Erde auf den Scharen hat zur Folge, daß sich der Boden auf dem Schar staut und Kartoffelverluste bis zu 5 % entstehen. Um den technol. Prozeß der Kartoffelernte zu verbessern, wurde durch Versuche ermittelt, inwieweit mit Deckschichten aus polymeren Stoffen das Klebenbleiben von Erde auf den Scharen unterbunden werden kann. Es wurde untersucht: Kapron (Polykaprolaktan), Fluoroplast (Polymetafluoräthylen), Polyuretan (Polyvinylbutyral). Für die Versuche wurden 4 verschiedene Schare (flach und gewölbt) verwendet. Die Stoffe wurden aufgespritzt oder aufgenietet. Laborversuche ergaben, daß Lehmboden mit 18 % Feuchtigkeit auf den genannten Stoffen in der angeführten Reihenfolge mit 10-17, 5-8, 9-13 und 9-15 kp/cm^2 und auf Stahl mit 10-18 kp/cm^{2}Druckfehlern haftet. In Feldversuchen wurde die Wirkung polymerer Deckschichten bei verschiedenen Neigungswinkeln der Oberflächen und verschiedenen Pfluggeschwindigkeiten untersucht. Die Ergebnisse werden vom Vf. in Diagr. dargestellt. Eine Minderung der Stauung ist festzustellen. Ungelöst ist die Frage der Verschleißfestigkeit der verwendeten Schichten. W.Balkin. 5230d.

1-64/02-0384 A n o n y m. Potatisupptagare Juko. (Siebkettenvorratsroder "Juko" - Staatlicher Maschinenprüfbericht Ultuna.) - Statens Maskinprovningar, Medd. Nr.1608. (1962) S.1-5. - 2 Abb.
Hersteller: Junnilan Konepaja, Mynämäki, Finland. 5230e.

1-64/02-0385 A n o n y m. Potatisupptagare Asa-Lift, typ H. (Kartoffel-Vorratsroder "Asa-Lift", Typ "H" - Staatlicher Maschinenprüfbericht Ultuna.)-Statens Maskinprovningar, Medd. Nr.1651. (1963) S.1-6. - 1 Abb., 1 Tab.
Hersteller: Karlsholte Maskinfabrik, DianaClund, Dänemark. - Beschreibung: Der einreihige Vorratsroder "Asa-Lift" Typ "H" mit Siebkette ist für Zapfwellenantrieb vorgesehen. - Techn. Daten: Masse 325 kg; Siebkette: Gesamtlänge 3,7 m, effektive Länge 1,75 m, Breite 0,47 m, Geschwindigkeit bei 540 U/min der Zapfwelle 2,2 m/s; Spurweite 1,27-1,50 m. - Der Vorratsroder hat sich unter normalen Versuchsbedingungen bewährt. Der Anteil der beschädigten Knollen ist auf steinfreien Böden gering. Die Arbeitsgeschwindigkeit kann ca. 4 km/h betragen. L.Machler. 5230e.

1-64/02-0386 A n o n y m. Prøve med Bucher potetopptaker. (Bucher-Kartoffelvorratsroder - Prüfbericht Vollebekk. - Landbruktekn.Inst

1-64/02-0386 A n o n y m. Prøve med Bucher potetopptaker. (Bucher-Kartoffelvorratsroder - Prüfbericht Vollebekk.) - Landbruktekn.Inst., Vollebekk, Meld. Nr.101. (1960) S.1-6. - 1 Abb., 1 Diagr., 1 Tab.

Der 2reihige Roder arbeitet nach dem Schwingsiebprinzip und hat sich auf siebfähigen Böden bewährt. Siebfläche betrug 1,25 m x 0,90 m = 1,12 m². Verstopfungen der Rode- und Sieborgane durch Stauden und Unkraut traten nicht auf. Die Zudeckverluste und Beschädigungen der Kartoffeln lagen in den üblichen Grenzen. Die Flächenleistung variierte auf mittelschwerem bis leichtem Boden zwischen 10-15 a/h. Am Hang kann mit der Maschine bis zu 17 % Neigung in Schichtlinie gearbeitet werden. Es ist ein Traktor erforderlich, der, je nach Bodenverhältnissen, Fahrgeschwindigkeiten von 0,4-1,5 km/h bei ca. 280 U/min der Zapfwelle entwickeln kann.

G.Müller/Bornim. 5230e.

1-64/02-0387 K r a u s e, Volker. Voraussetzungen und Grenzen für den Einsatz von Lesepersonen an Kartoffelsammelrodern. - Landtechn.Forsch. 13 (1963) Nr.4. S.100-113. - 23 Abb., 12 Tab., 18 Lit. Aus: Dok.-Dienst ILT 1963 Nr.9.

Vf. berichtet über die manuelle Trennung bei der Kartoffelernte mit Sammelrodern und macht Angaben über Knollen- und Beimengungsgemisch sowie Beimengungsanteile. In Kurzzeit- und Dauerversuchen wurde das Leistungsvermögen beim Lesen von Beimengungen ermittelt. Messung der Kreislaufbelastung und Beziehung zwischen Legeleistung und mittlere Arbeitspulsfrequenzdifferenz in Feldversuchen. Aufstellung eines Nomogrammes für die Lesearbeit bei Sammelrodern. 5230f.

1-64/02-0388 S p e c h t, A. Arbeitsergebnisse mit Kartoffelsammelrodern. Lohnunternehmen in Land- u. Forstwirtsch. 18 (1963) Nr.8. S.166-168. 170. - 7 Abb.. 1 Lit. Aus: Dok.-Dienst ILT 1963 Nr.8.

Stand der Technik beim Sammelroden. Überblick über die verschiedenen Verfahren in Abhängigkeit von den Rodebedingungen, die Verschmutzungs- und Beschädigungsgefahren und die unterschiedlichen Einsatzgrenzen. Allg. Ergebnisse und Erfahrungen beim heutigen Sammelroden. Vf. berichtet über Dammaufnahme, Siebleistung, Abtrennung des Krautes, Knollenverluste, Abtrennung der Beimengungen (Steine und Kluten), die Ablage im Sammelbunker, das Roden am Hang und über den Zugkraftbedarf. 5230f.

1-64/02-0389 S i e p m a n, A.H.J.; Wageningen, Inst. voor Landtechn. en Rationalisatie. Terugblik op de landelijke aardappelrooidemonstratie. (Rückblick auf die Vorführung von Kartoffelerntemaschinen 1962.) - Landbouwmechanisatie 14 (1963) Nr.8. S.665-673. - 12 Abb., 4 Tab.

In diesem Bericht von der Vorführung von Kartoffelerntemaschinen im Sept. 1962 in Wilhelminadorp werden nur die Sammelroder berücksichtigt. Insgesamt wurden 16 Typen mit Bunkerrodung oder seitlichem Förderband eingesetzt, deren Konstruktion und Arbeitsweise beschrieben werden. Die Arbeitsgeschwindigkeit der Sammelroder lag zwischen 1,9 und 4,5 km/h und zwar betrug sie im Durchschnitt bei einreihigen Maschinen 2,8 km/h, bei 2reihigen 2,3 km/h. Die Rodeverluste lagen zwischen 439 kg/ha ("DECOV") und 2489 kg/ha ("Amac 3"). Die Kartoffelbeschädigungen können als gering bezeichnet werden.

L.Machler. 5230f.

1-64/02-0390 A n o n y m. Potatisupptagare i schematiska bilder. (Sammelroder in schematischer Darstellung.) - Traktor J. /Stockholm/ 7 (1962) Nr. 12. S.782-788. - 11 Schemata.

Auf der diesjährigen internationalen Ausstellung von Sammelrodern, die in Großbritannien seit 7 Jahren veranstaltet wird, wurden 11 neue Modelle gezeigt. Bei allen Modellen sind die mit den Knollen in Berührung kommenden Metallteile durch Gummi- oder Plastüberzüge verkleidet. - Das Schweizer Fabrikat "Samro spezial" weist die leichteste Konstruktion auf. Die aufgenommene Erde wird in einer Reinigungstrommel abgesiebt, die endgültige Sortierung erfolgt auf einem zentral angeordneten Verlesetisch mit je 1 AK auf jeder Seite. Das westdeutsche Fabrikat "Stoneless" hat 4 langsam rotierende Nylonbürsten, die die Knollen von der Erde und den Steinen trennen. Daneben wird auch das DDR-Fabrikat "E 675" gezeigt. Das brit. Fabrikat "Johnson Twin Major" ist mit seinem Fordson Major als selbstfahrender Sammelroder entwickelt. Eine Vorsortierung erfolgt mit Hilfe von Gummifingern. Das Fabrikat "Johnson Major" weist ein Rodeschar auf, das eine konst. Tiefe einhält. Es folgen die engl. Fabrikate "Tubermatic" (hinter der ersten Siebkette ist ein Walzensatz angeordnet, der das Kartoffelkraut und die Unkräuter ausscheidet), "Massey Ferguson 711" mit schräg gestelltem Scheibenschar und rundem Verlesetisch. Der Sammelroder von "Whitsed R.B. Continental" kann auch beim Wenden roden, wodurch sich die Leistung auf 1,2 ha/Tag erhöht und das engl. Fabrikat "Challenger" ist mit automatischem Stabilisator ausgerüstet und bei "Teagl Mk 9" bestehen die Förderbänder aus Neopren-Nylon und die Rollen aus Gummi mit Nylonbürsten.

E.Kahn. 5230f.

1-64/02-0391 A n o n y m. Potatisupptagare Ekengård, modell 62. (Kartoffel-Sammelroder Ekengård "Modell 62" - Staatlicher Maschinenprüfbericht Ultuna.) - Statens Maskinprovningar, Medd. Nr.1650. (1963) S.1-6. - 1 Abb., 1 Tab.

Hersteller: Ekengårds Maskinfabrik AB, Sölvesborg. - Beschreibung: 1reihiger Sammelroder mit Siebtrommel. Die Kartoffeln gelangen über ein Förderband in einen nebenherfahrenden Wagen. - Techn. Daten: Masse 2185 kg. - Prüfungsergebnisse: Der Anteil der beschädigten Knollen ist auf steinfreien Böden rel. gering. Die Arbeitsgeschwindigkeit kann 4 km/h betragen. Die Flächenleistung liegt bei 0,13 ha/h bei einem Reihenabstand von 65 cm. Für den Antrieb wird ein 30-50-PS-Schlepper benötigt.

L.Machler. 5230f.

1-64/02-0392 A n o n y m. Kartoffelsammelroder "Climax L" - DLG-Prüfbericht. - DLG-Maschinenprüfber. Nr.789. Gr.7f/1. (1962) S.1-6. - 1 Abb.

Hersteller: J.Tirre, Bad Zwischenhahn (Oldb.) - Einreihiger Sammelroder mit Siebtrommel; Dammaufnahme durch 1teiliges Muldenschar; Entfernen des Krautes durch Krautleitstäbe in der Siebtrommel, Krautrutsche, Krautkette; Kartoffelablage im Bunker. - Techn. Daten: Masse 1570 kg; Bunkerinhalt 4,5-6 dt. - Prüfungsergebnisse: Der Sammelroder hat sich auf allen siebfähigen, bes. auf schweren, steinfreien Böden in der Ebene und am Hang bewährt. Der Anteil der beschädigten Knollen ist nur auf steinfreien Böden tragbar, die Flächenleistung zufriedenstellend. Erforderliche Schlepperleistung und Zugkraftbedarf auf leichtem Boden bei 2,5 km/h 16-18 PS und ca. 290 kp, bei 7,5 km/h 27-29 PS und ca. 400 kp. Der Sammelroder wird "DLG - anerkannt". L.Machler. 5230f.

1-64/02-0393 A n o n y m. Kartoffelsammelroder "Heinzelmann" Typ "HB 7" - DLG-Prüfbericht. - DLG-Maschinenprüfber. Nr.790, Gr.7f/2 (1962) S.1-6. - 1 Abb.

Hersteller: "Heinzelmann"-Landmaschinenbau, J.Tielbürger, Oppenwehe u. Fr. Piper oHG, Wehden, Westf. - Einreihiger Sammelroder mit 2 Siebtrommeln; Dammaufnahme durch 2teiliges Muldenschar; Entfernen des Krautes durch in der 2. Siebtrommel eingeschraubte Krautleitstäbe, Krautrutsche; Kartoffelablage im Bunker. - Techn. Daten: Masse 1470 kg; Bunkerinhalt 6,5-8 dt. - Prüfungsergebnisse: Der Sammelroder hat sich auf siebfähigen, humusarmen und steinfreien Böden in der Ebene und am Hang bewährt. Die Flächenleistung ist zufriedenstellend, der Anteil der beschädigten Knollen ist nur auf steinfreien Böden bei ausreichendem Erdpolster tragbar. Erforderliche Schlepperleistung und Zugkraftbedarf auf leichtem Boden bei 2,5 km/h 19-21 PS und ca. 410 kp, bei 4,2 km/h 24 PS und 474 kp. L.Machler. 5230f.

1-64/02-0394 A n o n y m. Kartoffelsammelroder "Hassia" Typ "KRS" und "KRB" - DLG-Prüfbericht. - DLG-Maschinenprüfber. Nr.791. Gr. 7f/3. (1962) S.1-6. - 1 Abb.

Hersteller: A.J. Tröster, Butzbach/Oberhess. - Einreihiger Sammelroder mit Siebrost; Dammaufnahme durch 4teiliges Blattschar; Entfernen des Krautes durch weitmaschige Kratzerförderkette; Kartoffelablage auf einem Absackstand in Säcken oder im Bunker. - Techn. Daten: Masse: "KRB" 1430 kg, "KRS" 1325 kg; Bunkerinhalt 6,5-9,0 dt. - Der Sammelroder hat sich auf allen siebfähigen, bes. auf mittelschweren, zur Klutenbildung neigenden Böden in der Ebene und am Hang bewährt. Die Flächenleistung ist zufriedenstellend, der Anteil der beschädigten Knollen auch auf Böden mit mittlerem Steinbesatz noch tragbar. Erforderliche Schlepperleistung und Zugkraftbedarf auf leichtem Boden bei 2,4 km/h 20-22 PS und ca. 370 kp, bei 3,7 km/h 23-25 PS und ca. 410 kp. Beide Typen werden "DLG-anerkannt". L.Machler. 5230f.

1-64/02-0395 A n o n y m. Kartoffelsammelroder "Luni" mit Bürsten-Steintrenneinrichtung - DLG-Prüfbericht. - DLG-Maschinenprüfber. Nr.792. Gr. 7f/4. (1962) S.1-6. - 1 Abb.

Hersteller: Ludwig Niemeyer KG, Landmaschinenfabrik, Oese, Kr. Iserlohn. - Einreihiger Sammelroder mit Siebketten; Dammaufnahme durch 4teiliges Blattschar; Entfernen des Krautes durch Krautkette; Kartoffelablage im Bunker. - Techn. Daten: Masse 1740 kg; Bunkerinhalt 6-7,5 dt. - Prüfungsergebnisse: Der Sammelroder hat sich auf allen siebfähigen, bes. auf steinigen Böden in der Ebene und am Hang bewährt. Der Anteil der beschädigten Knollen ist auf steinfreien Böden gering, bei hohem Steinbesatz noch tragbar; die Flächenleistung ist zufriedenstellend. Erforderliche Schlepperleistung und Zugkraftbedarf auf leichtem Boden bei 2,5 km/h 17-19 PS und ca. 330 kp, bei 4,2 km/h 20-22 PS und ca. 370 kp. Der Sammelroder wird "DLG-anerkannt".

L.Machler. 5230f.

1-64/02-0396 A n o n y m. Kartoffelsammelroder "Wisent" Typ "SRB" und "SRL" - DLG-Prüfbericht. - DLG-Maschinenprüfber. Nr.793. Gr. 7f/5. (1962) S. 1-6. - 1 Abb.

Hersteller: Gebr. Hagedorn & Co., Landmaschinenfabrik und Eisengießerei, Warendorf i. Westf. - Einreihiger Sammelroder mit Siebkette; Dammaufnahme durch 2teiliges Blattschar; Entfernen des Krautes durch Krautkette mit im Hub verstellbaren Klopfern; Kartoffelablage auf einem Absackstand in Säcke oder im Bunker. Techn. Daten: Masse "SRB" 1530 kg, "SRL" 1438 kg; Bunkerinhalt 5,5-8 dt; Absackstand 2,6 m^2. - Prüfungsergebnisse: Beide Typen des Sammelroders haben sich auf allen siebfähigen Böden in der Ebene und am Hang bewährt. Der Anteil der beschädigten Knollen ist bei mittlerem Steinbesatz noch tragbar, die Flächenleistung zufriedenstellend. Erforderliche Schlepperleistung und Zugkraftbedarf auf leichtem Boden bei 2,5 km/h 20-22 PS und ca. 380 kp, bei 5 km/h 26-28 PS und ca. 430 kp. Die Sammelroder werden "DLG-anerkannt". L.Machler. 5230f.

1-64/02-0397 A n o n y m. Kartoffelsammelroder "Universal" Typ "SBu", "StBu", "SP" - DLG-Prüfbericht. - DLG-Maschinenprüfber. Nr. 794. Gr. 7f/6. (1962) S. 1-7. - 1 Abb.

Hersteller: F. Grimme, Landmaschinenfabrik, Damme i. Oldb. - Einreihiger Sammelroder mit Siebkette; Dammaufnahme durch 2teiliges Muldenschar oder 3teiliges Blattschar; Entfernen des Krautes durch engmaschige, mit Siebstäben und Krautfingern versehene Krautkette; Kartoffelablage auf Absackstand in Säcken oder im Bunker. - Techn. Daten: Masse "SBu" 1770 kg, "StBu" 1919 kg, "SP" 1629 kg; Bunkerinhalt 6-8 dt; Absackstand 3,8 m^2. - Die 3 Typen des Sammelroders haben sich auf allen siebfähigen, bes. auf leichten Böden und bei starkem Kraut und Unkraut in der Ebene und am Hang bewährt. Der Anteil der beschädigten Knollen ist bei der Maschine ohne Steintrenneinrichtung nur auf steinfreien Böden tragbar; die Flächenleistung ist zufriedenstellend. Erforderliche Schlepperleistung und Zugkraftbedarf auf leichtem Boden bei 2,2 km/h 19-21 PS und ca. 390 kp, bei 4,4 km/h 27-29 PS und ca. 720 kp. Die Sammelroder werden "DLG-anerkannt". L.Machler. 5230f.

1-64/02-0398 A n o n y m. Kartoffelsammelroder Typ "K 30 S" - DLG-Prüfbericht. - DLG-Maschinenprüfber. Nr.795. Gr. 7f/7. (1962) S. 1-7. - 1 Abb.

Hersteller: L. Bergmann, Maschinenfabrik, Goldenstedt (Oldb.). - Einreihiger Sammelroder mit Siebkette, Dammaufnahme durch 2teiliges Muldenschar oder 3teiliges Blattschar; Entfernen des Krautes durch engmaschige, mit Siebstäben und Krautfingern versehene Krautkette; Kartoffelablage im Bunker. - Techn. Daten: Masse 1740 kg ohne, 1939 kg mit Steintrenneinrichtung; Bunkerinhalt 5,5-7,5 dt. - Prüfungsergebnisse: Der Sammelroder hat sich auf allen siebfähigen Böden und bei starkem Kraut und Unkraut in der Ebene und am Hang bewährt. Der Anteil der beschädigten Knollen ist bei der Maschine ohne Steintrenneinrichtung bei mittlerem Steinbesatz zu hoch, die Flächenleistung ist zufriedenstellend. Erforderliche Schlepperleistung und Zugkraftbedarf auf leichtem Boden bei 2,5 km/h 17-19 PS und ca. 380 kp, bei 5,8 km/h 31-33 PS und ca. 650 kp. Der Sammelroder wird "DLG-anerkannt".

L.Machler. 5230f.

1-64/02-0399 B a c h m a n n, L., R e i c h e n h e i m, H., S c h i n k e l W. und W i e s n e r, K.; Kleinwanzleben, Inst. für Pflanzenzücht. Moderne Produktionsverfahren des Zuckerrübenanbaues. - Markkleeberger Schriftenreihe (1963) Nr. 5. S. 1-36. - 13 Abb., 10 Tab., 12 Lit.

In 6 kurz gefaßten Abschnitten behandeln Vff. die Ökonomik des Zuckerrübenanbaus, die Herbst- und Frühjahrsbodenbearbeitung, die Aussaat-, Pflege-und Pflanzenschutzmaßnahmen und die Ernte sowie die Organisation des Zuckerrübenanbaus in den soz. Landwirtschaftsbetrieben. Hervorgehoben wird die Bedeutung der Bodenbearbeitung als Voraussetzung handarbeitszeitsparender Arbeitsverfahren. Es wird bes. auf die Beziehungen zwischen Saatbett, Aussaatmethode, Unkrautvernichtung, Einsatz der Technik und erzielbarer Aufwandsenkung verwiesen. Neben einer Aufwandsenkung ist zur Verbesserung der Wirtschaftlichkeit der Ertragserhöhung bes. Aufmerksamkeit zu schenken. Empfehlungen für die Spezialistengruppen schließen die Broschüre ab.

W.Schinkel. 5235a.

1-64/02-0400 H e y d e, H.v.d. Die Mechanisierung der Zuckerrübenernte. - Zuckerrübe 11 (1962) Nr. 5. S. 2-7. - 6 Abb. Aus: Dok.-Dienst ILT 1963 Nr. 8.

Vf. behandelt die bei der mechanisierten Rübenernte auftretenden Probleme, insbes. das "Roden aus der Gare", die Verwendung der geeigneten Erntemaschine (gezogene 2reihige Vollernter, 1- oder 2reihige Selbstfahrer); die Blatternte (Bergung und Transport). Beurteilung der einzelnen Aufladeverfahren mit ihren Arbeitsgeräten. 5235a.

1-64/02-0401 G i l e s, P. Salz half dem Landwirt bei der Einbringung gefrorener Hackfrüchte. - Zucker 16 (1963) Nr. 13. S. 362-363.

Auf leichten Böden in Norfolk (England) konnten bei härtestem Frostwetter noch Rübenvollerntemaschinen eingesetzt werden, wenn Salz auf die Schläge gestreut wurde. Dieses Verfahren wurde angewendet, um eine geplante Maschinenvorführung zu sichern. Je acre wurden 250 kg Viehsalz 24 Std. vor dem Roden gegeben. Auf schweren Böden weist das Salzstreuen nicht ganz so gute Wirkung auf. W.Schinkel. 5235a.

1-64/02-0402 K o r e ń k o v, V.A. Nekotorye napravlenija v razvitii sveklouboročnych kombajnov. (Einige Tendenzen bei der Entwicklung von Rübenvollerntemaschinen.) - Traktory i sel'chozmašiny, Moskva 32 (1962) Nr. 10. S. 27-32. - 1 Diagr., 4 Tab.

Im jetzigen 7-Jahrplan wird in der SU eine erhebliche Erweiterung des Zuckerrübenanbaus vorgenommen. Dies kann aber nur durch die Mechanisierung der Ernte geschehen. Es werden verschiedene technologische Ernteverfahren beschrieben. In 4 Tab. gibt Vf. die Klassifizierung von Krautaufnahmeaggregaten mit Lockerungszinken und dazugehörigen Schneidapparaten an, sowie die Klassifizierung von Arbeitsorganen zum Herausheben der Rüben, Möglichkeiten der Krautabschneidung der noch im Boden steckenden Rüben und dazugehörige Tastorgane und Schneidapparate. In jeder Tab. ist der Typ des jeweiligen Aggregates angeführt, seine Konstruktion beschrieben, das Konstruktionsschema skizziert und die Anwendungsmöglichkeiten sind beschrieben. Die bekanntesten amer., sowjet., engl. und deutschen Maschinen wurden beschrieben.

G.Reumschüssel. 5235f.

1-64/02-0403 S t r o o k e r, E.; Wageningen, Inst. voor Landbouwtechn. en Rationalisatie. Een-of tweerijige bietenrooiers? (Ein- oder zweireihige Rübenroder?) - Landbouwmechanisatie 12 (1961) Nr. 11. S. 806-808. - 3 Abb.

Für den Einsatz 1reihiger Sammelroder sprechen folg. Vorteile: Die Maschinen sind leichter, ihre Einsatzmöglichkeit während der Erntekampagne ist daher größer. Das Verhältnis von reiner Rodezeit zu den Nebenzeiten (Wenden, Wechseln der Wagen, Beheben von Störungen) ist günstiger, es beträgt etwa 70:30. Der Abtransport der Rüben läßt sich besser organisieren. - Es muß damit gerechnet werden, daß die Flächenleistung der 2reihigen Maschine in einer Erntekampagne nicht das Doppelte, sondern nur das 1,5-1,75fache der 1reihigen Maschine beträgt. 5235f.

1-64/02-0404 D e n c k e r, Carl-Heinrich; Bonn, Univ., Inst. für Landtechn. Einmannbedienung bei Rübenerntemaschinen. - Grundlagen d. Landtechn. 1963 Nr. 16. 1. Teil S. 5-9. - 13 Abb.

Bei der Einmannbedienung von Rübenerntemaschinen müssen die Aufgaben des bis jetzt erforderlichen zweiten Mannes teils dem Schlepperfahrer, teils der Maschine, die deshalb weiter zu automatisieren ist, übertragen werden. Hierzu gehören vor allem Steuerungshilfen, wie Spurschar, Führungskufen und an pendelnden Parallelogrammlenkern frei aufgehängte Schare. Prädestiniert für den Einmannbetrieb sind selbstfahrende Maschinen. Wirtschaftlich richtiger scheinen die auf Geräteträgern aufgebauten Maschinen zu sein. Allerdings sind hier die beträchtlichen Rüstzeiten zu beachten. Für alle angeführten Maschinenarten einschließlich der reinen Selbstfahrer sind Anschauungsbilder beigefügt. W.Bohrisch. 5235f.

1-64/02-0405 S t a n d e n, Peter. A practical power farming pictorial guide to modern sugar beet harvesters. (Ein illustrierter Leitfaden der modernen Zuckerrübenerntemaschinen.) - Pract. Power Farming 31 (1963) Nr. 2. S. 6-8. - 14 Abb. Aus: Dok.-Dienst ILT 1963 Nr. 9.

Kurze Charakteristik von Maschinen folg. Firmen: Catchpole, Standen, Armer (Irland), Dyson, Holbaek (Dänemark), Stanhay, John Salmon, Vicon, Stoll, Gloster. Techn. Daten und Materialdurchlaufskizzen. 5235f.

1-64/02-0406 N a s t e n k o, N. und V a s i l e n k o, I.; Ukrain. Forsch.-Inst. für Mechanisier. und Elektrifizier. der Landwirtsch. Avtomatičeskoe ustrojstvo dlja voždenija sveklokombajna. (Vorrichtung zur automatischen Lenkung der Rüben-Vollerntemaschine.) - Technika v sel'skom chozjajstve, Moskva 23 (1963) Nr. 2. S. 73-76. - 2 Diagr., 3 Schemata.

Das Sonderkonstruktionsbüro des Dnepropetrowsker Werkes für Landmaschinenbau hat eine neue Vorrichtung für die automatische hydraulische Lenkung von Rüben-Vollerntemaschinen entwickelt. Die Vorrichtung besteht aus einem hydraulischen Verstärker, dessen Masse nur 16 kg beträgt. Ein die Pflanzen abtastendes Werkzeug bewegt einen Schieber, der den Ölzufluß zu einem Steuerzylinder des Verstärkers regelt. Der Kolben des Steuerzylinders lenkt über die Kolbenstange den Rahmen der Vollerntemaschine mit den Rübenaushebern in der gleichen Richtung, in der sich das Tastwerkzeug bewegt hat. Das Lenksystem reagiert bereits, wenn der Taster um ± 25 mm abgelenkt wird. Die Rübenverluste werden um 35-50 % gesenkt. W.Balkin. 5235f.

1-64/01-0407 B r u s i l o v s k i j, Ju. O rezul'tatach tenzometrirovanija sveklouboročnogo kombajna. (Ergebnisse von Spannungsmessungen an der Rübenvollerntemaschine.) - Traktory i sel'chozmašiny, Moskva 33 (1963) Nr. 6. S. 28-30. - 3 Schemaskizzen, 3 Tab. Aus: Dok.-Dienst ILT 1963 Nr. 8.

Experimentelle Bestimmung der Drehmomente und Spannungen in einigen Baugruppen und Maschinenteilen der Rübenvollerntemaschine "SKEM-3G" im Leerlauf und unter Last. Ermittlung der energetischen Kennziffern und Untersuchung, ob eine weitere Verringerung ihrer Masse möglich ist. Drehmomentenmessung an Gelenkwelle, Antrieb der Köpfwerkzeuge, Krautelevator u.a. - Spannungsmessung an Elementen des beweglichen und des Hauptrahmens. Ergebnis: 1) Durchschnittliche Zugkraft im Einsatz 650 kp, durchschnittliche Zughakenleistung (3reihige Maschine) 10,4 PS, Gesamtleistungsaufnahme 26,2 PS; 2) max. Leistungsbedarf an Greiferketten (3,2 PS im Leerlauf, bis zu 8,2 PS unter Last); 3) Wellenüberlastung bei Anlassen; 4) Verringerung der Masse der "SKEM-3G" um 80-100 kg ist möglich. 5235f.

1-64/02-0408 M e l ' n i k, D.K.; Ukrain. Maschinenprüfstat. Ob ugle naklona transportera sveklopogruzčika SNT-2,1 A. (Über die Neigung des Rübenförderers "SNT-2,1A.) - Mechanizacija i ėlektrifikacija socialističeskogo sel'skogo chozjajstva, Moskva 21 (1963) Nr. 1. S. 48. - 1 Schema, 1 Diagr.

Vf. errechnet an Hand eines Kräfteplantes die Abhängigkeit der zulässigen Neigung eines rostförmigen Stabförderbandes für die Rübenförderung in Abhängigkeit vom gegenseitigen Abstand der Stäbe und dem Rübendurchmesser und bringt ein Diagr., aus dem zu ersehen ist, wie stark das Förderband bei unterschiedlichem Rübendurchmesser geneigt werden darf, ohne daß die Rüben über die Förderbandstäbe nach unten rollen. W.Balkin. 5235h.

1-64/02-0409 G a l e n k o, M. ; Ukrain. Forsch.-Inst. für Mechanisier. und Elektrifizier. der Landwirtsch. Issledovanie technologii mechanizirovannoj uborki gorocha. (Erforschung der Technologie der mechanisierten Erbsenernte.) - Mechanizacija i ėlektrifikacija socialističeskogo sel'skogo chozjajstva, Moskva 21 (1963) Nr. 1. S. 11.-14. - 3 Diagr., 3 Schemata.

1960 bis 1962 untersuchte das o. g. Institut mit einer Reihe von Erntemaschinen einige technol. Varianten der Erbsenernte. Durch tägl. Probenahmen wurde u.a. festgestellt, daß es bei den Erbsen keine scharfen Übergänge zwischen den einzelnen Reifezuständen gibt. Ferner wurden die Körnerverluste hinter der Mähmaschine und dem Mähdrescher in Abhängigkeit vom Zeitpunkt ermittelt. Während der ersten 4 Tage nach Beginn der Ernte betrugen die Verluste beim Mähen nicht mehr als 1 % und stiegen dann stark. Beim Schwaddrusch erreichten sie insgesamt 4 % und beim Mähdrusch mindestens 7-8 %. Wegen des Mangels an Spezialmähmaschinen werden Grasmäher für die Erbsenernte umgebaut. Weit verbreitet ist die Zusatzvorrichtung der Lgower Versuchsstation. Beim Schwadmähen von Erbsen und Wicken verursacht sie sehr geringe Verluste von 0,5-7 %, jedoch ist die Schwadablage mangelhaft. Vom eingangs genannten Forschungsinstitut sind daher hölzerne Schwadableger mit guten Ergebnissen untersucht worden. Ferner wurde der Einfluß der Schwadabmessungen auf die Trocknung untersucht und daraus für das Mähwerk eine optimale Arbeitsbreite von 2-2,5 m ermittelt. W.Balkin. 5240.

1-64/02-0410 R a k š a, E. Dvuchfaznyj bezvalkovyj sposob uborki gorocha. (Zweiphasen-Erbsenernte ohne Schwadbildung.) - Technika v sel'skom chozjajstve, Moskva 23 (1963) Nr. 6. S. 4-10. - 3 Abb., 7 Schemaskizzen, 1 Tab. Aus: Dok.-Dienst ILT 1963 Nr. 8.

Für sibirische Verhältnisse wird eine Erntetechnologie vorgeschlagen, wobei der Grasmäher "KNU-6" mit 3 frontal angeordneten Mähbalken die Erbsen mäht und sie in Streifen ablegt. Anschließende Aufnahme des Erntegutes durch Mähdrescher "SK-3" mit auf 4 m erweiterter Pick-up-Vorrichtung (jeweils 2 Streifen). Vorteil: Die Streifen werden trotz reicher Regenfälle gut durchlüftet, die Aufnahme und der Drusch sind bald nach Wetterbesserung möglich. 5240.

1-64/02-0411 G a l e n k o, M. Trechbrusnye kosilki na skašivanii gorocha. (Grasmäher mit drei Mähbalken bei der Erbsenmahd.) - Technika v sel'skom chozjajstve, Moskva 23 (1963) Nr. 7. S. 12-16. - 5 Abb., 1 Tab. Aus: Dok.-Dienst ILT 1963 Nr. 9.

Vf. beschreibt die Umrüstung des Grasmähers "KNU-6" auf 3 Mähbalken (Rahmen um 60 mm angehoben, Radspur des Traktors erweitert, gitterförmige Schwadablagevorrichtung "PB-2,1" an jedem Abschnitt). Mit diesem Mäher ist die Ablage des Erntegutes in 3fache, doppelte und in zwei breite, dicht nebeneinanderliegende Schwade möglich. Dabei gute Durchlüftung des Gutes und kleine Auflagefläche auf Feldoberfläche. Umrüstungs- und Schwadablageschemata. Positive Prüfungsergebnisse: Erbsenverluste zwischen 0,5 und 1,0 %; Arbeitsaufwand 0,56 AKh/ha. 5240.

1-64/02-0412 K o n i n g, K. de; Wageningen, Inst. voor Landbouwtechn. Rationalisatie. Het oogsten van doperwten voor de conservenindustrie. (Das Ernten von Erbsen für die Konservenindustrie.) - Landbouwmechanisatie 14 (1963) Nr. 5. S. 344-351. - 10 Abb. Zus. in Engl.

In den Niederlanden werden vornehmlich speziell ausgerüstete Schwadmäher für die Erbsenernte eingesetzt. Die Erbsen werden mit Fuderlader auf Schlepperanhänger oder LKW geladen, unter günstigen Umständen beträgt die Ladeleistung 0,5-1,0 ha/h. Von De Lint, Zevenbergschenhoek wurden Ladegatter für Schlepperanhänger entwickelt, die man nach der Beladung des Anhängers abnehmen kann, um sie für den nächsten zu verwenden. Das Laden mit Frontlader ist nur dann wirtschaftlich, wenn die Masse des Schwads ca. 25 kg/lfd. m beträgt. Das Dreschen der Erbsen wird in den meisten Fällen auf einem zentralen Dreschplatz vorgenommen. Bei Einsatz einer Schwaddreschmaschine werden ca. 15 AKh/ha benötigt. L.Machler. 5240.

1-64/02-0413 H o o g e n d o r n, N.; Wageningen, Inst. voor Landbouwtechn. en Rationalisatie. Werkmethoden bij het laden van doperwten. (Arbeitsmethoden beim Laden von Erbsen.) - Landbouwmechanisatie 14 (1963) Nr. 5. S. 355-359. - 7 Abb., 1 Tab. Zus. in Engl.

Für das Laden von Erbsen auf Schlepperanhänger mit der Forke werden ca. 30 AKmin je Ladung benötigt. Bei Verwendung eines Fuderladers zum Beladen von Schlepperanhängern oder LKW beträgt die Arbeitszeit 11-14,5 AKh/ha bei Einsatz von 5 AK. Ist der Acker mit großen LKW oder Anhängern nicht befahrbar, dann hat sich folgende Arbeitsmethode bewährt: die Erbsen werden auf ca. 1,5 t fassende Kipper geladen, am Weg entladen und dann mit Hilfe des Frontladers oder eines Kranes auf LKW geladen. Bei Einsatz des Frontladers zum Laden auf dem Acker ist es ratsam, vorher mehrere Schwaden zu einem Schwad zusammenzuschieben. L.Machler. 5240.

1-64/02-0414 A n o n y m. What other agricultural engineers are doing. - (Was die Landtechniker anderer Länder tun.) - Farm Implement Machinery Rev. 89 (1963) Nr. 1061. S. 1245-1246. - 3 Abb. Aus: Dok.-Dienst IL/T 1963 Nr. 9.
Kurzinformation über die selbstfahrende vierrädrige Spargelerntemaschine der amer. Fa. Chisholm-Ryder Co. Konstruktives Merkmal: elektronisch gesteuertes, selektiv arbeitendes Ernteaggregat. Funktionsweise: beim Durchgang der Spargelstangen durch das Schneidwerk lösen nur diejenigen Stangen mit der richtigen Länge (Vollreife) beim Passieren eines Elektronenstrahls die Schneidmesser aus. Arbeitsgeschwindigkeit 3,62 km/h. 5240.

1-64/02-0415 Č e r k a s s k a j a, E.A. Novaja mašina dlja podbora chlopka s zemli. (Neue Maschinen für das Aufnehmen der Baumwolle vom Boden.) - Chlopkovodstvo, Moskva 13 (1963) Nr. 1. S. 49-50. - 3 Abb., 1 Zeichn.
Die von der amer. Fa. Rood Cotton Harvester produzierte Baumwollsammelmaschine nimmt in Abhängigkeit von den Bodenverhältnissen bis zu 95 % der abgefallenen Baumwolle vom Boden auf. Somit wird eine nahezu vollständige Mechanisierung der Baumwollernte erreicht. Die Leistung beträgt 0,8-1,2 ha/h. Die Aufnahme der Baumwolle vom Boden erfolgt durch zweimal 14 endlose schmale Gummibänder. Eine Trennvorrichtung trennt die Baumwolle von noch vorhandenen Stengelresten. Die Baumwolle wird über ein Förderband in den Sammelbunker gebracht. J. Gebhardt. 5240.

1-64/02-0416 M i k u l i k, J. Komplexni mechanizace sklizně picnin. (Komplexe Mechanisierung der Futterernte.) Praha: Státní zemědělské naklad. 1963. (127 S.) 8°. (1963 A 821)

1-64/02-0417 K i j o w s k a - K u s k e, W. und O l s z e w s k i, T. Mechanizacja zbioru siana i zielonek. - (Mechanisierung der Heu- und Grünfutterernte.) Warszawa: Państwo wyd. roln. i leśne. 1963. (82 S.) 8°. (1963 A 682)

1-64/02-0418 E b e r h a r d t, M. und W i l k e, W. Neue Wege bei der Heuernte und Grassilagegewinnung in der LPG "Einheit" Kremmen Kreis Oranienburg. 1. Produktionsverfahren Futter. 2. Die Einsatzmöglichkeiten der Axialgebläse SK 8 zur Trocknung und Konservierung landwirtschaftlicher Produkte. Genshagen: Inst. f. Landw. 1963. (50 S.) 8°. = Die Einführung d. wiss.-techn. Fortschritts in d. Landw. d. Bez. Potsdam. Nr. 4. (SR 3043. 4/1963)

1-64/02-0419 Velkovýrobni technologie pěstování brambor. (Großbetriebstechnologie des Kartoffelbaues.) Praha: Ustav vědeckotechn. informací. 1963. (28 S.) 8° = Metodiky pro zavádění výsledku výzkumu do praxe Nr. 1. (SR 2716, 1963/1)

1-64/02-0420 Literatur über die Abscheidung von Beimengungen und Steinen aus Kartoffeln. Hrsg. Instn.: Dok.-Stelle im Inst. für Landtechn. Potsdam-Bornim. (Lit.-Nr.: 99. Titelanzahl: 46. Ber.-Zeit: 1954-1963.)

1-64/02-0421 Literatur über die Vermeidung von Beschädigungen der Kartoffeln bei der Ernte. Hrsg. Instn.: Dok.-Stelle im Inst. für Landtechn., Potsdam-Bornim. (Lit.-Nr.: 98. Titelanzahl: 31. Ber.-Zeit: 1954-1962.)

1-64/02-0422 G a l d i n, M.V. und M a r a c h t a n o v, K.P. Kukuruznyj boročnyj kombajn KKCh-3. (Maisvollerntemaschine "KKCh-3".) Moskva: Sel'chozizdat. 1961. 2°. (1963 C 5)

1-64/02-0423 J o n g e, L.J.A. de. Anleitung zur Flachsernte. Leipzig: Klepzig. (36 S.) 8°. (1962 A 6443)

1-64/02-0424 Bericht über die Ergebnisse von Prüfungen des Mähbalkenantriebes der Grasmäher. (Übers. aus d. Russ., Maschinenschr. vervielfält. - TO 696.)

1-64/02-0425 D r o z d o v, N.I. Über die Leistungsaufnahme von Schneidwerken beim Mähen von Gras und Getreide. Aus: Traktory i sel'chozmašiny, Moskva 1959 Nr. 11. (Übers. aus d. Russ., Maschinenschr. vervielfält.) - TO 671.

1-64/02-0426 P a s c a l, J.A. Ein Leistungsvergleich der Schlegelernter mit einfachem und doppeltem Häckseleffekt. Aus: J. agric. Engng. Res. 7 (1962) Nr. 3. S. 241-247. (Übers. aus d. Engl.) - TO 692.

1-64/02-0427 B e n d e r s, G. und P h i l i p s e n, P.J.J. Ist das Quetschen bei der Heugewinnung aussichtsreich? Aus: Landbouwmechanisatie 14 (1963) Nr. 5. S. 365-371. (Übers. aus d. Engl.) - TO 703.

1-64/02-0428 B r u h n, H.D., Z i m m e r m a n n, Arnold und N i e d e r m e i e r , R.P. Fortschritte beim Pelletieren von Futterheu. Aus: Agric. Engng. 1959 S. 204-207. (Übers. aus d. Engl.)- TO 688.

1-64/02-0429 B u t t l e r, J.L. and M a c C o l l y, H.F. Einflußnehmende Faktoren auf das Pelletieren von Heu. Aus: Agric. Engng. 1959 S. 442-446. (Übers. aus d. Engl.) - TO 690.

1-64/02-0430 M a r c h a n t, W.T.B. Eine kleine hydraulische Würfel- bzw. Pelletpreßmaschine für die Landwirtschaft. Aus: J. agric. Engng. Res. 6 (1961) Nr. 4. S. 259-271. (Übers. aus d. Engl.) - TO 707.

1-64/02-0431 S h e p p e r s o n, G. and G r u n d e y, J.K. Versuche zur Herstellung von Heuwaffeln. Aus: J. agric. Engng. Res. 7 (1962) Nr. 2. S. 105-111. (Übers. aus d. Engl.) - TO 677.

1-64/02-0432 G u s t a f s o n, M. Lee. Ein neues Ballenverladesystem. Aus: Agric. Engng. 1963 Nr. 1. (Übers. aus d. Engl.) - TO 656.

1-64/02-0433 P š e č e n k o v, K. Fließbandkartoffelernte. Aus: Technika v sel'skom chozjajstve, Moskva 1962 Nr. 9. (Übers. aus d. Russ.) - TO 710.

1-64/02-0434 V e r m e n k o, Ja.I. Untersuchung des separierenden Rotationswerkzeuges einer Kartoffelvollerntemaschine. Moskau. 1962. 7 S. (Übers. aus d. Russ., Maschinenschr. vervielfält.) - TO 672.

1-64/02-0435 K o č e n e n k o, D.V. und V o r o n o v, Ju. I. Umlaufende Trennvorrichtung für Hackfruchterntemaschinen. Aus: Traktory i sel'chozmašiny, Moskva 32 (1962) (Übers. aus d. Russ., Maschinenschr. vervielfält.) - TO 697.

D. ERNTEAUFBEREITUNG UND -LAGERUNG

1-64/02-0436 S c h n e i d e r, B., N i e r i c h, H. und B a u n a c k, H. Die landwirtschaftliche Trocknungskampagne 1962 in Zuckerfabriken und sonstigen Trocknern. - Dtsch. Agrartechn. 13 (1963) Nr.5. S.2o5-2o8. - 3 Tab.

Analyse über die Grünfutter-, Getreide-, Kartoffel- und Rübenblatttrocknung. Infolge verstärkter Grünfuttertrocknung ging der Anteil der Rübenblatttrocknung 1962 in der DDR auf 30 % zurück. An der Herstellung von Trockengrünfutter waren die Zuckerfabriken mit 77,3 % beteiligt. Als Grünmehl für die Geflügel- und Schweinefütterung wurden 25 % bereitgestellt. Die mögliche Leistung bei vollem Einsatz aller Trocknungskapazitäten liegt bei ca. 120000 t Trockengrüngut, im Jahre 1962 wurden nur 50 % der Kapazität genutzt. Aus den Erfahrungen der Trocknungskampagne 1962 werden die notwendigen Schlußfolgerungen für das Jahr 1963 aufgezeigt. E.Nowatzky. 5305.

1-64/02-0437 P a p p r i t z, v. Unterdachtrocknung von Heu. - Tierzüchter 15 (1963) Nr.11. S.405-406. - 5 Abb. 5310c.

1-64/02-0438 S o u c z e k, E. Untersuchungen über eine zweckmäßige Verbindung von Heubelüftungsgebläsen mit dem Ziehkanal in rostlosen Anlagen. - Österr. Kuratorium Landtechn. 1962 (Dez.) S.1-8. - 2 Abb., 1 Diagr., 4 Schemata.

Die Unterdachtrocknung von Heu hat sich in den letzten Jahren stark verbreitet. Es wurde u.a. die rostlose Heubelüftung mit Ziehkanal entwickelt. Dieses Verfahren ist in 3 Schemaskizzen dargestellt. Es werden die Verluste untersucht, die beim rostlosen Heubelüftungsverfahren infolge Verengung des Ziehkanals und dadurch eintretende Drosselung des Gebläses entstehen können. Vf. beschreibt die Versuchsdurchführung und gibt Hinweise, wie die Verluste durch entsprechende Ausbildung des Verbindungsstückes zwischen Gegläse und Ziehkanal verringert werden können. Diese Verluste können in ungünstigen Fällen so groß werden, daß die Unterdachtrocknung mit Ziehkanal in Frage gestellt wird. G.Reumschüssel. 5310c.

1-64/02-0439 S l a d e, Frank H. Automation in food processing. Drying. (Automatisierung in der Futtermittelveredlung. Der Trocknungsprozeß.) - Food Processing Packaging 32 (1963) Nr.378. S.95-98. - 5 Abb.

Die Trocknungstechnik gewinnt in der Futtermittelveredlung zunehmende Bedeutung, sowohl hinsichtlich der Abtötung von Bakterien als auch einer Vergrößerung der Dichte des Materials und guter Fließbarkeit. Mehr und mehr geht man zu vollautomatisierten Anlagen über. Häufig hängt die Qualität von der gewählten Form der Trocknungsanlage ab. Von den nach unterschiedlichen Prinzipien arbeitenden Anlagen werden die Fließbetttrockenanlagen und die pneumat. Trockenanlagen näher besprochen. Erstere eignen sich vornehmlich für Güter mit hohem Feuchtigkeitsgehalt, da die Verweilzeit des zu trocknenden Gutes rel. lang ist und das Gut intensiv mit der erhitzten Trockenluft in Berührung kommt. Die pneumat. Trockner sind im Prinzip pneumat. Förderer, bei denen das Fördermedium von der für Förderung notwendigen Luft getrocknet wird. Diese Art eignet sich nur für Güter mit rel. niedrigem Feuchtigkeitsgehalt. Für beide Trockenverfahren werden Beispiele praktisch ausgeführter Anlagen angegeben. K.-J.Zurawski. 5310d.

1-64/02-0440 F a r m e r, Phyllis. Haylage. (Die Bereitung von Heusilage.) - Agriculture /London/ 69 (1962) Nr.9. S.435-439. - 1 Abb., 2 Tab.

Bei der Heusilagebereitung erfolgt eine Vortrocknung der Grünmasse auf dem Feld in etwa 36 Std. auf 30-40 % Trockensubstanz. Sodann wird die vorgetrocknete Masse zerkleinert und in bes. konstruierte Silotürme gebracht. Die glatten Innenwände und der Eigendruck des Futters lassen es schnell zusammensacken. Der Sauerstoff wird herausgedrückt, und es kommt somit zu einer schnellen CO_2-Bildung, wodurch nur geringe Nährstoffverluste auftreten. Nach beendeter Vergärung kann das Futter mechanisch, ohne Fremdluftzutritt, entnommen werden. - Verschiedene Siloturmtypen, sowohl gasdichte als auch konventionelle, werden einschl. der mechanischen Entnahmevorrichtungen in ihrer Konstruktion und ihrer Wirkungsweise beschrieben. Weiterhin werden die für eine rationelle Arbeitskette vom Schnitt des Futters auf dem Feld bis zur Entnahme der fertigen Silage aus dem Siloturm erforderlichen Geräte und Maschinen dargestellt. - Die vor dem Einbringen des Futters auf dem Feld möglichen Nährstoffverluste hängen vom Wetter und der Anwelkdauer ab, sind aber normalerweise gering. Die Gesamtverluste im Silo bewegen sich zwischen 10 und 35 % Tr.M. Gasdichte Silos sind den übrigen überlegen, ebenso angewelkt eingebrachtes Futter dem frischen. Im Durchschnitt wird in gasdichten Silos 10-15 % Tr.M. mehr bewahrt als bei sonstigen Siloformen. Folgende Arbeitsweise garantiert bei diesen Silos bei sorgfältiger Handhabung eine gute Heusilage: Anwelken des Futters auf 30-40 % in möglichst kurzer Zeit, zerkleinern auf 1/4-3/8 in., schnelles Einbringen in den Siloturm, Aufbringen einer Lage frischen zerkleinerten Grases auf die oberste Schicht Anwelkfutter, sofortiges Abdecken des Siloturmes.

W.Klippel. 5310f.

1-64/02-0441 S t e i n e r, F.; Achselschwang, Post Utting am Ammersee, Staatsgut. Bericht über eine neuerbaute Siloanlage. - Mitt. dtsch. Landwirtsch.-Ges. 78 (1963) Nr.18. S.612. 614. - 4 Abb.

Der aus den USA eingeführte vollmechanisierte "Harvestore" hat die deutsche Siloindustrie veranlaßt, nach Möglichkeiten zur Mechanisierung der Silofüllung und der Silageentnahme zu suchen. Vf. schildert seine Erfahrungen mit einer 1000 m^3 Beton-Siloanlage, die mit einem Gebläse gefüllt und mit einer Unten-Fräse entleert wird. Diese Erfahrungen sind gut. Vf. macht auch Angaben über das Ergebnis der Silierung und über die entstandenen Baukosten. 5310f.

1-64/02-0442 S o m m e r k a m p, Georg. Welksilage im Fahrsilo. - Dtsch. landwirtsch. Presse 86 (1963) Nr.30. S.298-299. - 4 Abb. 5310f.

1-64/02-0443 K r o e s b e r g e n, E. und J a n s e n, J.H. Een sleufsiloproject op de Veluwe. (Ein Fahrsiloprojekt im Gebiet des Veluwe.) - Landbouwvoorlichting 19 (1962) Nr.4. S.174-177.

Das Einsilieren in Fahrsilos schafft umfangreiche Möglichkeiten zur Arbeitseinsparung. Hinzu kommt, daß die Baukosten bei Verwendung vorgefertigter Betonteile niedrig sind. Beim Einsilieren von Gras kommt den Fahrsilos eine bes. Bedeutung zu. Das hiermit in guter Qualität gewonnene Futter eröffnet die Möglichkeit, die Heuernte ganz oder teilweise durch dieses Verfahren zu ersetzen. Mit Hilfe von Schlegelerntern und kippbaren Anhängern konnten 3-4 AK den Ertrag von 1 ha Grasland in 3-4 Std. einsilieren.

G.Müller/Bornim. 5310f.

1-64/02-0444 D ě d e č k o v á - Š á l o v á, Jiřina; Uhříněves, Výzkumný Ústav Živočišné Výroby. Využití plastických hmot při silážování. (Anwendung von plastischen Stoffen beim Silieren.) - Socialist. Zemědělství 12 (1962) Nr.6. S.522-531. - 9 Abb., 6 Tab.

Im Forsch.-Inst. für Tierische Produktion Uhříněves wurden seit 1957 verschiedene Möglichkeiten der Gärfutterbereitung mit Hilfe von Plaststoffen untersucht. Es wurde eine PVC-Folie von 0,5 mm Dicke für den Wasserverschluß eines nicht überdachten ringförmigen Silos erprobt. Die Ergebnisse werden mit der gebräuchlichen Erdabdeckung verglichen. Der Verschluß mittels Wasserfüllung erwies sich in bezug auf die Güte der Silomasse dem herkömmlichen Verfahren gleichwertig. Die PVC-Folien sollen elektrisch geschweißt sein, weil geklebte Nähte keinen so hohen Druck vertragen. Erfolgreich wurde auch der Verschluß eines Siloturmes mit Wassersack aus "Isophol B" mit einer Dicke von 0,9 mm und einem Dmr. von 7 m geprüft. Der Verschluß ist luftdicht. Im praktischen Einsatz bewährte sich ferner bei den überdachten Gärfutterbehältern der Verschluß mit einer ringförmigen PVC-Folie, die durch eine Holzplatte belastet und mit Strohballen wärmegedämmt ist. Keine guten Ergebnisse brachte dagegen der "wandlose" Silo, bei dem zur Schutzumhüllung eine PVC-Haube engl. Fertigung verwendet wurde. Gute Ergebnisse wurden auch bei Flachsilos erzielt. Eine Erhöhung der Frostbeständigkeit wurde infolge der Verwendung eines ungeeigneten Weichhaltungsmittels nicht erreicht. Die Versuche werden mit anderen Mitteln fortgesetzt. Auf Grund dieser Versuche wurden PVC-Folien mit 9 x 20 m Abmessung in das Fertigungsprogramm aufgenommen.

J.Rybička. 5310f.

1-64/02-0445 A n o n y m. Gras (kuilgras) in grondkuil (sleufsilo). (Grassilage in Mieten.) - Inst. Landbouwtechn. Rationalisatie, Wageningen, Werkvolgorde, Aanwijzingen 4 (1963) Nr.8. S.1-2. - 2 Abb., 1 Schema, 1 Tab.

Arbeitsanleitung für das Silieren von Gras unter Plastikfolien. Es wird eine abgeflachte Miete angelegt, die 4-6 m unten breit und 1,25 - 1,5 m hoch ist. Die Länge richtet sich nach dem Grüngutanfall. Nach dem Schichten des Grüngutes wird die Miete mit einer Plastikfolie (mindestens 0,05 mm stark) abgedeckt und mit Hilfe von Frontlader oder Schlepperkran gleichmäßig mit einer 0,30 m starken Erdschicht bedeckt. Die Arbeitszeitnorm für das Auslegen der Plastikfolie und das Abdecken mit Erde mit Hilfe des Frontladers beträgt 1,6 AKh/ha bei einem Ertrag von 15 t Grüngut/ha.

L.Machler. 5310f.

1-64/02-0446 S o u č e k, Zbyněk; Chodov u Prahy, VÚZS. Energetické poměry nožového kola řezačky. (Energieverhältnisse des Messerrades einer Häckselmaschine.) - Sborník Prací Výzkumného Ústavu zemědělských Strojů v Praze 2 (1962) S.7-61. - 28 Abb., 6 Tab., 23 Lit. Zus. in Russ., Engl., Dtsch.

Untersuchungen des Forsch.-Inst. für Landmaschinen (VÚZS) Chodov an Häckselmaschinen ergaben, daß der Leistungsbedarf zum größeren Teil für die Förderung und zum kleineren für den Schnitt benötigt wird. Versuche mit Dehnungsmeßstreifen bewiesen, daß im Leerlauf und unter Last mit steigender Drehzahl der Leistungsbedarf stark ansteigt. Unter Einsatzbedingung wurden einmal Scheibenräder mit geraden Messern, radialgeformten Schaufeln mit vorwärts gekrümmtem Schaufelende und einem Radialspalt von 22 mm und zum anderen Scheibenräder mit gekrümmten Messern und rückwärts gekrümmten Schaufeln mit radialem Schaufelende untersucht. Es wird gefolgert, daß durch die Herabsetzung der Drehzahl auf 500 U/min, Vergrößerung des Radialspaltes und günstige Lage des Mundstückes zum Austrittsstutzen der Leistungsbedarf ohne Minderung der Häckselleistung gesenkt werden kann. Die gekrümmten Messer erfordern eine geringere Leistungsaufnahme als die geraden.

J.Rybička. 5310g.

1-64/02-0447 H a k, P.S.; Wageningen, Inst. voor Bewaring en Verwerking van Landbouwprodukten. Arbeidsbesparing bij het lossen van hooi. (Arbeitseinsparung beim Entladen von Heu.) - Landbouwmechanisatie 14 (1963) Nr. 5. S. 395 bis 396. - 1 Schema.

Das im o.g. Inst. entwickelte rotierende Verteilgerät wird durch einen 0,25-PS-Elektromotor angetrieben und an der Ausmündung des Heugebläses, möglichst hoch über der Mitte des Bergeraumes, montiert. Das Verteilgerät leistet gute Arbeit, wenn folgende Bedingungen erfüllt sind: regelmäßige Heuzuführung zum Gebläse, homogenes Material, genügend hohe Anbringung über dem Bergeraum. Bei guter Arbeitsorganisation können ca. 4 t/h durch 1 AK entladen werden.

L.Machler. 5310h.

1-64/02-0448 S m i r n o v a, I.S., T j u t j u n n i k o v a, V.A., K o ž e v n i k o v a, N.F., B y k o v e c, A.G. und D e b e l y j, G.A.; Unions-Forsch.-Inst. für Elektrifizier. der Landwirtsch. Predposevnaja obrabotka semjan peremennym tokom vysokogo naprjaženija. (Saatgutbehandlung mit hoher Wechselspannung.) - Mechanizacija i ėlektrifikacija socialističeskogo sel'skogo chozjajstva, Moskva 21 (1963) Nr.1. S.33-36. - 1 Abb., 2 Diagr., 1 Zeichn., 3 Tab.

Mit hochgespanntem Wechselstrom von 50 Hz lassen sich Keimfähigkeit, Triebkraft und Ertrag von Saatgut merklich steigern. Es wurde eine Versuchsanlage mit einem Durchsatz von 1,2-2,0 t/h entwickelt, bei der das Saatgut zwischen 2 Elektroden hindurchfloß und dabei 0,5-1,0 Min. in einem Hochspannungsfeld von 1-2,5 kV/cm verweilte. Der Leistungsverbrauch der Anlage betrug nur einige Dutzend Watt. Bei Lupine wurde festgestellt, daß das Saatgut 10-20 Tage vor der Aussaat zu behandeln ist. Bei anerkanntem Saatgut stieg der Ertrag bei 2 kV/cm und 0,5 Min. um 35 % und bei schlechterem um 45 %. Bohnen geringerer Keimfähigkeit sollen 20-30 Tage vor der Aussaat behandelt werden. Die Keimfähigkeit wird dadurch um 27-29 % erhöht. Bei Erbsen steigt die Triebkraft nach 3-4 Wochen um 20 % und der Ertrag um 13 %. Auch bei Gemüsesamen erzielte man ähnliche Effekte. Der Ertrag wird bei Silomais um 15-25 %, bei Hafer und Weizen um 10-15 % und bei Buchweizen um 8-10 % gesteigert. Die Wirkung der Hochspannungsbehandlung bleibt 1 Jahr erhalten.

W.Balkin. 5315a.

1-64/02-0449 D e t i s t o v, F.M. Zernoočistitel'no-sušil'nyj punkt. (Getreidereinigungs- und Trocknungsanlage.) - Traktory i sel'chosmašiny, Moskva 33 (1963) Nr. 5. S. 36-37. - 1 Schema. Aus: Dok.-Dienst ILT 1963 Nr.8.

Beschreibung der gesamten Anlage für die Bearbeitung von Speise-Hülsenfrüchten und Getreidesaatgut. Hauptausrüstung: 2 stationäre Windsichter (Leistung je 10 t/h), Zellenausleger "BT-10" (Leistung 10 t/h) zur Sichtung der langen und kurzen Beimischungen; Elevator "NZ-20" (20 t/h) mit einem Förderweg und "NO-5" (5 t/h) mit 2 Förderwegen für Abgänge; geschweißte Förderrohre Ø 150 mm; Trommeltrockner "SZSB-8" (8 t/h); dreiteiliger Kornbunker. Fernsteuerung der Aggregate. Leistungswerte: 18 t/h Gerste bei 4,5-5,4 % Feuchtigkeitsentzug. 5315b.

1-64/02-0450 Č u r b a n o v, I.S. Zernoočistitel'no-sušil'nye punkty dlja kolchozov i sovchozov. (Getreidereinigungs- und -trocknungsanlagen für Kolchosen und Sowchosen.) - Traktory i sel'chozmašiny, Moskva 33 (1963) Nr.8. S.20-23. - 1 Abb., 1 Schemaskizze, 4 Tab. Aus: Dok.-Dienst ILT 1963 Nr.9.
Berechnungen ergaben optimale Leistungsfähigkeit dieser Anlagen von 5-30 t/h. Entwurf von Typenprojekten für Anlagen mit einer Leistungsfähigkeit von 20 und 10 t/h: 2 Anlagen mit Trommeltrocknern "SZSB-8" und 2 Anlagen mit Schachttrocknern "SZS-8". Weiterhin Typenprojekte für Reinigungsanlage mit einem Materialdurchsatz von 20 und 10 t/h. Staatl. Prüfungen mit folg. Ergebnis: Anlagen mit einer Leistungsfähigkeit von 5 t/h eignen sich für Anbauflächen bis zu 1500 ha. Die Anlagen mit 10 und 20 t/h Materialdurchsatz sind auf Anbauflächen bis zu 3000 bzw. bis zu 6000 ha einsetzbar. Der technolog. Getreidebearbeitungsprozeß wird beschrieben. In Tab. sind Qualitätskennziffern und ökon. Kennwerte angegeben. Hinweis auf Mängel der Anlagen. 5315c.

1-64/02-0451 V a s i l e n k o, A.A. und G o n č a r o v, E.S.; Ukrain. Forsch.-Inst. für Mechanisier. und Elektrifizier. der Landwirtsch. Centrobežno-vibracionnyj metod separacii zerna. (Fliehkraft-Vibrationsverfahren für die Körnersichtung.) - Vestnik sel'skochozjajstvennoj nauki, Moskva 8 (1963) Nr.4. S.95-100. - 1 Zeichn., 5 Diagr. Zus. in Engl., Franz., Dtsch.
Vff. berichten über Versuche mit einem schnell rotierenden, axialschwingenden Zylindersieb. Die Rotationsachse des Siebes steht senkrecht. Das Sieb wird von oben beschickt, die Körner legen sich in einer Schicht an die Innenfläche des Zylinders und bewegen sich unter dem Einfluß der Schwerkraft und Schwingungen nach unten, während das Feinkorn von der Fliehkraft durch die Sieblöcher getrieben wird. Die Versuche wurden mit Weizen, Roggen und Gerste durchgeführt. Vff. bringen zunächst die für die Berechnung der kinematischen Daten erforderlichen Gleichungen und berichten dann über die Versuchsergebnisse. Die Sichtgüte sinkt mit steigender Belastung und wächst mit steigender Schwingungsamplitude und Zylinderdrehzahl. Optimale Werte Verhältnis zwischen Fliehkraft und Schwerkraft K = 4,0-4,5; Schwingungsamplitude 6-8 mm, Schwingungsfrequenz für Langlochsiebe 700-800 min^{-1}, für Rundlochsiebe 600-700 min^{-1}, Sieblänge 250-500 mm, Siebdurchmesser 240 mm, spez. Belastung bei Weizen auf Langloch bei Saatgutbereitung 80-90 $kg/h/dm^2$, bei Saatgutvorreinigung 80-90 $kg/h/dm^2$, bei Konsumgetreidereinigung 180-200 $kg/h/dm^2$. W.Balkin. 5315c.

1-64/02-0452 U r b a n, H.; Wien, Arzneimittelfabrik Dr. Kutiak. Beschreibung einer Vorrichtung zur Reinigung von Samen mit einfachen Laboratoriumsmitteln. - Bodenkultur /Wien/, Ausg. A 14 (1963) Nr.1. S.90-92. - 1 Abb., 1 Tab.
Saatgut von Zuchtmaterial der Digitalis lanata (TKM 0,5 g) wurde mit Erfolg nach Fraktionierung der Proben mittels eines 0,75 mm Rundlochsiebes in einem luftdurchströmten Glasrohr gereinigt. Ein 150 cm langes Glasrohr mit einem

Dmr. von 4 cm wurde unten mit Gaze verschlossen, etwa 40 cm mit Saatgut(1/5-1/4 der Rohrlänge) gefüllt und oben an eine Vakuumleitung einer Wasserringpumpe mit 12 m^3/h Förderleistung angeschlossen. Durch den Luftstrom wird die Samenprobe in verschiedenen Fraktionen (nach der Dichte bei gleicher Korngröße) geschichtet. Nach 15 Min. Laufzeit wurde eine genügende Trennung erzielt und die Samensäule durch Abgießen in 3 Fraktionen zerlegt. Die Mischschicht wurde am Schluß nochmals nachgereinigt. W.Lampeter. 5315c.

1-64/02-0453 R a s s a d i n, A.A.; Pljustschewo, Gebiet Moskau, Unions-Forsch.-Inst. für Mechanisier. der Landwirtsch. Dviženie materiala po poverchnostjam centrifug, cilindričeskich rešet i triernych barabanov. (Bewegung der Körner über die Oberfläche der Zentrifugen, zylindrischen Siebe und Trommeltrieuren.) - Vestnik sel'skochozjajstvennoj nauki, Moskva 7 (1962) Nr.12. S.67-75. - 3 Diagr., 4 Schemata. Zus. in Engl., Franz., Dtsch.
Zentrifugen, zylindrische Siebe und Trommeltrieure sind in der Industrie und der Landwirtschaft weit verbreitet. Die Berechnung der Bewegung an den Oberflächen beruht auf der Drehbewegung der genannten Geräte und aus der Bewegung durch Luft oder einem anderen Mittel. Vf. findet Differentialgleichungen der Materialbewegung an drehenden, unebenen Oberflächen und der Teilchenbewegung in Luft. Die Ableitungen der Formeln sind angegeben. Das Korn wird als fester Körper betrachtet. Die Fortbewegung des Korngutes über die Zellenoberfläche von Trommeltrieuren ist theoretisch abgeleitet. G.Reumschüssel. 5315d.

1-64/02-0454 S t a n e v, S. Izsledvane rabotnija proces na treptjaštite vertikalni konusni sita pri nakloneni osi. (Untersuchung des Arbeitsprozesses der vibrierenden, senkrechten, kegelförmigen Siebe bei geneigten Achsen.) -Naučni trudove. Visš institut po mechanizacija i elektrifikacija na selsko stopanstvo - Ruse 4 (1962) S.79-90. - 8 Abb., 2 Tab., 10 Lit. Zus. in Russ., Dtsch. 5315d.

1-64/02-0455 Č i ž i k o v, A.G.; Unions-Forsch.-Inst. für Mechanisier. der Landwirtsch. K rasčetu oborudovanija očistitel'no-sušil'nych zavodov i punktov. (Zur Berechnung der Ausrüstung von Getreideaufbereitungsbetrieben.) - Mechanizacija i elektrifikacija socialističeskogo sel'skogo chozjajstva, Moskva 21 (1963) Nr.1. S.48-49. - 2 Diagr.
Der Berechnung solcher nach dem Fließverfahren arbeitenden Ausrüstungen, zu denen auch Silos für die Zwischenlagerung gehören, wird die tatsächliche oder geplante tägl. Getreideanlieferung zugrunde gelegt. Vf. bringt Ausdrükke für folgende Werte: mittlere tägl. Trocknungsleistung eines Trockners, Ungleichmäßigkeitsfaktor der Getreideanlieferung, Menge des zwischenzulagernden Getreides, Trocknerauslastung, Kapazität der Zwischensilos, Dauer der Trocknerarbeit nach Beendigung der Getreideanlieferung, Belastung der Trockner während der gesamten Trocknungsperiode. Dieses Berechnungsverfahren ermöglicht es, die Leistung der Trockner und die Kapazität der Zwischenlager richtig zu bestimmen. W.Balkin. 5315f.

1-64/02-0456 P ö t s c h k e, L. Forderungen der getreideverarbeitenden Industrie an die Getreidetrocknung. - Dtsch. Agrartechn. 13 (1963) Nr.5. S. 221-223. - 1 Abb., 2 Tab.
Die zunehmenden Trocknungsgeschwindigkeiten bei Temp. über 50 °C bewirken im Getreidekorn strukturelle und biochemische Veränderungen, die eine Beeinträchtigung der Back- und Mahlfähigkeit zur Folge haben. Der Trocknungstemp. und -geschwindigkeit sind deshalb Grenzen gesetzt, um die ursprüngli-

chen Eigenschaften des Getreides zu erhalten. Die Forderungen an die Trocknungsbetriebe sind folgende: 1) Trocknungsgut wie Saatgetreide behandeln; 2) Temperaturgrenze zwischen 45-50 °C beim Trocknen von Weizen; 3) qualifiziertes Parsonal; 4) Temperaturerhöhungen nur in Mühlenbetrieben oder VEAB-Speichern vornehmen, ständige Qualitätskontrolle; 5) Einrichtung von Trocknungsanlagen in Gebieten mit hohem Getreideaufkommen; 6. Erhöhung der Lagerkapazität durch Einsatz von Kaltbelüftungsanlagen. Die Mängel der Getreidetrocknung in den Zuckerfabriken werden im einzelnen aufgezeigt.

E.Nowatzky. 5315f.

1-64/02-0457 D o h n e, E. Getreidetrocknung im Hof und im Lagerhaus. - Dtsch. landtechn. Z. 14 (1963) Nr.7. S.312. 314. 316. - 4 Abb. Aus: Dok.-Dienst ILT 1963 Nr.8.

Es werden nach dem Grad der Luftanwärmung 2 Trocknungsarten unterschieden: Belüftungstrocknung (Boden-, Zentralrohr- und Querbelüftung) und Warmlufttrocknung (Satztrockner und Durchlauftrockner). Übersicht über bes. Merkmale der Anlagen und über die Luftanwärmgeräte. Insbesondere wird auf die Leistung der einzelnen Anlagen eingegangen. 5315f.

1-64/02-0458 F r e i h e r r, Hans. Die Belüftungstrocknung von Getreide. - Landtechnik 18 (1963) Nr.13. S.414. 416. 418. 420. 422. - 8 Abb., 2 Tab. Aus: Dok.-Dienst ILT 1963 Nr.8.

Infolge des verstärkten Mähdreschereinsatzes in vielfach klimatisch ungünstigen Gebieten erwächst die Notwendigkeit, eine Trocknung des oft zu feucht geernteten Getreides vorzusehen. Im landwirtsch. Betrieb werden nach Möglichkeit die Trocknung und Lagerung miteinander verbunden. Das Getreide wird in ruhendem Zustand in Behältern mit trocknungsfähiger Luft durchblasen. Es werden das Prinzip der Belüftungstrocknung, die notwendigen Einrichtungen, die Energiefragen (flüssige und feste Brennstoffe), die Größe der Anlage und der Getreidetransport behandelt. 5315f.

1-64/02-0459 A n o n y m. Getreide-Warmlufttrocknung. - Landtechnik 18 (1963) Nr.13. S.422-425. - 1 Tab., 3 Lit. Aus: Dok.-Dienst ILT 1963 Nr.8.

Um dem in der Erntezeit anfallenden Getreide möglichst schnell die überschüssige Feuchtigkeit zu entziehen, werden geeignete Trocknungsmöglichkeiten vorgeschlagen. Es wird das Prinzip der Trocknung beschrieben, wobei im einzelnen auf die Verdampfungs- und Verdunstungstrocknung eingegangen wird. Als Energiequelle wird Elektrizität, Öl oder Gas benutzt. Über die Wärmewirtschaftlichkeit, die Arbeitsweise, Bauform und Leistung der Trockner wird berichtet. 5315f.

1-64/02-0460 P a c k e r, P.D.H. In bulk in the barn. (Getreidetrocknung auf Lagerböden.) - Pract. Power Farming 30 (1963) Nr.5. S.47.49. - 4 Skizzen.

Die Massentrocknung von Getreide ist sinnvoll in Verbindung mit der Massenlagerung in ein und demselben Gebäude. Sie ist geeignet für Getreidemengen bis zu 1000 t und kann in alten Gebäuden eingebaut werden. Vf. gibt Hinweise, welche baulichen Voraussetzungen erfüllt sein müssen. Es werden verschiedene Möglichkeiten der Hauptkanalanbringung beschrieben und in Skizzen dargestellt. Die Nebenkanäle zeigen die verschiedensten Ausführungen. Ihre Abmessungen und Anordnung auf dem Boden des Trocknungsraumes sind angegeben.

Es wird auf die Möglichkeit hingewiesen, das Gebläse auch für eine angrenzende Unterdachtrocknung von Heu zu verwenden, wodurch Anlagekosten eingespart werden. G.Reumschüssel. 5315f.

1-64/02-0461 G o r o c h o v, V. Ustanovka dlja aktivnoj ventiljacii zerna na tokach i chlebopriemnych punktach. (Zwangsbelüftungsanlage auf Getreidelagerplätzen und Kornsammelstellen.) - Sel'skoe chozjajstvo Sibiri, Omsk 7 (1962) Nr.7. S.56-57. - 1 Schema.

Vf. weist eingangs darauf hin, daß die Zwangsbelüftung noch viel zu wenig angewendet wird, und beschreibt eine Anlage für gedeckte Kornlagerplätze von 5 m Breite und 15 m Länge. An einer Stirnseite befindet sich ein Radialgebläse "SVM-6", von dem die Luft durch 3 fächerförmig auseinanderlaufende Rohre 3 Belüftungskanälen von 310 mm Breite und 150 mm Höhe zugeleitet wird. Die Kanäle sind mit jalousieartig angeordneten Brettern zugedeckt, zwischen denen die Luft in das aufgeschüttete Korn strömt. Die Belüftungskanäle sind so angeordnet, daß von der vom Gebläse abgewandten Stirnseite ein LKW rückwärts zur Kornentladung in die Anlage hineinfahren kann. In einer Skizze gibt Vf. die Maße der Anlage an. W.Balkin. 5315f.

1-64/02-0462 B r e n d l e r, W. Praktische Erfahrungen mit Zentralrohrsilos im VEG-Saatzucht "Walter Schneider" Eisleben. - Dtsch. Agrartechn. 13 (1963) Nr.5. S.216-217.

Aus 5 Zentralrohrsilos wurde für die zentrale Erfassung, Trocknung und Aufbereitung von Getreide, Hülsenfrüchten, Gemüsesamen und Futtersaaten ein kombinierter Speicher eingerichtet. Jährliche Kapazität je Zentralrohrsilo ca. 750 t der angeführten Produkte. Die Kosten je t Getreidetrocknung betragen 3,28 DM ohne und 5,58 DM mit Zusatzbeheizung. Vorteile dieser Anlage: lange Lebensdauer der Silos durch Ganzstahlausführung, geringe Wartungs- und Pflegekosten, Trocknung von Saatgut, ohne die Keimfähigkeit und Triebkraft zu beeinträchtigen, keinerlei mechanische Beschädigungen. Bei längerer Schlechtwetterperiode ist der Betrieb in der Lage, den Mähdreschereinsatz voll aufrecht zu halten, da ausreichende Trocknungs- und Lagerkapazität vorhanden ist. E.Nowatzky. 5315f.

1-64/02-0463 M e y e r, E. Betrieb von Zentralrohrsiloanlagen mit Heidenia-Öfen. - Dtsch. Agrartechn. 13 (1963) Nr.5. S.217-218. - 1 Abb.

Vf. berichtet über Versuche, die Trockenleistung von Zentralrohrsilos durch Luftvorwärmung mit Heidenia-Öfen zu erhöhen. Ergebnis: Heidenia-Öfen eignen sich gut zur Warmbelüftung. Es wurden Leistungssteigerungen um 300-500 % gegenüber der bisherigen Methode mit elektr. Heizung oder Ölheizgeräten erreicht. Für die Projektierung von Zentralrohrsiloanlagen sind Empfehlungen ausgearbeitet worden. E.Nowatzky. 5315f.

1-64/02-0464 A n o n y m. Alle Fruchtarten in einem Arbeitsgang getrocknet. - Schlepper u. Landmaschine 14 (1963) Nr.1. S.221. - 1 Abb. Aus: Dok.-Dienst II/T 1963 Nr.8.

Aufnahme des Mähdreschergetreides vom Feld direkt auf den Trocknungswagen. Jeder Ackerwagen kann mit einem Einlegeboden versehen zu einem Trocknungswagen umgestellt werden. Am Wagenende befindet sich ein Trockenluftanschlußstutzen, der in Verbindung mit einem angeschlossenen Warmlufterzeuger die Trocknung bewirkt. Die Beheizung erfolgt mittels Hochdruckzerstäuberbrenner für Heizöle über einen Hochleistungsschraubenlüfter am Warmlufterzeuger.

Die Warmluftführung erfolgt über einen Segeltuchverbinder in den Wagentrocknungseinlegeboden. Das über einem Drahtgewebe ruhende Trockengut wird gleichmäßig belüftet. 5315f.

1-64/02-0465 S t e v e n s, Graham. Hints on heaters. (Getreidetrocknung. Hinweise auf Heizquellen.) - Pract. Power Farming 30 (1963) Nr.5. S.47. - 3 Skizzen.

Vf. beschreibt einen Wärmetauscher, der 1959 experimentell geprüft wurde. Die Prüfungsvorbereitung und -durchführung ist angegeben. Der Wärmetauscher ist skizziert. Es wird auf die Ausnutzung der Schlepperabgase hingewiesen, wenn der Schlepper das Belüftungsgebläse antreibt. Jeder Farmer ist daran interessiert, die Trocknungswärme so billig wie möglich zu erhalten und bei einem guten Wirkungsgrad auszunutzen. 5315f.

1-64/02-0466 S t e n n i n g, B.C. Choosing a fan for crop drying. (Die Wahl eines Lüfters für die Feldfruchttrocknung.) - Farm Mechanizat. 15 (1963) Nr. 168. S.28-30. - 1 Abb., 5 Diagr. Aus: Dok.-Dienst ILT 1963 Nr.9.

Vergleich der Betriebscharakteristiken (stat. Druck, Leistungsaufnahme) verschiedener Lüftertypen (Axiallüfter, Lüfter mit geraden, nach vorn oder nach hinten gewölbten Schaufeln). Von den wesentlichen Faktoren für die Konstruktion von Trocknungsanlagen werden folgende behandelt: Luftströmungswiderstand der verschiedenen Arten von Körnern und Trockengut (Weizen, Gerste, Hafer, Heu, Grassamen und Mais) in Abhängigkeit von Luftfördermenge und Schichtdicke; Widerstand des Kanalsystems bei rechteckigem und rundem Querschnitt. 5315f.

1-64/02-0467 L i t z e n b e r g e r, Fritz; Braunschweig-Völkenrode, Forsch.-Anst. für Landwirtsch. Systematik der Trockner für rieselfähiges Gut. - Grundlagen d. Landtechn. 1963 Nr.16. 1. Teil. S.40-52. - 42 Abb., 2 Tab., 25 Lit.

Um die Auswahl aus der Vielzahl von Trocknern, die zudem noch nach unterschiedlichen Verfahren arbeiten, zu erleichtern, hat Vf. eine Zusammenstellung der meisten in der Landwirtschaft und in verwandten Gebieten benutzten Trockner gegeben. Die Systematik ist aufgebaut nach der Art der Wärmezufuhr an den Verdampfungsort und nach der Art der Gutsbewegung und Mischung. Die einzelnen Verfahren und Systeme werden an Hand von zahlreichen Grafiken und Schaubildern eingehend besprochen, die Vor- bzw. Nachteile werden aufgezeigt und Hinweise für eine zweckmäßige Verwendung gegeben. Die Übersicht erlaubt eine richtige Auswahl des günstigsten Trockners unter Berücksichtigung des jeweilig zu trocknenden Gutes, der zulässigen Temp. oder der Trocknungszeit. W.Bohrisch. 5315f.

1-64/02-0468 D e L o n g, H.H. Corn drying. (Körnermaistrocknung.) - South Dakota State Coll., Circ. 152. S.1-24. - 10 Abb., 2 Diagr., 2 Schemata, 2 Tab.

Vf. geht kurz auf Körnerverluste auf dem Feld ein und behandelt die Körnertrocknung mit atmosphärischer Luft. Die Anlage ist beschrieben und abgebildet. Versuchsergebnisse sind angegeben. Die Beschickung und Entleerung der Silos sind automatisiert. Kontrollvorrichtungen können Energiekosten sparen. Die gleiche Anlage kann auch mit Zusatzheizung ausgerüstet werden. Vf. gibt seine Versuchsdurchführung und Ergebnisse an. Es wird die Möglichkeit beschrieben, Körner direkt auf Waggons zu trocknen. Heißlufttrockner mit Ölbrenner sind abgebildet. Ein Feuchtigkeitsmesser wird gezeigt. Trocknungs- und Erntekosten sind genannt. G.Reumschüssel. 5315f.

1-64/02-0469 G e r m a n o v, B. Suška semennogo zerna v sušilkach šachtnogo tipa. (Trocknung von Saatgetreide in Schachttrocknern.) - Sel'skoe chozjajstvo Sibiri, Omsk 7 (1962) Nr.7. S.58-60. - 2 Tab.

Vf. bespricht die unzureichenden Trocknungsergebnisse in Nordsibirien, die durch folgende Umstände hervorgerufen werden: 1) Die Schachttrockner werden oft im intermittierenden Betrieb eingesetzt, der, wie Vf. mit Zahlenmaterial nachweist, beträchtlich hinter dem Stetig-Durchlaufbetrieb zurücksteht. 2) Die Gebläse-Drehzahl wird unzulässig herabgesetzt, wodurch die Trocknungsleistung stark sinkt. 3) Die Schachttrockner werden ohne vorherige ausreichende Vorerwärmung des Korns mit voller Leistung sofort in Betrieb gesetzt, anstatt es 40-60 Min. vorzuwärmen. Vf. empfiehlt, 2 Trockner hintereinander zu schalten oder dort, wo nur ein Trockner vorhanden ist, das Korn vor dem 2. Durchlauf 1-2 Tage in einem Zwischensilo einzulagern. Außerdem ist das Korn vor dem Trocknen gründlich zu reinigen. Bei richtiger Arbeitsorganisation kann man das Korn in einem Durchlauf um 8 % heruntertrocknen. W.Balkin. 5315f.

1-64/02-0470 A n o n y m. Tornado-Getreide-Durchlauftrockner "TDT 190/1" - DLG-Prüfbericht. - DLG-Maschinenprüfber. Nr.787. Gr.8h/4. (1962) S.1-10. - 1 Abb., 1 Schema, 1 Tab.

Hersteller: Horstkötter & Co., KG., Beckum, Bez. Münster/Westf. - Durchlauftrockner mit ringförmigem Getreideschacht, der im oberen Teil als Vortrokkenzone, in der Mitte als Trockenzone und im unteren Teil als Kühlzone benutzt wird. Zwischen Vortrocken- und Trockenzone ist ein Radial-Ventilator eingebaut. Der Warmlufterzeuger wird ölbeheizt. - Techn. Daten: Masse 2112 kg; Getreidemenge im Schacht ca. 1300 kg. - Prüfungsergebnisse: Die Nennleistung - 1 t Getreide/h getrocknet von 20 % auf 16 % Kornfeuchte bei einer Getreidetemp. von 38 °C - wurde sicher erreicht. Bei höheren Getreidetemp. steigt die Stundenleistung. Der Durchlauftrockner wird "DLG-anerkannt". L.Machler. 5315f.

1-64/02-0471 A n o n y m. Getreidetrockner "Westfalia" Doppelschacht-Durchlauftrockner Typ "T 1000" - DLG-Prüfbericht. - DLG-Maschinenprüfber. Nr.788. Gr. 8h/5. (1962) S.1-9. - 1 Abb., 1 Schema.

Hersteller: H.& W. Fritzen, Coesfeld i. Westf. - Doppelschacht-Durchlauftrockner mit 2 parallel hintereinander stehenden Getreideschächten aus verzinkten Stahlblechsieben mit gestanzten Langlöchern. Beide Getreideschächte schließt eine Austragevorrichtung nach unten ab. Auf der einen Seite ist der ölbeheizte Warmlufterzeuger angeschlossen, auf der anderen Seite ein Axialgebläse eingebaut. - Techn. Daten: Masse 1401 kg; Getreidemenge in den Schächten (Weizen) ca. 750 kg. - Prüfungsergebnisse: Die Nennleistung - 1 t Getreide/h getrocknet von 20 % auf 16 % Kornfeuchte bei einer Getreidetemp. bis zu 40 °C - wurde erreicht. Bei höheren Getreidetemp. steigt die Stundenleistung. Für die Bedienung des Trockners ist eine geschulte AK erforderlich. Der Durchlauftrockner wird "DLG-anerkannt". L.Machler. 5315f.

1-64/02-0472 C o m e l y, D.R. Gascoigne 3/40 grain drier. (Getreidetrockner Gascoigne"3/40" - N.I.A.E.-Test.) - Nat. Inst. agric. Engng., Rep. on Test Nr.313. (1962) S.1-7. - 1 Abb., 4 Diagr., 1 Schema, 3 Tab.
Hersteller: Gascoignes (Reading) Ltd., Reading, Berks. - Beschreibung: Kontinuierliche Schichttrocknungsanlage für Getreide mit Ölfeuerung mit automatischer Zündung und photoelektrischer Flammenkontrolle. Die Höhe der Getreideschicht kann durch einen Schieber konstant gehalten werden. Nach der Trocknung wird das Getreide mit Hilfe eines Gebläses gekühlt. - Techn. Daten: Trocknungsfläche 77,5 sq.ft. (ca.720 dm^2), Kühlfläche 27,5 sq.ft. (ca. 256 dm^2). - Prüfungsergebnisse: Die besten Ergebnisse bei Getreide mit 21 % Feuchtigkeit wurden bei einer Trocknungstemp. von 148,5 °F (64,4 °C) und einer Schichthöhe von 6 in. (ca. 15,2 cm) erzielt. Die Stundenleistung betrug bei der Trocknung auf 17 % Feuchte 40, auf 16 % 31,8 und auf 15 % 25,5 cwt. (ca. 20; 16; 13 dt). Die Keimfähigkeit des Trockengutes lag bei 96-98 %. M.Lüpnitz. 5315f.

1-64/02-0473 C o m e l y, D.R. Gascoigne 3/70 grain drier. (Getreidetrockner Gascoigne "3/70" - N.I.A.E.-Test.) - Nat. Inst. agric. Engng., Rep. on Test Nr.314. (1962) S.1-8. - 1 Abb., 4 Diagr., 1 Schema, 4 Tab.
Hersteller: Gascoignes (Reading) Ltd., Reading, Berks. - Beschreibung: Kontinuierliche Schichttrocknungsanlage für Getreide mit Ölfeuerung mit automatischer Zündung und photoelektrischer Flammenkontrolle. Die Höhe der Getreideschicht kann durch einen Schieber konstant gehalten werden. Nach der Trocknung wird das Getreide mit Hilfe eines Gebläses gekühlt. - Techn. Daten: Trocknungsfläche 126 sq.ft. (ca. 1172 dm^2), Kühlfläche 42 sq.ft. (ca. 390 dm^2). - Prüfungsergebnisse: Die besten Ergebnisse bei Getreide mit 21 % Feuchtigkeit wurden bei einer Trocknungstemp. von 151 °F (ca. 66 °C) und einer Schichthöhe von 5,5 in. (ca. 14,2 cm) erzielt. Die Stundenleistung betrug bei der Trocknung auf 17 % Feuchte 67,1, auf 16 % 50,9 und auf 15 % 39,6 cwt. (ca. 33; 25; 20 dt). Die Keimfähigkeit des Trockengutes lag bei 97 %. M.Lüpnitz. 5315f.

1-64/02-0474 W ö h l b i e r, H. und R e i s n e r, W. Grundlegende Erkenntnisse bei der Bunkerung von Schüttgütern. - Fördern u. Heben 13 (1963) Nr.6. S.406-416. - 32 Abb., 25 Lit. Aus: Dok.-Dienst ILT 1963 Nr.8.
Überblick über die Probleme bei der Bunkerung von Schüttgütern. Untersucht werden die Bunkerform, der Bewegungsablauf beim Entleeren, die Entmischung von Schüttgütern, der Einfluß von Bunkerquerschnitt und Auslauföffnung auf den Schüttgutstrom, die Brückenbildung beim Ausfließen von Schüttgütern, die Austragsorgane und Austragshilfen, die Zusammenhänge zwischen Bunkerdimensionen und Korngröße und die Druckverteilung in Bunkern. Hinweise für die Konstruktion und den Bau von Bunkern. 5315g.

1-64/02-0475 S t e i n m e t z, H. Körnertransport im Hof. - Dtsch. landtechn. Z. 14 (1963) Nr.7. S.310. 312. - 5 Abb. Aus: Dok.-Dienst ILT 1963 Nr.8.
Nachteile der bisher hauptsächlich eingesetzten Körnergebläse sind hoher Leistungsbedarf, Beschädigungen der Körner bzw. bei den Förderschnecken die Beschränkung auf geringe Förderstrecken, niedrige Förderleistung bei Steil- oder Senkrechtförderung). Empfohlen werden für die Senkrechtförde-

rung Becherwerke (geringe Anlagenkosten, niedriger Kraftaufwand), für die Waagerechtförderung Schüttelrinnen, Körnerbandförderer (höchste Förderleistung) und Trog-Kettenförderer. 5315h.

1-64/02-0476 R i e m a n n, Udo. Getreidelagerung mit weniger Handarbeit. - Landtechnik 18 (1963) Nr.3. S.68-69. - 2 Abb., 1 Tab., 2 Zeichn.

Die Lagerung von Getreide in runden Behältern ist bes. wirtschaftlich, da die runde Form den geringsten Bauaufwand je m^3 Lagerraum fordert. Lagerbehälter sind meist ebenerdig angeordnet. Das Entleeren dieser Behälter ist schwierig. Es bleibt immer ein beträchtlicher Getreiderest nach dem selbständigen Entleeren im Behälter, der durch Handarbeit ausgebracht werden muß. Um diese Handarbeit zu erleichtern, wurde eine Fegeschnecke ohne Schneckenrohr gebaut und erprobt. Vf. beschreibt das Gerät und stellt es in Zeichnungen und Abb. dar. Die Förderleistung kann durch Änderung der Schneckendrehzahl und des -durchmessers variiert werden. Die Fegeschnecke hat sich bewährt. G.Reumschüssel. 5315h.

1-64/02-0477 K o l č i n, N.N.; Moskau, Unions-Forsch.-Inst. für Landmaschinenbau. Mašiny dlja posleuboročnoj obrabotki kartofelja. (Maschinen für die Aufbereitung von geernteten Kartoffeln.) - Traktory i sel'chozmašiny, Moskva 32 (1962) Nr. 9. S.27-28. - 2 Zeichn.

Die Au bereitung von geernteten Kartoffeln umfaßt in der Hauptsache das Sortieren, Reinigen und Lagern. Es wird das Aufbereiten vor und nach der Lagerung unterschieden. Vf. beschreibt 2 Aufbereitungssysteme, ein eigenes und das amer. "Luckwood". Beide Systeme sind skizziert. Die Versuchsdurchführungen und -ergebnisse sind angegeben. Es wird eine Leistung von 10 t/h erreicht. Der Stromverbrauch sämtlicher Maschinen beträgt 30-35 kW. G.Reumschüssel. 5320d.

1-64/02-0478 A n o n y m. Kartoffelsortierung und Lagerung. - Dtsch. landtechn. Z. 13 (1962) Nr.8. S.435-438. - 9 Abb.

Es werden die allg. Grundsätze für Sortierung und Lagerung besprochen. Bes. Gewicht wird auf die Verwendung überdachter Lagerräume gelegt, wo bei der Einlagerung bereits eine Vorsortierung (Untergrößen und Beimengungsabscheidung) erfolgen soll. Im Interesse rationellen Einsatzes der Technik werden Großsortierer als Gemeinschaftsanlagen empfohlen. K.Baganz. 5320d.

1-64/02-0479 A n o n y m. X-rays can sort potatoes from clods and stones. (Röntgenstrahlen können Kartoffeln aus Kluten und Steinen auslesen.) - Farm Implement Machinery Rev. 89 (1963) Nr.1060. S.1098-1099. - 4 Abb. Aus: Dok.-Dienst ILT 1963 Nr.8.

Einige Neuentwicklungen der schottischen Station des N.I.A.E. werden behandelt. Interessanteste Konstruktion: Versuchsmodell einer Kartoffelverleseanlage mit 6 x 4 schräg nach unten gerichteten Leitfingern, die beim Passieren von Kartoffeln durch Elektronenstrahl in normaler Lage bleiben und die Knollen in den Sammelbunker leiten, während sie bei Kluten und Steinen, die den Strahlenweg unterbrechen, nach unten klappen, so daß Abgang direkt auf den Boden fällt. - Weiterhin wird behandelt ein 3reihiges Häufelgerät mit 2 V-förmig angeordneten umlaufenden Scheiben mit Spiralschaufeln; jeweils 1 kleines Schar vor den Scheiben lockert die Erde und leitet sie den Scheiben zu. 5320d.

1-64/02-0480 H i n e , H.J. Potatoes by the box. (Boxpaletten für Kartoffeln.) - Agriculture /London/ 70 (1963) Nr.1. S.16-20. - 2 Abb.

Es werden Praxisversuche auf engl. Landwirtschaftsbetrieben mit Boxpaletten für die Kartoffelernte beschrieben. Bei der Verwendung von 250- und 500-kg-Paletten zum Entleeren der Sammelkörbe von Handlesern ergeben sich keine großen Unterschiede im Handarbeitsaufwand gegenüber den üblichen Verfahren, jedoch werden der Transport und die Lagerung vereinfacht sowie der Beschädigungsgrad vermindert. Die Handhabung dieser Behältergröße erfolgt mit Schlepperfrontladern oder Heckhebern. Während diese Behälter auch auf unebenen Boden abgestellt werden können, erfordern die 900-kg-Behälter in Leichtkonstruktion immer eine ebene Standfläche. Sie kosten jedoch mit 4 engl. Pfund je t Fassungsvermögen nur etwa die Hälfte der anderen Behälter. K.Baganz. 5320h.

1-64/02-0481 D o r y w a l s k i u.a. Czyszczenie nasion. (Das Reinigen des Saatgutes.) Warszawa: Pańtw. wyd. rolnicze i leśne. 1963. (431 S.) 8°. (1963 A 678)

1-64/02-0482 V á m o s i, Jenoe. Utmutató a szellöztetéses szénaszárításhoz. (Anleitung zur Strohtrocknung durch Belüftung.) Budapest. 1962. (29 S.) 4°. (DB 117)

1-64/02-0483 A t a n a s o v, Dimitr. Tjutjunoproizvodstvo. Súš sušene i manipulacija. (Učebnik za studenti agronomi i inžener-technolozi po tjutjuna.) -(Die Tabakproduktion. Trocknung und Behandlung. Lehrbuch für Studenten und Ingenieurtechnologen für Tabak.) 2., überarb. Aufl. Plovdiv: Dúržavno izd. "Christo G. Danov". 1962. (392 S.) 8°. (1963 A 1088)

1-64/02-0484 G r a č e v, V. und U t e v s k a j a, L. Mischsilage. (Übers. aus d. Russ., Maschinenschr. vervielfält.) - TO 687. Aus: Mjasnoe i moločnoe skotovodstvo, Moskva 1963 Nr. 7. S. 14-17.

VI. TIERISCHE PRODUKTION

A. ALLGEMEINES

1-64/02/0485 S t e f f e n, G. Arbeits- und betriebswirtschaftliche Zusammenhänge zwischen Technik und Veredlungswirtschaft. - Tierzüchter 15 (1963) Nr. 4. S. 110-111. 6005.

1-64/02-0486 A n o n y m. Materialhantering i djurskötseln. (Materialhandhabung in der Viehhaltung.) - Traktor J. /Stockholm/ 7 (1962) Nr. 12. S. 762-765. - 1 Abb., 2 Schemata.
Vf. erörtert die Frage, wie der Transport und die damit zusammenhängenden Arbeiten - allg. Materialhandhabung genannt - in der Viehhaltung erleichtert werden können. Hierzu wird eine Übersicht gegeben, die folg. Punkte enthält: innerbetriebliche Transporte als Glied in der Arbeitskette mit verschiedenen Varianten für die Vollmech. und Beispielen für die automatische Materialhandhabung einschl. automatischer Futterbehandlung, mech. Gärfutter- und Heubereitung; vereinfachte Düngerwirtsch. nebst rationellem Melkwesen. Angestrebt wird Einsparung an Arbeit und Erleichterung der Arbeitsgänge.
E.Kahn. 6005.

1-64/02-0487 Literatur über die Mechanisierung der Innenwirtschaft. Hrsg. Instn.. Inst. für Landmaschinen- und Traktorenbau, Dokstelle Leipzig. (Lit.-Nr.: 16/63. Titelanzahl: 26. Ber.-Zeit: 1961-1962.)

B. TIERHALTUNG

1-64/02-0488 M a l m q u i s t, Olle. Vad brukarna anser. (Die Ansicht der Viehpfleger.) - LBF Kontur /Stockholm/ 1962 Nr. 2. 1 S. - 2 Tab.
Für 20 Laufstallbetriebe für Milchkühe und 13 Laufstallanlagen für Jungvieh bringt Vf. in 2 Tab. Angaben über Größe des Viehbestandes, Art und Menge der Einstreu, Produktion in kg Butterfett vor Inbetriebnahme des Laufstalles und im 1., 2. und 3. Jahr nach der Inbetriebnahme sowie eine Beurteilung des Betriebes hinsichtlich Arbeitsaufwand, guter Arbeitsbedingungen, Futterverbrauch, Produktion und Gesamteindruck, die von den betreffenden Viehpflegern durch die Noten 1 (= sehr schlecht) bis 5 (= sehr gut) ausgedrückt wurden. Fast alle sind der Ansicht, daß der Arbeitsaufwand im Laufstall bedeutend geringer ist, und daß die Arbeit im Laufstall, vor allem die Melkarbeit, angenehmer ist als im Anbindestall. Allg. bevorzugen die Viehpfleger den Laufstall; bezeichnend hierfür ist, daß auf eine Anzeige hin sich mehr als 50 Bewerber für den Posten eines Viehpflegers im Offenlaufstall meldeten. A.Grönholm. 6105.

1-64/02-0489 G o m e r y, Donald. This Suffolk herd will be silo-fed all the year round. (Ganzjährige Silagefütterung in Suffolk.) - Dairy Farmer 10 (1963) Nr. 1. S. 28-29. 31. - 5 Abb., 1 Schema.
Vf. gibt einen Organisationsaufriß eines 360-Mg-(134 ha)-Betriebes vor und nach der baulichen und betriebswirtschaftlichen Umgestaltung der Fütterung und Haltung von 50 Kühen und deren Nachzucht und von 400 Schafen sowie einer nicht angegebenen Zahl von Mastschweinen. Vorher bestand nur Silagefütterung im Winter, während die Rinder und Schafe über Sommer ausschließlich geweidet wurden.

Nach der Umstellung und dem Einbau von 2 Harvestore-Hochsilos und automatischer Futterverteilung blieben von 210 Mg (84 ha) Grünland nur 30 Mg als Weide, während alles andere mehrschürig zur Heusilagebereitung verwendet wurde. Heusilage wurde die Futtergrundlage für die Kühe, Jung- und Mastrinder sowie für die Schafe, bei denen vor allem die Weide in den Wintermonaten eingestellt wurde, wodurch die Heuerträge gesteigert wurden. Neben zahlreichen Vorteilen des Harvestore-Systems wird als wesentlichstes herausgestellt, daß dadurch eine um 30 % höhere Nutzung des anfallenden Grünfutters ermöglicht wurde und als Folge mehr Vieh von derselben Ackerfläche ernährt werden konnte. Für die Haltung und Pflege der 50 Milchkühe wurde die benötigte Arbeitskraft von 1,5 auf 1 AK herabgesetzt. H.Senger. 6110a.

1-64/02-0490 B a l t z e r, Klaus. Arbeitseinsparung im Rindviehstall durch bauliche und technische Verbesserungen. - Landmaschinen-Markt 41 (1962) Nr. 16. S. 964-966. - 4 Abb.

Das Ziel sämtlicher Baumaßnahmen ist die Schaffung von Ställen und Bergeräumen, die vor allem die arbeitswirtsch. und hygienischen Forderungen erfüllen. Dies ist vielfach nur durch Neubauten möglich. Ab 20 Kühe hat der Laufstall mit Selbstfütterung und Melkstand Bedeutung. Bei entsprechender Bauausführung kann 1 AK 40 und mehr Kühe betreuen. In Anbindeställen bis zu 20 Kühen bringt die Mechanisierung vor allem Erleichterungen, Arbeitszeiteinsparungen dagegen treten erst bei sinnvoller Ausnutzung der Wartezeiten ein. Neben der Melkmaschine - die schon aus milchhygienischen Gründen ihre Berechtigung hat - ist eine Entmistungsanlage von Bedeutung. Am kostengünstigsten ist hier der Frontlader, ideal dagegen die strohlose Aufstallung mit Gitterrost und Schwemmentmistung. Für die Fütterung wird der Anhänger oder fahrbare Behälter - neben der Selbstfütterung in Laufställen - mit befahrbarem Futtertisch als die günstigste Lösung angesehen. Leichte Güter können getragen bzw. geschoben werden. Eine evtl. Verarbeitung der Futtermittel soll auf dem Wege zwischen Lager und Verbrauchsort vorgenommen werden. Vielfach lassen sich bereits durch Umstellung in den Futterarten oder die Verteilung auf Morgen- und Abendfütterung Zeiteinsparungen erreichen. E.Kulpe. 6110a.

1-64/02-0491 L a n g e l ü d d e c k e, H. und F i n s t e r b u s c h, H. Zwingt Strohmangel zur Anbindehaltung der Milchkühe? - Wiss.-techn. Fortschr. Landwirtsch. 4 (1963) Nr. 4. S. 170-172.

Auch in Offenställen ist mit wenig Einstreu auszukommen. Maßnahmen für eine ausreichende Strohversorgung beginnen bereits bei der Ernte. Das Häckseln des Strohes senkt den Einstreubedarf um 30 %. Liege- und Freßplatz sind durch eine betonierte Wulst voneinander zu trennen. Die Krippe sollte an der Außenseite des Stalles liegen, damit die Tiere vom Freßplatz her direkt den Auslauf erreichen. Tränkebecken sind nicht auf der Liegefläche anzubringen. Auch durch eine zweckmäßige Bewirtschaftung läßt sich der Strohverbrauch verringern. W.Heinig. 6110a.

1-64/02-0492 W e l l e r, J.B. Slatted yards. (Rinderstall mit Spaltenboden.) - Dairy Farmer 10 (1963) Nr. 1. S. 45. 47.

In Ställen mit Spaltenboden ist bes. darauf zu achten, daß keine Zugluft auftritt. Die Roste sind mit Sägespänen zu bestreuen. Problematisch ist die Beseitigung des Dunges. Dieser kann mit Behälterwagen auf das Feld gebracht oder herausgepumpt werden. Eine Kuh benötigt 35 sq.ft. (3,3 m^2) Lauffläche. In den gezeigten Grundrissen wurde einmal neben dem Spaltenboden im gleichen Gebäude ein Flachsilo für die Selbstfütterung eingebaut. Bei Trogfütterung hat man zwischen dem Spaltenboden und dem Silo einen durchfahrbaren Futterplatz vorgesehen. Wenn sich der Bergeraum außerhalb des Stalles befindet, wurde der Stall mit einem mittleren Futtergang versehen. Außerdem vergleicht Vf. die Kosten für das eingesparte Streustroh mit dem höheren Aufwand für den Spaltenboden. W.Heinig. 6110a.

1-64/02-0493 B a l t z e r, K.; Frankfurt/M. Das Wiegen, Verladen und Umtreiben der Schweine. - Tierzüchter 15 (1963) Nr. 4. S. 142-143. - 3 Abb. 6110a.

1-64/02-0494 N o v o b r a n c e v, F.K.; Sernowoi, Gebiet Rostow, Forsch.-Inst. der RSFSR für Mechanisier. und Elektrifizier. der Landwirtsch. Kompleksnaja mechanizacija proizvodstva svininy. (Komplexmechanisierung der Schweinefleischproduktion.) - Svinovodstvo, Moskva 16 (1962) Nr. 12. S. 36 bis 39. - 5 Abb., 1 Tab.
Beschrieben wird ein Schweinestall für 2500 Tiere. Es ist ein 84 m langer, 18 m breiter und 1,4 m hoher Ziegelleichtbau. In der Mitte des Stalles liegt ein der Futterverteilung dienender Kratzerkettenförderer mit 2seitigen Futtertrögen, die mit einer Kraft- und Saftfuttermischung gefüllt werden. Auf dem Freßplatz läuft rings um den Futterverteiler ein Kratzerkettenförderer, mit dem entmistet wird. Darauf folgen rechts und links die Stützen, neben denen die Selbsttränken stehen, an die sich die Liegeplätze anschließen. In diesem Stall können 2500 Schweine von 1-2 AK betreut werden. Der erwähnte Maschinenkomplex kann auch in älteren Schweinemastställen, die auf Laufstallhaltung umgebaut worden sind, angewendet werden. F.Schenk. 6110a.

1-64/02-0495 G r i g o r i u, M., C o v a l i u, C. und H a s d e u, I. Stallkomplexe für Schweine und eine kontinuierliche Produktion. - Int. Z. Landwirtsch. /Sofia/Berlin/ 1962 Nr. 6. S. 79-81. - 3 Abb., 1 Tab.
In der Rumänischen Volksrepublik wurde ein Typenprojekt eines Stallkomplexes für Betriebe mit 100 Sauen und einer jährlichen Produktion von 1600 Mastschweinen entwickelt. Der Komplex besteht aus 1 Abferkelstall mit 3reihiger Anordnung der Buchten, je 1 Stall für tragende Sauen und Absatzferkel und 2 Mastställen. Alle Tiere haben freien Zugang zu den Ausläufen mit Vakuumfutterautomaten und Selbsttränken. Mit Ausnahme der säugenden Sauen und Ferkel werden alle Tiere auf Tiefstreu gehalten. In den Ställen und Ausläufen sind Jaucheabflüsse vorhanden. Die Entmistung der betonierten Ausläufe erfolgt durch Schwemmentmistung. Die Ställe sind aus Ziegelsteinen errichtet, nur die Mastställe sind Schuppenställe. Die Produktionskosten liegen in diesen Ställen niedriger als bei den üblichen Haltungsbedingungen, die Baukosten sind ebenfalls um 43 % niedriger. G.Koch. 6110a.

1-64/02-0496 H o l i t s c h e k, H. Verbesserung des Klimas in Abferkelställen durch Einsatz vollautomatischer Warmluftanlagen. - Dtsch. Agrartechn. 12 (1962) Nr. 12. S. 572-573. - 3 Abb. 6110a.

1-64/02-/0497 A n o n y m. Mekaniserad smågrisuppfödning. (Mechanisierte Ferkelaufzucht.) - Svinskötsel 53 (1963) Nr. 5. S. 122. 124. 126. - 4 Abb.
Es wird ein schwenkbarer Rahmen für einen Abferkelstall beschrieben, durch den die Aufzuchtergebnisse verbessert werden können. Die Buchten können

auch für die Mast benutzt werden. Die Einrichtung läßt sich auch in Verbindung mit einem Spaltenboden aus T-Trägern anbringen.

J.K.Hinrichsen. 6110a.

1-64/02-0498 W a g e n b a c h, H. Der Elektrozaun im Schweinestall. - Tierzüchter 15 (1963) Nr. 5. S. 184-185. - 4 Abb. 6110a

1-64/02-0499 F r a n z k e, H. Stand und Vorhaben in der Entwicklung von Elektrozaungeräten in der Deutschen Demokratischen Republik. - Dtsch. Agrartechn. 12 (1962) Nr. 12. S. 569-572. - 5 Abb., 4 Lit. 6110b.

1-64/02-0500 F r a n z k e, H. Richtiger Einsatz der Drahtarten an Elektrozaunanlagen. - Wiss.-techn. Fortschr. Landwirtsch. 4 (1963) Nr. 3. S. 131 bis 133. - 3 Abb., 2 Tab., 1 Lit.

Verschiedene Drahtarten sind notwendig, um die Forderungen zu erfüllen, die die Landwirtschaft an Drähte für Elektrozaunanlagen stellt. Von den 4 zur Verfügung stehenden, allg. geeigneten Drahtarten sind bei den verzinkten Eisendrähten Glattdrähte mit 2-2,5 mm Ø und einer Reißlast über 80 kp für stationäre Elektrozäune gut geeignet. Ebenso sind PVC-Drähte nur für stationäre Elektrozäune brauchbar. Sie sind leicht und optisch sehr gut wahrnehmbar, allerdings zu wenig flexibel. Dederon-Drähte sind noch leichter und lassen sich besser montieren, so daß sie sich für halbstationäre Zäune gut eignen. Sie sind billiger als PVC-Drähte. Die Lanon-Elektrozaun-Kordel mit bindfadenähnlichen Eigenschaften ist der ideale Draht für alle wandernden Elektrozäune. Bei kombinierten stationären Zäunen bzw. kombinierter Verwendung von Glatt- und Kunststoffdrähten können die Kosten der Zäune zum Teil erheblich gesenkt und die Vor- und Nachteile der einzelnen Drahtarten ausgeglichen werden.

E.Buhtz. 6110b.

1-64/02-0501 A n o n y m. Die überbetriebliche Zusammenarbeit in der Geflügelhaltung. - Kraftfutter 46 (1963) Nr. 8. S. 389-390. 392. 6111a.

1-64/02-0502 K r o h n, Hans. Optimales Stallklima im Zusammenhang mit baulichen Maßnahmen. - Dtsch. Geflügelwirtsch. 15 (1963) Nr. 11. S. 131-136. - 10 Abb., 1 Diagr., 1 Tab.

Der vorliegende Bericht eines öffentlichen Vortrages gibt eine Zusammenstellung der heute üblichen Bauweisen natürlicher und zwangsbelüfteter Geflügelställe und beschäftigt sich bes. mit neueren Erkenntnissen zur Gestaltung eines optimalen Stallklimas.

J.Strecke. 6111a.

1-64/02-0503 E b b e l l, Harald. Hühner stellen Ansprüche an den Stall. - Dtsch. Geflügelwirtsch. 15 (1963) Nr. 18. S. 232-236; Nr. 19. S. 249-252.

Die Umwelt der Tiere wird durch Frischluftversorgung, Raumtemp., Raumfeuchtigkeit und Belichtung bestimmt. Während die 3 ersten Faktoren in engem Zusammenhang stehen, ist die Belichtung unabhängig von ihnen. In Versuchen im US-Landwirtschaftsdepartement erhöhte sich bei einer Erhöhung der Raumtemp. von 2,7 °C auf 7,2 °C die Eierproduktion um 13,8 %, und die Futterverwertung verbesserte sich um 17 %. Bei einem Vergleich zwischen Raumtemp. von 1,1 °C und 13,3 °C erhöhte sich die Eierproduktion um 23,8 %, die Futterverwertung verbesserte sich um 40 %. Für jede Erhöhung der Umwelttemp. um 1,9 °C im Bereich von 1-13 °C kann eine Erhöhung der Eierproduktion um 6 % und eine Verringerung der zur Produktion von 1 Dtzd. Eiern erforderlichen Futtermenge um 10 % vorausgesagt werden. Die mittlere Stalltemp. sollte demzufolge zwischen 10 und 15 °C gehalten werden. Die rel. Luftfeuchtigkeit soll zwischen 60 und 70 % liegen. Der Frischluftbedarf wird mit ca. 10 m^3/Tier/Std. angegeben. An hygienischen Maßnahmen sollte ein Mindestmaß durchgeführt werden, und zwar sollten nur Tiere einer Altersstufe zusammen gehalten, vor den Stalleingängen Desinfektionsmatten angelegt und betriebsfremde Personen vom Stall ferngehalten werden. Die Belichtung in Ställen mit Fenster soll bei Legehennen max. 17 Std. betragen, bis zum Einsetzen der Legetätigkeit max. 14 Std. B.Schenk. 6111a.

1-64/02-0504 K o b a, V.G. und Š v e j c a r o v, L.L.; Saratow, Kalinin-Inst. für Mechanisier. der Landwirtsch. Opyt mechanizacii ptičnikov v Saratovskoj oblasti. (Erfahrungen mit der Mechanisierung von Geflügelställen im Gebiet Saratow.) - Životnovodstvo, Moskva 24 (1962) Nr. 11. S. 74-78. - 1 Abb., 2 Zeichn.

Es gibt verschiedene Typen mechanisierter Geflügelställe mit Tiefstreuhaltung. Typ 1 hat einen 1,5 m breiten Arbeitsgang, zu dessen beiden Seiten in 4 Etagen die Futtertröge und Nester liegen. Davor befinden sich über den Kotkästen die Sitzstangen; zwischen Kotkästen und Wand liegt die Dauerstreu. Das Futter wird mit einem Futterverteilwagen verteilt, die Eier werden mit Förderbändern eingesammelt. Bei Typ 2 ohne Futtergang und Trennwände liegen die Tröge in 4 eingeschossigen Reihen über den Kotkästen und werden mittels Förderbänder beschickt. Bei Typ 3 liegen in der Längsachse des Gebäudes die Kotkästen, darüber in einer Reihe 2 Geschosse von Futtertrögen für Naßfutter, ein Geschoß mit den Trockenfutterautomaten und ein Geschoß mit 2 Reihen Nestern. Die Tränken befinden sich auf den Kotkästen. Zwischen Kotkästen und Längswänden liegt die Tiefstreu. Mit Hilfe eines Förderbandes werden die Eier eingesammelt und die Trockenfutterautomaten beschickt, während das darunterliegende Förderband zum Beschicken der Naßfuttertröge dient. Entmistet wird 1-2mal jährlich mit einem Traktor. Bei Typ 3 liegen die Mechanisierungskosten etwa 50 % niedriger als bei Typ 1 und 2, und die Nutzfläche wird durch den fehlenden Futtergang um 15 % vergrößert. Die Arbeitsproduktivität steigt um 100-300 %. F.Schenk. 6111a.

1-64/02-0505 A d r i a n o v, K. und D o m r a č e v, V. Kompleksnaja mechanizacija na pticevodčeskoj ferme. (Die Komplexmechanisierung einer Geflügelfarm.) - Kolchoznoe proizvodstvo, Moskva 22 (1962) Nr. 11. S. 30-32. - 3 Zeichn.

Vom Konstruktionsbüro des Sibir. Forsch.-Inst. für Landwirtsch. sind Zeichnungen für vollmechanisierte Geflügelhäuser entwickelt worden, die bereits in 5 Betrieben errichtet wurden. Der Arbeitsaufwand für die Gewinnung von 1000 Eiern beträgt hier 1,5 AKh, und die Selbstkosten belaufen sich auf 47 Rbl. (nicht mechanisiert: 77 Rbl.). Die Zubereitung des Futters erfolgt in einem Standardrührwerk; von hier aus gelangt das Futter zu einem Förderband, von dem es den einzelnen Futtertrögen zugeleitet wird. Die Eier werden von einem Förderband eingesammelt, das zwischen der rechten und linken Nestreihe verläuft und sie einem Sortiertisch zuführt. Hier werden die Eier sortiert und gleichzeitig verpackt. In einem solchen mechanisierten Geflügelhaus kann eine Geflügelwärterin 25000 Legehennen betreuen.

E.Kahn. 6111a.

1-64/02-0506 K o r s a k o v, A.A. Pticevodstvu - komplektnoe oborudovanie. (Komplexeinrichtungen für die Geflügelzucht.) - Pticevodstvo, Moskva 1963 Nr. 2. S. 26-30. - 2 Abb., 5 Zeichn.

Ein Legehennenstall ohne Gang von 12-15 m Breite wird ausgestattet mit 4 durchgehenden Futtertrögen mit vertikalem Futterband, 2 durchgehenden hängenden Tränkrinnen und 1 durchgehenden 2seitigen Nestreihe mit zentralem Transportband. Diese Einrichtungsgegenstände befinden sich über dem Kotbunker. Der UV-Bestrahlung dienen 2 bewegliche Einrichtungen mit Quarzlampen. 1 AK betreut mehr als 6000 Hennen. Die Einrichtungsgegenstände werden in Serie produziert. Für die Broilermast wird ebenfalls eine Komplexeinrichtung in Serie produziert, und zwar handelt es sich um Futterrinnen mit Schüttelmechanismus, Rinnentränken, elektr. Schirmglucken. 1 AK betreut 10000 Broiler. H.Pingel. 6111a.

1-64/02-0507 S c h m i d t, Ludwig. Batteriehaltung in Deutschland? - Mitt. dtsch. Landwirtsch.-Ges. 78 (1963) Nr. 34. S. 1077-1078. - 2 Abb. 6111a.

1-64/02-0508 R e u t e r, Hubert und P r a ß e, Karl. Was halten Sie von Batterien? - Dtsch. Geflügelwirtsch. 15 (1963) Nr. 20. S. 261-268. - 22 Abb.

Ein wirklicher Vorteil der Käfighaltung liegt bei begrenzt zur Verfügung stehendem Stallraum darin, daß bei einer 3-Etagen-Batterie 16 bis 18 Hennen je m^2 Stallbodenfläche gehalten werden können. Die Investitionskosten sind allg. nicht viel niedriger als bei der normalen Stallhaltung mit weitgehender Mechanisierung. Für die Lage des Stalles wird die Ost-West-Lage mit am Ostgiebel gelegener Kotplatte günstig beurteilt. Lange und schmale Ställe verdienen den Vorzug, es lohnt sich, mehrere voneinander unabhängige Abteile zu schaffen. Die Belichtung erfolgt am besten durch künstliches Licht. Das Lüften muß zugfrei durch einen bis 40maligen Luftwechsel erfolgen, für jeden Stall und den vorhandenen Besatz ergibt sich eine spezielle Berechnung, die Förderleistung der Ventilatoren und Größe der gut verteilten Lüftungsöffnungen berücksichtigt. Der Fußboden muß aus einem Zementestrich bestehen, Wände und Decken können aus neuzeitlichen Verbundplatten oder aus massiven Baustoffen bestehen, der Mindest-K-Wert soll 0,7 betragen. Eine Dampfsperre begünstigt die Klimatisierung. Die Kotbeseitigung kann durch Abrutschluken mit federnder und selbstschließender Klappe oder mittels Querförderband auf eine Kotplatte oder besser auf einen bereitstehenden Wagen erfolgen. Der Kot kann auch mit Wasser versetzt werden und in eine bes. Güllegrube gebracht werden. Aufbau und Arbeitsweise der verschiedenen Batterieanlagen, betriebs- und arbeitswirtschaftliche Probleme und das Verhalten des Huhnes selbst werden besprochen. Die Vorteile der Batteriehaltung sind bislang nicht größer als die einer guten Bodenhaltung auf Tiefstreu. U.Hofmann. 6111a.

1-64/02-0509 R e u t e r, Hubert; Bonn. Fehlentwicklung bei Lufterhitzern? - Dtsch. Geflügelwirtsch. 15 (1963) Nr. 4. S. 43-45.

Bei der Intensivhaltung von Legehennen werden vielfach die Wirkung von Lufterhitzern überbewertet ("Klima-Anlagen") und der Wert einer sorgfältigen Isolierung unterschätzt. Angestrebt werden muß, mit dem geringsten Kostenaufwand nach Isolierung aller Bauteile und unter Einhaltung einer konst. Temp. zwischen 12 und 22 °C bei 65-70 % rel. Luftfeuchtigkeit die überschüssige

Feuchtigkeit aus dem Stall zu beseitigen. Dabei ist die "Umluft" (d.h. bereits angewärmte Stall-Luft) auszunutzen. Vf. bezeichnet es als Fehlentwicklung, wenn man unter hohen Kosten (bis 100 l Ölverbrauch tägl.!) bestrebt ist, möglichst viel Wärmeeinheiten (WE) unter hohem Druck in den Stall zu blasen und dann die ausgetrocknete Streu wieder anzufeuchten. Erst bei Außentemp. unter + 1 °C ist eine ständige, geringe (keine kurze, hohe) Wärmezufuhr notwendig, was auch kleinere Geräte schaffen. Transportable Erhitzer werden abgelehnt. Die Nutzung von Getreidetrocknungsanlagen wird in Erwägung gezogen. Aus Gründen der optimalen Versorgung der Tiere mit Trögen, Tränken und Nestern, der Übersichtlichkeit und Hygiene ist eine dichtere Besetzung als 6 Hennen/m^2 falsch. Abschließend werden kleine, preiswerte, leicht zu bedienende, wartungsfreie und betriebssichere Geräte mit einer regelbaren Leistung von 5000-25000 WE bei geringem Heizmaterial-Verbrauch gefordert.

E.Kulpe. 6111a.

1-64/02-0510 Ž a d a n, I.A. und T i š č e n k o, A.B. Mechanizacija prigotovlenija i razdači kormov. (Die Mechanisierung der Futterzubereitung und -verteilung.) - Svinovodstvo, Moskva 17 (1963) Nr. 2. S. 41-43. - 1 Schema.
Die Futterküche zur Naßfutterzubereitung im Kolchos "Swerdlow" (Gebiet Pensa) enthält u.a. 2 Futterzerkleinerer "DKU-M" und "UDK-T", 1 Elevator und 1 Bunker, 1 Dampferzeuger, 1 Hackfruchtwäsche "MRK-5", 2 Pastenzubereiter und 1 Futtermischer. Das Futter, dessen Zubereitung detailliert erläutert wird, gelangt mittels Druckluft durch Rohrleitungen in die Vakuumfutterautomaten im Freßstall.

6115a.

1-64/02-0511 H o l l i g e r, Ad.; Uzwil, Forschungslab. Gebr. Bühler. Vergleichende Untersuchungen am Futtermischer. - Kraftfutter 46 (1963) Nr. 6. S. 291-292. - 9 Tab.
Die einwandfreie Arbeit der Futtermischer wird bei Mischungsverhältnissen bis 1-100000 durch Homogenitätsteste mittels Indikatorstoffen festgestellt. Dazu wird Methylviolett conc. von Merck in Mengen von 100 g/t Futter verwendet, ohne daß gesundheitliche Schäden bei Tieren auftreten. Der Farbstoff findet in feinster Fraktion mit 100/µ Maschenweite Verwendung. Indikator wird in der Mitte des Mischers auf die Oberfläche des Mischgutes unter Bedeckung mit 110 g Mischgut zugegeben. Im Bereich von 30 Sek. bis 5 Min. werden beim 1-t-Mischer für jede Mischzeit 10 Proben, für den 2-t-Mischer 12-15 und für den 3-t-Mischer 18-20 Proben gezogen. Zur Analyse werden 10 g Futter eingewogen und 30 ml Alkohol zugegeben. Suspension mehrmals tüchtig durchrühren und nach 30 Min. filtrieren. Bei schlechter Arbeit des Mischers ist bereits grobsinnlich bei den einzelnen Lösungen ein beträchtlicher Unterschied wahrnehmbar. Zur quantitativen Erfassung der Farbunterschiede erfolgt eine kolorimetrische Beurteilung. Bei Siebanalyse, Protein- und Aschebestimmung zeigen sich schon nach 30 Sek. Mischzeit gute Übereinstimmungen. Eine Erhöhung der Mischzeit bringt unwesentliche Verbesserungen der Homogenitätsverhältnisse. Hingegen beim Methylviolett-Test ist die Verteilung des Indikators nach 1 Min. noch unbefriedigend und erst nach 2 Min. zeichnet sich der gewünschte Homogenitätsgrad ab. Nur mittels dieses Farbtests ist eine gute Verteilung kleinster Mengen vorliegender Komponenten zu beurteilen.

E.-R.Franke. 6115b.

1-64/02-0512 S y r o v a t k a, V.I.; Moskau, Unions-Forsch.-Inst. für Elektrifizier. der Landwirtsch. Issledovanie processa izmel'čenija zerna udarom. (Untersuchung des Prozesses der Körnerzerkleinerung durch Schläge.) - Traktory i sel'chozmašiny, Moskva 32 (1962) Nr. 11. S. 27-29. - 2 Abb., 1 Diagr., 1 Tab., 1 Zeichn., 5 Lit.

In der letzten Zeit wendet man in der Landwirtschaft in stärkerem Maße Hammermühlen an, da sie gegenüber dem Mahlen mit Steinen oder Walzen Vorteile haben. Nachteilig ist die Erhöhung des spezifischen Energieaufwandes und die Schwierigkeit, gleiche Korngrößen des Endproduktes zu erhalten. Vf. untersucht den Prozeß der Körnerzerkleinerung in Schlagmühlen. Es sind Formeln abgeleitet, mit denen die abs. Körnergeschwindigkeit nach dem Schlag und die kinetische Energie ausgerechnet werden können. Versuchsergebnisse sind angegeben. Um die Arbeit der Hammermühlen zu verbessern, sind Körbe mit aktiver Arbeitsoberfläche zu verwenden. Der Spalt zwischen den Hämmern und dem Korb soll 1,5-2,0 mm betragen. G.Reumschüssel. 6115d.

1-64/02-0513 P a p p r i t z, C.-L. v. Technische Hilfsmittel bei der Hochsilo-Entnahme. - Tierzüchter 15 (1963) Nr. 9. S. 331-332. - 3 Abb. 6115h.

1-64/02-0514 E i l f o r t, K. Einrichtungen im Hühnerstall. 4 Mitt. Tränkwasserversorgung unserer Hühner. - Dtsch. Geflügelwirtsch. 14 (1962) Nr. 35. S. 451-462. - 3. Mitt. vgl. LZ. Abt. I 9 (1963) Nr. 7. S. 1026.

An eine gute Tränkversorgung stellt Vf. folgende Anforderungen: 1) Sie muß automatisch sein; 2) der Wasserdruck darf keinen großen Schwankungen unterliegen; 3) die Tränke muß jederzeit eine gleichmäßige spritzfreie Wasserversorgung garantieren. Anschließend beschreibt Vf. die Funktionsprinzipien von hängenden und stehenden Federventiltränken, von Schwimmerventiltränken und von Durchlauftränken. Beim Kauf soll man auf sicheres Funktionieren, solide Verarbeitung, einfache Handhabung und leichtes Reinigen bes. achten. Tränken sind so aufzustellen, daß die Einstreu nicht feucht wird; am praktischsten ist das Anbringen auf der Kotgrube. B.Schenk. 6120b.

1-64/02-0515 K u k t a, G. und K o z e l, P. Mechanizacija rabot v moločnom skotovodstve. (Mechanisierung der Arbeiten in der Milchviehwirtschaft.) - Technika v sel'skom chozjajstve, Moskva 22 (1962) Nr. 9. S. 27-31. - 3 Abb., 1 Tab., 1 Zeichn.

In den neuen 2- und 4reihigen Anbindeställen der Ukraine werden mit Erfolg die Futterverteiler "RM-5" angewendet, die den Arbeitsaufwand auf die Hälfte verringern. Einfacher und wirkungsvoller läßt sich die Mechanisierung der Fütterung in Laufställen durchführen, wobei für 35 Kühe 1 AK erforderlich ist. Das direkte Verfüttern der Silage in den Mieten, bei dem das Freßgitter nur jede 3-4 Tage von einem Schlepper verschoben wird, erfordert den geringsten Arbeitsaufwand. Im Sommer wird das Grünfutter mit dem Mähhäcksler "KIR-1,5" geerntet und dabei direkt in den Futterverteiler "PTU-10K" abgeworfen. Rauhfutter wird am besten verwertet, wenn man es häckselt und pneumatisch befördert. Rübenschnitzel können mit Futterverteilern verteilt oder mit Greiferladern in Außen-Futterkrippen geschüttet werden. Rüben werden in den gleichen Futterkrippen oder beim Melken in den Melkständen verfüttert. Vf. weist auf die Temperaturabhängigkeit des Futterbedarfs der Tiere hin, behandelt Fragen der Einstreu und der Entmistung mit dem Räumschild "BN-1" und zählt die für die Vollmechanisier. der Laufstallwirtsch. erforderlichen Maschinen auf. W.Balkin. 6120c.

1-64/02-0516 M e i e r, E. und B l u m e. Futterverteilungswagen. - Dtsch. Agrartechn. 13 (1963) Nr. 8. S. 367.

Durch den Einsatz des vom Neuererkollektiv vorgeschlagenen und bereits im VEG Walbeck arbeitenden Futterverteilungswagens können 128 Kühe mit einer Ration von 20 kg Silage je Tier in 2,31 min gefüttert werden. Mit dem Futterwagen lassen sich Rübenblatt-Silage, Mais-Silage sowie gehäckseltes Heu, Grünfutter und Futterstroh gleichmäßig verteilen. Neben der Einsparung von 2 AK ist die Verteilung gleichmäßiger als bei Handarbeit. Der Antrieb der Verteilung erfolgte über die Zapfstelle. 6120c.

1-64/02-0517 A n o n y m. Das Neueste - die Elektronenkuh. - Dtsch. landtechn. Z. 14 (1963) Nr. 2. S. 61.

In den USA wurde die automatische Kälbertränkanlage "Nursette" entwickelt. Sie besitzt einen Trichter, der 12,5 kg Milchpulver faßt. Darunter ist eine Mischschüssel aus Plastik mit Rührwerk. Milchpulver für max. 3/4 l Milch wird mit warmem Wasser vermischt. Dieser Prozeß dauert 3 Min., dann wird ein Vakuum, das die Zitze absperrt, zurückgezogen und das Kalb kann saugen. Mit dem Leerwerden des Mischbehälters setzt ein neuer Mischprozeß ein. Das Kalb bekommt keine Milch mehr aus der Zitze infolge Absperrung durch das einsetzende Vakuum, es geht weg. Ein Überfressen der Kälber hat sich deswegen nicht gezeigt. Die Kunstzitze wird einmal tägl. sterilisiert. Es können bis 200 Kälber mit der "Nursette" gefüttert werden. Der Apparat kostet bei 6 Mon. Garantie 2500,-- DM. H.Senger. 6120c.

1-64/02-0518 H a e r k ö t t e r, G. Bessere Fütterungstechnik bei Schweinemast. - Dtsch. landwirtsch. Presse 86 (1963) Nr. 28. S. 280-281. 6120c.

1-64/02-0519 A n o n y m. Ferkelfutterautomat Kunath - Prüfbericht IMA/Brugg. - Schweiz. Inst. Landmaschinenwes. u. Landarbeitstechn. Brugg (Aargau), Prüfber. Nr.Ep 1139 (1963) 3 S. - 1 Abb.

Hersteller: Kunath, Futterfabrik, Aarau. 6120c.

1-64/02-0520 S c h l e g e l, W. und W o l f, R. Möglichkeiten zur Verbesserung der Ferkelaufzucht durch Trockenfutterautomaten. - Tierzucht 17 (1963) Nr. 8. Fütterungsberatung 4 Nr. 4. S. 31-33. - 3 Abb., 6 Tab. 6120c.

1-64/02-0521 M e n d e, Gunther und L u x, Georg. Ergebnisse der Untersuchungen der Käfigintensivhaltung von Legehennen unter besonderer Berücksichtigung der Technologie in der LPG "Einheit", Kötzschau. - Wiss. Z. Hochschule LPG Meißen 5 (1962) Nr. 4. S. 457-463. - 3 Abb., 2 Tab.

Auf Grund größerer Futterverluste wurden in der Käfigintensivhaltung der LPG "Einheit" Kötzschau die elektrisch betriebenen Futterwagen der Batterien mit horizontal verlaufenden Futtersammelblechen ausgerüstet, um das herausgepickte Futter aufzufangen. Die Futtersammelbleche in der ursprünglichen Form erforderten jedoch einen hohen Arbeitsaufwand, da sie täglich gereinigt werden mußten. Durch Umbiegung der Halterung und der Bleche schräg nach oben wurde erreicht, daß das herausgepickte Futter jeweils in die untere Krippe fällt. Lediglich das unter der untersten Krippe befindliche Blech muß auf Grund dieser Anordnung noch täglich gereinigt werden. Durch die geringfügige Änderung war es möglich, tägl. 119 Min. Arbeitszeit einzusparen. Weiterhin wird auf die geplanten Veränderungen bez. der Mechanisierung (Entmistung, Eierabnahme) mit dem Ziel der Steigerung der Arbeitsproduktivität eingegangen. K.Löhle. 6120c.

1-64/02-0522 S p i n d l e r und L a s s e r. Tierpflegegerät Vorwerk-Kobold, Type 17 HL, Modell 115 - Prüfbericht Wieselburg, N.Ö. - Bundesversuchs- u. Prüf.-Anst. landwirtsch. Maschinen, Geräte /Wieselburg, N.Ö./, Prüfber.Nr. 612. Gr. 9a. (1962) 2 S.

Hersteller: Vorwerk & Co., Maschinenfabrik, Wuppertal-Barmen, Postschließfach 745, Deutsche Bundesrepublik. 6125.

1-64/02-0523 A n o n y m. Stallentmistung (DLG-Bericht 1962). - Dtsch. landtechn. Z. 13 (1962) Nr. 7. S. 410. 412. 414.; Nr. 8. S. 429-430. - 10 Abb. 6130b.

1-64/02-0524 H o f f m a n n, H. Gedanken zu neuen Verfahren der Stallmistgewinnung und -verwertung. - Prax. u. Forsch. 15 (1963) Nr. 1. S. 5-7. - 3 Abb., 2 Tab.

Der Stallmist ist heute kein notwendiges innerbetriebliches Erzeugungsprodukt mehr. Deshalb gelten für die Stallmistgewinnung die Verwendung von möglichst geringen Investitionskosten und eine optimale Arbeitseinsparung und -erleichterung bei gleichzeitiger Verbesserung des Wohlbefindens und der Gesunderhaltung der aufgestallten Tiere. Es werden 3 Entmistungsverfahren vergleichend beschrieben: Frontlader-Entmistung, Schwemmentmistung und Spaltenbodenentmistung. Neben den Überlegungen über die Höhe der entstehenden Baukosten stehen arbeitswirtsch.-techn. Gesichtspunkte im Vordergrund.

R.Reumschüssel. 6130b.

1-64/02-0525 H e c k l, R. Kotgrabenrost und Schwemmentmistung? - Fortschr. Landwirt /Graz/ 41 (1963) Nr. 6. S. 1(81)-2(82).; Nr. 9. S. 6(134)-7(135).

Güllewirtschaft ist ohne Schwemmentmistung möglich, die Schwemmentmistung aber zwingt zur Güllewirtschaft nach dem Eingrubensystem. In der breiten Praxis anwendbare Schwemmentmistung ist nur in Verbindung mit Staugraben und Gitterrost hinter dem Kurzstand möglich. Klauenschäden kommen auf dem Gitterrost nicht vor, wohl aber Euterverletzungen durch Tritt sowie Einklemmen und Abreißen der Zitzen. Grundsätzlich soll Schwemmentmistung mit dem Kurzstand verbunden werden, der es unmöglich macht, daß das Euter mit dem Gitterrost in Berührung kommt. Der offene amerikanisch -holländische Kotgraben ist keinesfalls gefährlicher als die Gitterrostaufstallung. Mehr als 10000 Rinder werden in Österreich jährlich wegen Unfälle in herkömmlichen Ställen vor allem auf Mittellangständen geschlachtet. Der Halsrahmen ist die beste Kurzstandanbindung. E.Höpler. 6130b.

1-64/02-0526 A n o n y m. Stallentmistungsanlage "Duräumat" mit starrem und schwenkbarem Steilhochförderer - DLG-Prüfbericht. - DLG-Maschinenprüfber. N8.781. Gr. 10b/7. (1962) S. 1-6. - 3 Abb., 3 Tab.

Hersteller: Maschinenfabrik Lythall KG., Bad Oldesloe. - Beschreibung: In der waagerechten Kotrinne arbeitet die Entmistungsanlage mit Schubstangenantrieb, in der Hochförderung mit einem Förderrechen, der von einem über eine Kette angetriebenen, auf dem Rand der Förderrinne laufenden Wagen getragen wird. - Techn. Daten: Gesamte Förderlänge bei starrem Steilhochförderer 36,45 m, bei schwenkbarem 31,35 m; Nennleistung des Antriebsmotors 2,2 kW. - Prüfungsergebnisse: Die Entmistungsanlage hat während der Prüfung gut gearbeitet. Sie eignet sich für die Entmistung von Rindvieh- und Schweineställen mit Lang- und Häckselstrohmist. Die Anlage wird "DLG-anerkannt".

L.Machler. 6130b.

1-64/02-0527 Anonym. Stallentmistungsanlage "Suevia" - DLG-Prüfbericht. - DLG-Maschinenprüfber. Nr.782. Gr. 10b/8. (1962) S. 1-6. - 2 Abb., 2 Tab.
Hersteller: Suevia-Tränkebecken-Vertriebs-GmbH, Bönningheim/Württembg. - Beschreibung: In der waagerechten Kotrinne arbeitet die Entmistungsanlage mit Schubstangenantrieb, in der Hochförderung mit einem Förderrechen, der von einem über eine Kette angetriebenen, auf dem Rand der Förderrinne laufenden Wagen getragen wird. Auf der Dungstätte wird der Mist mit einem umlaufenden Schlagkreuz verteilt. - Techn. Daten: gesamte Förderlänge 26,5 m; Höhe des Abwurfes über der Dungstätte 3,82 m; Nennleistung des Antriebsmotors 2,2 kW. - Prüfungsergebnisse: Die Entmistungsanlage hat während der Prüfung gut gearbeitet. Sie eignet sich für die Entmistung von Rindvieh- und Schweineställen mit Lang- und Häckselstrohmist. Die Anlage wird "DLG-anerkannt". L.Machler. 6130b.

1-64/02-0528 Anonym. Stallentmistungsanlage "Westfalia" mit Hochförderern Typ 100, Typ 200 und Typ 300 - DLG-Prüfbericht. - DLG-Prüfber. Nr. 783. Gr. 10b/9. (1962) S. 1-9.
Hersteller: Vodra-Landmaschinen GmbH, Datteln i. Westf. - Beschreibung: Die Dungförderanlage arbeitet nach dem Prinzip des endlosen Kettenzuges mit einseitig befestigten Mitnehmern. Sie fördert den Mist waagerecht aus dem Stall und hoch auf die Dungstätte. Techn. Daten: Kettengeschwindigkeit 0,21 m/s; Nennleistung des Antriebmotors 2,2 kW. - Prüfungsergebnisse: Die Entmistungsanlage hat während der Prüfung gut gearbeitet. Sie eignet sich für die Entmistung von Rindvieh- und Schweineställen mit Lang- und Häckselstrohmist. Da bei den Typen "100" und "300" der Mist an verschiedenen Stellen abgeworfen werden kann, wird der Stapelraum erheblich vergrößert. Die Bauart ermöglicht es, auch Innenkehren zu durchfahren und dadurch die Anlagen verschiedenen Stallformen gut anzupassen. Die Entmistungsanlage wird "DLG-anerkannt". L.Machler. 6130b.

1-64/02-0529 Mann, Gerhard, Körner, Martin, Müller, Werner und Zeitler, Max. Umbau der Siloschnecke als transportable Kotschnecke zur mechanischen Entleerung von Dunggruben (Schweineställe). - Dtsch. Agrartechn. 13 (1963) Nr. 8. S. 366. 6130b.

1-64/02-0530 Anonym. Kolb-Vertikal-Zentrifugalpumpen Typen "PV" und "PVR"-Prüfbericht IMA/Brugg. - Schweiz. Inst. Landmaschinenwes. u. Landarbeitstechn. Brugg (Aargau), Prüfber. Nr.Ep 1154. (1963) 7 S. - 3 Abb.
Hersteller: Eugen Kolb AG, Maschinenfabrik, Güttingen TG. 6130b.

1-64/02-0531 Anonym. Saug-Druckfuß "Kaiser" - Prüfbericht IMA/Brugg. - Schweiz. Inst. Landmaschinenwes. u. Landarbeitstechn. Brugg (Aargau), Prüfber. Nr.Ep 1209. (1963) S. 1-8. - 3 Abb.
Hersteller: Josef Kaiser, Fahrzeugbau, Schwaanwald Fl. 6130b.

1-64/02-0532 Ordnung der Rinderhaltung. Ausgearb. v.d. Forschungsgemeinschaft d. Forschungsrates d. DDR "Tierhaltung u. Stallwirtschaft" - Arbeitsgruppe Rinder. Leipzig-Markkleeberg: Landwirtschaftsausstellung. 1963. (64 S.) 8° = Markkleeberger Schriftenreihe. (1963 A 802)

1-64/02-0533 Novaja technologija otkorma svinej. -(Neue Technologie der Schweinemast.) Moskva: Sel'chozgiz. 1962. (21 S.) 8°. (DA 1590)

1-64/02-0534 V e n k r b o c, L. Mechanizace výkrmu prasat. (Mechanisierung der Schweinefütterung.) Praha: Ústav vědeckotechn. informací MZLVH. 1963. (32 S.) 8°= Metodiky pro zavádění výsledku výzkumu do praxe Nr. 8. (SR 2716, 1963, 8)

1-64/02-0535 Automaty do żywienia świń. (Automaten für die Schweinefütterung.) 2. Aufl. Warszawa: Państw. wyd. roln. i leśne. 1963. (31 S.) 8°. (1963 A 684)

1-64/02-0536 Literatur über die Entmistung in Rinder- und Schweineställen. - Hrsg. Instn.: Inst. für Landtechnik, Abt. Dok., Potsdam-Bornim. (Lit.-Nr.: 91. Titelanzahl: 66. Ber.-Zeit: 1962-1963.)

1-64/02-0537 D r u r y, L.N., B r o w n, R.H. and D r i g g e r s, J.C. Performance of chick brooder types in uninsulated houses. Athens: Univ. of Georgia. 1963. (32 S.) 8° = Georgia agricultural experiment stations. Univ. of Georgia college of agriculture. Bulletin N.S. 101. (SR 2734, 101)

1-64/02-0538 G o v o r k a, Ja. und G e j m o s, G.A. Erfahrungen in der massenweisen Mast von Schweinen bei minimalem Arbeitsaufwand. Aus: Živodnovodstvo, Moskva 1963 Nr. 1. (Übers. aus d. Russ., Maschinenschr. vervielfältigt) - TO 673.

1-64/02-0539 P r o ś, Jerzy, J u s z c z a k, Jerzy und N o w a k o w s k i, Jan. Einige Probleme der Automatenfütterung in der Schweinemast. Aus: Przegląd Hodowlany 30 (1962) Nr. 11. 6 S. (Übers. aus d. Poln., Maschinenschr. vervielfält.)-TO 661.

C. GEWINNUNG UND AUFBEREITUNG TIERISCHER PRODUKTE

1-64/02-0540 A n o n y m. Jahresbericht über die Milchleistungsprüfung in Niederösterreich. - Arb.-Gemeinsch. niederösterr. Tierzuchtverb., Jb. 40 S. 6210a.

1-64/02-0541 M i l t o n, G.A. Trends in dairy equipment and methods. (Neue Geräte und Methoden in der Milchwirtschaft.) - Austral. J. Dairy Technol. 18 (1963) Nr. 1. S.49-51.

Auf einer 4monatigen Studienreise in die bedeutendsten Milcherzeugungsländer wurden Neuerungen, Neuentwicklungen im Abpacken der Milch und ihrer Erzeugnisse gesammelt. Betont wird, daß Europa die Literpackung für Milch nach wie vor bevorzugt, Amerika auch Großpackungen entwickelt hat. In der Automatisierung der Verpackung und Reinigung der Geräte wurden Fortschritte erzielt. Man verwendet geschweißte Pipelines und Großtanks bis über 20000 gal., Pasteurisierapparate leisten bis 7500 gal./h. Verbesserungen an Plattenerhitzern lassen eine Regenerierung bis zu 91 % statt vorher 82-83 % zu. Die sterile Milchabfüllung wurde weiter entwickelt. Der Absatz ultrahocherhitzter Milch setzt sich trotz ihres vorzüglichen Geschmacks nicht durch. Die Plastiküberzüge haben die Wachsverkleidung der Pappgefäße völlig verdrängt. Becher aus Plaste nehmen bes. in Europa zu. In England liefen Versuche mit der Verwendung von Milchflaschen und Milchkannen aus Plaste, ohne bisher Anklang zu finden. Zukunft scheinen die Flaschenbehälter aus Plaste zu haben. H.Senger. 6210a.

1-64/02-0542 P e t t e, J.W. De conservering van melk an melkprodukten. (Die Konservierung von Milch und Milchprodukten.) - Landbouwkund. Tijdschr. 75 (1963) Nr. 12. S. 683-696. - 2 Diagr., 2 Schemata, 3 Tab., 33 Lit. 6210a.

1-64/02-0543 R a s e n a c k, Dietrich. Überblick über Kunststoff-Folien und -Kombinationen als Verpackungsmaterial in der Milchwirtschaft. - Milchwissenschaft 18 (1963) Nr. 8. S. 381-386. - 5 Abb., 2 Tab., 8 Lit. Zus. in Engl. 6210a.

1-64/02-0544 P a r a u, D. Durchführung und Hygiene des Maschinenmelkens. Tierzüchter 15 (1963) Nr. 3. S. 77-80. - 6 Abb. 6210b.

1-64/02-0545 W h i t t l e s t o n e, W.G., O l n e y, G.R. und H a r p e r, N. Machine milking and mastitis. 2. A field study of the stability of commercial milking machines. (Maschinenmelken und Mastitits. 2. Mitt. Ein Praxisversuch über die Gebrauchssicherheit handelsüblicher Melkanlagen.) - Austral. J. Dairy Technol. 18 (1963) Nr. 1. S. 7-14. - 2 Tab., 15 Diagr. 1. Mitt. vgl. LZ. Abt. I 9 (1963) Nr. 5. S. 588.

Da starke Vakuumschwankungen in der Melkanlage die Bereitschaft zur Mastitiserkrankung begünstigen, wurden in 15 Farmbetrieben mit einem Vakuumschreibgerät für jeweils mindestens 2 Melkzeiten das Verhalten des Vakuums beim Melken registriert und ausgewertet. 15 solcher Diagr. sind abgebildet, dazu in 2 Tab. die techn. Daten der Anlagen und eine Auswertung der Ergebnisse. Die Zusammenhänge zwischen dem Vakuumverhalten und der Bereitschaft zur Mastitiserkrankung werden später festgestellt. H.Senger. 6210b.

1-64/02-0546 S i l l c o c k, K.M. Better milking. (Bessere Melkarbeit.) - J. Agric. /Melbourne/ 61 (1963) Nr. 4. S. 158-160. - 4 Abb.

Vf. geht auf die Besonderheiten des Maschinenmelkens ein, um einen guten Melkeffekt zu erzielen. Eine praktische, mit einem Handhebel zu bedienende Euterbrause wird im Bilde gezeigt und empfohlen. Das Abtrocknen der Euter soll mit einem Papiertuch geschehen. Zur guten Sterilisation der Melkanlage wurde ein Schaumverfahren entwickelt. Der Schaum bleibt zwischen den Melkzeiten in den Rohren und Schläuchen und wird kurz vor dem Melken mit kaltem Wasser ausgespült. Das heiße Wasser soll immer kurz vor dem Sieden gehalten werden, damit es in der Anlage überall den nötigen Hitzeeffekt ausüben kann. 6210b.

1-64/02-0547 B e r e z i n, M.S. Oborudovanie dlja mašinnogo doenija korov. (Einrichtungen für das maschinelle Melken.) - Mechanizacija i ėlektrifikacija socialističeskogo sel'skogo chozjajstva, Moskva 21 (1963) Nr. 1. S. 23. 38.

In Betrieb befindliche Melkanlagen wurden überprüft und Projekte neuer Karussellmelkanlagen begutachtet. Obgleich die Melkkarusselle im Gegensatz zu anderen Melkanlagen den ununterbrochenen Fluß und die genaue Einhaltung der Arbeitsgänge des Melkprozesses gewährleisten, hatten die besichtigten am Ort gebauten Melkkarusselle eine Reihe schwerwiegender Mängel. Es wird die Ausarbeitung einer techn. Dokumentation und einer der Größe der Viehzuchtbetriebe angepaßten Typenreihe der Melkkarusselle gefordert. - Ferner werden die Untersuchungsergebnisse der Podoler Maschinenprüfstation über Melkmaschinen ausgewertet. Aus einer Reihe von Melkmaschinen, zu denen Zweitakt- und Dreitaktmaschinen, eine ununterbrochen saugende Maschine und eine Melkmaschine mit Hängemelkeimern gehörten, wurden die Dreitakt-Melkmaschine "Wolga" und die Zweitakt-Melkmaschine "DA-2" für die Übernahme in die Produktion empfohlen. W.Balkin. 6210b.

1-64/02-0548 K o v l e r, B.; Staatl. Bauverwalt. der RSFSR, Abt. Ländl. Bauwes. Doil'nye ustanovki konvejerno-kol'cevogo tipa. (Melkkarusselle.) - Sel'skoe stroitel'stvo, Moskva 17 (1963) Nr.2. S.8-9. - 1 Schema.

Von der o. g. Bauverwaltung sind Typenprojekte von Melkkarussellen mit 12,

16 und 20 Standplätzen entwickelt worden. Das Karussell mit 16 Plätzen ist für eine Wirtschaft mit 400-500 Kühen vorgesehen. Die rotierende Platte hat einen Dmr. von 13,45 m. Bei einer Umdrehung in 6 Min. können 160 Kühe/h gemolken werden. Auf der Platte befinden sich die Melkmaschinen mit den zugehörigen Schläuchen, Rohrleitungen und Behältern von 16 l Fassungsvermögen für die Milchaufnahme unter Vakuum. Das Vakuum wird von 3 Pumpen erzeugt. Die aus den Sammelgefäßen kommende Milch wird von 4 Kühlmaschinen "UDM-4" mit Leistungen von je 400 l/h gekühlt. Für das Waschen der Geräte sind Warm- und Kaltwasserleitungen vorhanden. Die Karusselle mit 20 und 12 Plätzen sind für 600 und 120 Kühe/h vorgesehen und ähnlich gebaut und ausgerüstet. Für die Bedienung sind 3 Personen erforderlich. Abschließend macht Vf. Angaben über den Bau des Gebäudes, die Wasserversorgung, die Dampfheizung und die Ableitung der Abwässer. W.Balkin. 6210b.

1-64/02-0549 K o v l e r, B.; Staatl. Bauverwalt. der RSFSR, Abt. Ländl. Bauwes. Doil'naja ustanovka veernogo tipa. (Fächerförmiger Melkstand.) - Sel'skoe stroitel'stvo, Moskva 1963 Nr. 3. S. 10-11. - 2 Abb., 1 Schema.
Die Kühe befinden sich in 12 ortsfesten, fächerförmig um eine drehbare runde Plattform angeordneten Ständen. Auf der Plattform befindet sich ein Steuerpult für die Regelung aller Melkvorgänge. Der für die Fächer-Melkstände erforderliche Raum beträgt 117 m^2 und besteht aus dem eigentlichen Melkraum (77 m^2), dem Waschraum (14 m^2), dem Kraftfutterlager (9 m^2), dem Maschinenraum (7 m^2) und dem Durchgang für die Kühe (10 m^2). Es können in 1 Std. 100 Kühe gemolken werden. Für die Bedienung sind 2 AK erforderlich. Die drehbare Plattform hat einen Dmr. von 5 m. Die Plattform kann sich mit einer Umfangsgeschwindigkeit von 20-200 m/min nach beiden Seiten drehen. Auf der Plattform befindet sich die Kabine der Melkerin mit einem Sitz in Euterhöhe. Die Futterverteilung durch den Futterverteiler, das Öffnen des Hahnes für das Warmwasser zum Euterwaschen, das Einschalten der Melkgeräte und das Öffnen der Türen erfolgt vom Regelpult aus. Signallampen leuchten beim Beginn des Melkens auf und erlöschen, wenn der Milchstrom versiegt. Die Melkerin schaltet darauf die Melkmaschine aus und fährt durch Drehung der Plattform an die Kuh heran, um die erforderlichen Arbeiten vorzunehmen. Stromverbrauch der Anlage 17 kWh. W.Balkin. 6210b.

1-64/02-0550 M a z á č, J. Die Melkanlage "DA-100". - Int. Z. Landwirtsch. /Sofia/Berlin/ 1963 Nr. 2. S. 117-119. - 1 Abb., 4 Schemata, 2 Diagr.
Vf. berichtet über die in der ČSSR konstruierte Melkmaschine "DA 100", deren Pulsator und Spülsystem verbessert wurden. Der Pulsator hat in der Vakuumzuleitung eine feine Zusatzbohrung erhalten, wodurch der zum wirksamen Maschinenmelken weiche Übergang vom Sog zum Druck geschaffen wird. Ein neuartiges Anschlußstück des Milch- und Vakuumschlauches vom Zentralstück zur Stalleitung erfordert nur 1 Griff und bringt so eine Zeiteinsparung von 5 auf 1 Sek. beim Anschluß der Melkzeuge an die Stalleitung. Zur Automatisierung des Spülens und Desinfizierens der Anlage wurde ein Zeitrelais geschaffen, das nach Beendigung des Melkens nur eingeschaltet zu werden braucht und den Motor der Vakuumpumpe nach Beendigung des Spülvorgangs nach 35-60 Min. selbsttätig abschaltet. H.Senger. 6210b.

1-64/02-0551 W i e s e n d a n g e r, Hrch. Der Einsatz von Melkmaschinen und Milchleitungen auf den Alpen. - Grüne /Zürich/ 91 (1963) Nr. 24. S. 735-739. - 78 Abb.

Ausgehend von der zunehmenden Verbreitung der Melkmaschinen in der Schweiz (1960: 12578, 1962: etwa 23000 Melkmaschinenbetriebe, d.h. rd. 17 % aller Milchviehbetriebe) auf Grund des Arbeitskräftemangels und der hohen Löhne geht Vf. auf die Möglichkeiten der Arbeitsrationalisierung auf den Alpen ein. Um die Arbeit des Alppersonals zu erleichtern, zu verringern und Fachpersonal durch Hilfspersonal ersetzen zu können, ist der Einsatz von Melkmaschinen unumgänglich. Auf gewissenhafte Installation und Einrichtung der gesamten Anlage ist großer Wert zu legen. Als Antriebsaggregate kommen Wasserturbinen, Benzin- oder Elektromotoren mit mindestens 4 PS in Frage. Es werden sowohl Standeimertypen, Hängeeimertypen, Rohrmelkanlagen als auch Melkstandanlagen verwendet. Letztere sind für die meist nur 3 Monate währende Alpzeit unwirtschaftlich. Für die Betreuung der Melkanlage muß eine zuverlässige Arbeitskraft verantwortlich gemacht werden. Auf die Notwendigkeit der regelmäßigen Euterkontrolle und -reinigung (mit spez. Euterholzwolle) wird hingewiesen. Sachgemäßes Anrüsten ist wichtig. Blindmelkzeiten sind zu vermeiden. Für 1 Melker werden 1 Melkmaschine mit Wechseleimer bzw. für 2 Melker 3 Melkmaschinen mit 2 Wechseleimern gefordert. Zur Vervollständigung gibt Vf. eine Übersicht über die Verbreitung der verschiedenen Melkmaschinentypen auf den Alpen der einzelnen Kantone. E.Kulpe. 6210b.

1-64/02-0552 W e i l a n d, G. und B e r g, F. Wie richtet man Weidezentralen mit Rohr- und Kannenmelkanlagen ein. - Wiss.-techn. Fortschr. Landwirtsch. 4 (1963) Nr. 3. S. 130-131. - 1 Abb.

Die unter dem Begriff "Weidekombinate" zusammengefaßte Weidetechnologie für sozialistische Großbetriebe beinhaltet bes. die Nutzungseinheit, die Wege und die Weidezentrale. Die verschiedenen Melkmethoden bei der Stallhaltung sind auch für die Weidezentrale vorgesehen; mit dem Fischgrätenmelkstand existiert sie bereits als Vortypenprojekt. Für Rohr- und Kannenmelkanlagen werden z.Z. Experimentalbauten errichtet. Fahrbare Weidemelkanlagen sind eine Übergangslösung, da die hygienischen Bedingungen für die Milchgewinnung sowie günstigere Arbeitsbedingungen für die Viehpfleger während der Weidezeit nur in stationären Weidezentralen erreicht werden können.

E.Buhtz. 6210b.

1-64/02-0553 R e i n s c h, Hans.H. Auch auf der Weide wird gemolken. - Techn. u. Landwirtsch. 15 (1963) Nr. 9. S. 201-202.

Während des Melkens auf der Weide wird empfohlen, ein fahrbares Freßgitter aufzustellen, welches, mit einem Zufutter versehen, die Kühe anlockt. Wie beim Stallmelken kommt es auch beim Weidemelken auf richtiges Arbeiten an. Als Melkmaschinen werden für das Weidemelken ausschließlich Hängemelkeimer verwendet, da diese leicht im Fahrzeug untergebracht werden können. Beim Einsatz von Melktrupps wird automatisch direkt vom Euter in den großen Sammelbehälter des Fahrzeuges gemolken. E.Nowatzky. 6210b.

1-64/02-0554 B u r k h a r d t, Paul und B u r k h a r d t, Peter. - Elektrischer, gesteuerter Pulsator für Melkanlagen. - Dtsch. Agrartechn. 13 (1963) Nr. 8. S. 367. 6210b.

1-64/02-0555 S t e i n e r, Herbert. Ein Beitrag zur Milchkühlung am Bauernhof. - Österr. Milchwirtsch. 18 (1963) Nr. 6. S. 97-101.; Nr. 7. S. 114 bis 118. - 16 Tab., 10 Lit. Zus. in Engl.

Vf. prüfte in der Molkerei Steinach, Stmk., 3 Milchkannenkühlaggregate für je 4 Kannen à 20 l und mit einer Leistung von 420-450 kcal bez. ihres Kühleffektes zur Tiefkühlung der Milch von 36 °C auf 6 °C durch A) bloßes Hineinstellen der Kannen in das Eiswasserbassin, B) Vorkühlen der Milch in den Kannen mittels Leitungswasser und Kannenrührkühler und anschließender Tiefkühlung in Eiswasser sowie C) durch Einstellen der Kannen in Eiswasser und Verwendung eines Kannenrührkühlers. Eine 2. Versuchsreihe betraf die Temperaturdifferenzmessung zwischen Hof und Molkerei in 20 l Al-Kannen, den Stromverbrauch und die Stromkosten durch die Kühlung und die Aggregatleistung und zu kühlende Tagesmilchmenge. Eine 3. Versuchsreihe betraf die Prüfung der Qualitätsunterschiede zwischen ungekühlter, wassergekühlter und eiswassergekühlter Milch in frischem Zustand und nach 5stündiger Bebrütung derselben bei 25 °C. Die 1. Vers.-Reihe ergab, daß ein 2-3maliges Umrühren der Kannenmilch genügt, um den warmen Kern während des Kühlprozesses zu zerstören. Durch die Vorkühlung mittels Kannenkühler kann die Milch innerhalb 10 Min. von 36 °C auf 2 °C über die jeweilige Wassertemp. abgekühlt werden. Mit Vorkühlung und Tiefkühlung konnte die Gesamtkühlzeit von über 60 auf 30 Min. verringert werden. Aus der 2. Vers.-Reihe ergab sich, daß sich die Milch mit zunehmender Außentemp. zunehmend dieser angleicht. Der Stromverbrauch steigt von 1 kWh bei unter 0 °C Außentemp. auf 7,2 kWh bei 25-30 °C an. Das Ergebnis der 3. Vers.-Reihe war, daß eine Kühlung um so wirksamer ist, je höher der Anfangskeimgehalt der Milch ist, daß eine Wasserkühlung nach dem Melken auf 12 °C (niedrigen Anfangskeimgehalt vorausgesetzt) eine sichere Gewähr dafür bietet, daß die Milch während eines 5stündigen Transportes im Sommer ohne wesentliche Qualitätseinbuße angeliefert werden kann. Selbst ungekühlte Milch übersteht einen derartigen Transport ohne Nachteile.

H.Senger. 6210c.

1-64/02-0556 A i g n e r; Wolfpassing. Ein neues Tiefkühlverfahren für Kannenmilch. - Österr. Milchwirtsch. 18 (1963) Nr. 10. S. 177-180.

Es wird eine neuartige Rundkühlanlage beschrieben, die in verschiedenen Größen für 3, 4 und 6 Kannen geliefert wird. In dem doppelwandigen Mantel verlaufen die Kühlschlangen, die Milchkannen werden in ein im Innern rotierendes Rührwerk gestellt. Das Rührwerk läßt die eingestellten Kannen im Eiswasser rotieren. Der Einsring, der sich an der wasserberührten Innenseite gebildet hat, dient als Kältespeicher. Durch die Rotation der Kannen, etwa 35-40 U/min, wird eine Abkühlung der Milch von 36 °C auf etwa 3 °C innerhalb von 30 Min. erreicht. Die Rundkühlanlage benötigt für die Tiefkühlung von 80 l Milch von 36 °C auf 3 °C nur etwa 2,6 kWh. H.Hauke. 6210c.

1-64/02-0557 H e s s e l b a c h, Josef. Arbeitstechnik und Arbeitsverfahren der Milchgewinnung im landwirtschaftlichen Betrieb. - Hamburg; Berlin: Parey. 1963. (97 S. m 50 Abb.) 8° = Landarbeit und Technik. H. 30. (SR 189, 30)

1-64/02-0558 P e n e v, P., M i n e v a, P. und G e o r g i e v, I. Mlekarstvo. - (Milchwirtschaft.) Sofija: Zemizdat. 1961. (184 S.) 8°. (1963 A 895.)

1-64/02-0559 Hinweise zur Erhöhung der Milchproduktivität der Kühe. Staatl. Verl. für landwirtsch. Lit., Journale und Plakate. 1961. (71 S.) (Übers. aus d. Russ., Maschinenschr. vervielfält.) - TO 644.

1-64/02-0560 K o v l e r, B. Karussellmelkstand. Aus: Sel'skoe stroitel'stvo, Moskva 1962 S. 10-12. (Übers. aus d. Russ., Maschinenschr. vervielfält.) - TO 695.

1-64/02-0561 S e a l e, A.D. Milchtanks und Milchkannen an Hand einer Studie verglichen. - Aus: Mississippi farm research 1958 Nr. 11. 16 S. (Übers. aus d. Engl.) - TO 666

VII. H A U S W I R T S C H A F T

B. VERSORGUNGSEINRICHTUNGEN

1-64/02-0562 L a m b e r t u s, Ludwig. Heißwasserbereiter - servicegerecht gebaut. - Elektro-Techn. 45 (1963) Nr.24. S.476.
Bei der Erwärmung des Wassers über 60 °C in Heißwassergeräten fallen die Härtebildner, Calzium- und Magnesiumsalze, als Kesselstein aus. Dieser setzt sich in den Geräten vorzugsweise an den Heizkörpern ab und bewirkt eine Verschlechterung des Wirkungsgrades. Um dem Benutzer selbst die Beseitigung des Kesselsteines zu ermöglichen, muß sich dies auf einfache Weise und in kurzer Zeit erreichen lassen. Es werden Geräte angeführt, die diesen Anforderungen entsprechen. W.Stein. 7111.

1-64/02-0563 D i n g e l d e i n, Ursula. Wärmeversorgung mit festen Brennstoffen für Haus und Hof. - Mitt. dtsch.Landwirtsch.-Ges. 78 (1963) Nr.36. Reich der Landfrau S.283-284.
Eine zentrale Wärme- und Warmwasseranlage stellt eine Arbeitsentlastung für die Bäuerin dar. Bei der Planung der Anlage ist zu überlegen, ob ein Heizkessel im Keller oder ein Heizungsherd in der Küche aufgestellt werden sollen. Als Brennstoff dient vornehmlich Koks. Als Beispiele für die vielseitigen Anwendungsmöglichkeiten werden Trockenschränkchen zum Trocknen feuchter Arbeitskleidung und Getreidetrocknungsanlagen angeführt. Bei der Ernte mit dem Mähdrescher muß das Getreide nachgetrocknet werden. Aus Wirtschaftlichkeitsgründen ist eine eigene Trockenanlage erstrebenswert, zumal für die Trocknung von 1 dt Getreide von 23 % auf 16 % Feuchtigkeit nur 1 kg Koks und 2 KWh für den Gebläseantrieb benötigt werden. W.Stein. 7130.

C. VORBEREITUNG UND ZUBEREITUNG DER NAHRUNG EINSCHLIESSLICH REINIGUNG DER KÜCHENGERÄTE

1-64/02-0564 S t a u d a c h e r, E. Der moderne Elektroherd. - Elektro-Anz., Ausg. Handel Installationstechn. 16 (1963) Nr.9. S.152-155.
Die Vorzüge der elektrischen Garvorgänge, Milde der Elektrowärme, Hygiene und Sauberkeit führten zu der starken Verbreitung des Elektroherdes. Die 7-Taktplatte mit Leistungs- und Temperaturregelung ermöglicht durch den Vorwählmechanismus das automatische Kochen. Analoges gilt für den Backofen. Neben diesen Vorzügen hat die Anpassungsfähigkeit des modernen Elektroherds zu einer größeren Freizügigkeit in der Küchenplanung geführt. Es wird ein Überblick über die Geschäftslage bei Elektroherden gegeben.
W.Stein. 7205.

1-64/02-0565 A n o n y m. Huishoudmechanisatie. Kookt u al automatisch? (Automatisches Kochen.) - Landbouwmechanisatie 14 (1963) Nr.6. S.533-535. - 2 Abb.
Es wird versucht, eine Definition des Begriffes "Automatisches Kochen" zu geben, die es der Hausfrau ermöglicht, selbst zu entscheiden, ob der rel. hohe Preis dieser perfektionierten Elektroherde dem zu erwartenden Nutzen entspricht. - Ring- und Schnellkochplatten sowie das Arbeiten mit Schaltuhren werden erläutert. Auf das in den Niederlanden wenig übliche Garen des gesamten Menüs in der Backröhre wird bes. hingewiesen. Bei der Zusammenstellung des Menüs ist darauf zu achten, daß die einzelnen Speisen möglichst die gleiche Garzeit benötigen. Für das Garen im Backofen wird Kochgeschirr aus feuerfestem Glas empfohlen.
L.Machler. 7205.

D. KONSERVIERUNG UND LAGERUNG DER NAHRUNGSMITTEL

1-64/02-0566 P e n r o d, E.B. Grundlagen der thermoelektrischen Kälteerzeugung. - Kältetechnik 15 (1963) Nr.8. S.219-226. - 3 Diagr., 4 Schemata, 6 Tab., 6 Lit.
Bei der thermoelektrischen Kälteerzeugung überlagern sich in den Thermopaaren der Seebeckeffekt, der Peltiereffekt, der Thomsoneffekt, die Joulesche Wärme und die Leitungswärme, weil sich in dem aus zwei unterschiedlich leitenden Stoffen gebildeten Kreislauf das magnetische Feld ändert und an den Verbindungsstellen durch den Strom Wärmeaufnahme bzw. -abgabe bewirkt wird. Diese Effekte werden gesondert erklärt und Gleichungen zu ihrer Berechnung aufgestellt. Es wird die Überlagerung der fünf Phänomene in thermoelektrischen Kältemaschinen erörtert, und es werden die Gleichungen für ein Verfahren zur Leistungsbestimmung einer idealisierten thermoelektrischen Kältemaschine, die aus einem einzigen Thermopaar besteht, aufgestellt. Weiterhin werden Wirtschaftlichkeitsfragen und Leistung der thermoelektrischen Kälteerzeugung diskutiert.
W.Stein. 7305.

1-64/02-0567 H e r r m a n n - L e j e u n e, Eva. Welche Obst- und Gemüsesorten eignen sich für das Gefrieren? - Mitt. dtsch. Landwirtsch.-Ges. 78 (1963) Nr.34. Reich der Landfrau S.267-268.

Voraussetzung für eine erfolgreiche Gefrierkonservierung von Obst und Gemüse ist einwandfreie Frischware, die den richtigen Reifegrad besitzt. Die Sorteneignung von Obst und Gemüse zum Gefrieren ist sehr unterschiedlich. Es wird die Eignung der einschlägigen Sorten von Erdbeeren, Himbeeren, Brombeeren, roten und schwarzen Johannisbeeren, Stachelbeeren, Sauerkirschen, Pfirsichen, Pflaumen, Zwetschen, Busch- und Stangenbohnen, Spinat, Blumenkohl, Rosenkohl, Kohlrabi, Möhren und Gurken angegeben. W.Stein. 7305.

1-64/02-0568 A n o n y m. Aankoop en gebruil van een koelkast. (Ankauf und Gebrauch eines Kühlschrankes.) - Landbouwmechanisatie 14 (1963) Nr.7. S.631-633. - 2 Abb.

Es wird über den notwendigen Inhalt, die zweckmäßige Form und Inneneinrichtung, den Aufstellplatz sowie die Inbetriebnahme und Pflege von Haushaltskühlschränken berichtet. Als notwendiger Inhalt wird angegeben: 1-2 Personen 80-100 l, 3-4 Personen 100-140 l, 5-7 Personen 140-170 l, 8-10 Personen 160-200 l. Es werden Kasten-, Tafel-, Einbau- und Hängeschrankmodelle besprochen. Auf die Möglichkeit der automatischen Verdampferenteisung wird hingewiesen. A.Arlitt. 7305.

E. WASCHEN UND KLEIDERPFLEGE

1-64/02-0569 K o r e l l a, Karl. Waschmaschinen für jeden Haushalt. - Elektro-Anz., Ausg. Handel Installationstechn. 16 (1963) Nr.9. S.155-159.

Die weitere Verbreitung der Waschmaschine hängt in starkem Maße davon ab, ob die Formgebung den beengten Raumverhältnissen Rechnung trägt. Es werden Beispiele für Maschinen angeführt, die dieser Anforderung entsprechen. Um für die Textilien das richtige Waschverfahren anzuwenden, muß man die Ansprüche der Faserarten kennen. Es wird ein Überblick über die verbreitetsten Natur- und Kunstfaserarten und ihre Behandlung in der Waschmaschine bzw. im Waschautomaten gegeben. W.Stein. 7405.

1-64/02-0570 S c h e w c z, S c h i f f n e r, R. und W a x e n e g g e r. Waschvollautomat "Constructa K 4 fs/61" - Prüfbericht Wieselburg, N.Ö. - Bundesversuchs- u. Prüf.-Anst. landwirtsch. Maschinen Geräte /Wieselburg, N.Ö./, Prüfber. Nr. 627 Gr. 13d. (1962) 2 S.

Hersteller: Constructa-Werke, Lintorf, Bez. Düsseldorf, BRD. 7405.

1-64/02-0571 S c h e w c z, S c h i f f n e r, R. und W a x e n e g g e r. Vollautomatische Waschmaschine "AEG Lavamat deluxe" - Prüfbericht Wieselburg, N.Ö. - Bundesversuchs- u. Prüf.-Anst. landwirtsch. Maschinen Geräte /Wieselburg, N.Ö./, Prüfber. Nr. 644 Gr. 13d. (1962) 2 S.

Hersteller: AEG (Allgem. Elektricitäts-Ges.), Nürnberg, BRD. 7405.

1-64/02-0572 R o d e r i c h, Leo. Vom glühenden Eisen zum Dampf-Bügelautomaten. - Elektro-Techn. 45 (1963) Nr.24. S.482. 484-485.

Die Entwicklung der Bügelgeräte führte vom Bügeleisen mit im Ofen erhitztem Eisenkern über die einfachen elektrischen Bügeleisen mit Mikanit-Glimmerheizkörpern oder Heizspiralen mit 300-500 W Aufnahme zu den Bügelautomaten mit 800-1000 W Aufnahme. Diese besitzen einen Thermostaten, der für die Einhaltung der vorgewählten Temp. sorgt. Die Entwicklung der Dampfbügeleisen führte zu den Dampf- und Trockenbügelautomaten, die nach 2 Systemen, dem Tropf- und dem Kochsystem, arbeiten, von denen sich das Tropfsystem wegen der schnellen Umstellzeit von Dampf- auf Trockenbügeln immer mehr durchsetzt. W.Stein. 7405.

H. HAUSWIRTSCHAFT/AUSSTELLUNGEN, TAGUNGEN, VORFÜHRUNGEN, REISEN, ÜBERSICHTEN

1-64/02-0573 A n o n y m. De huishoudbeurs. (Die Haushaltsbörse.) - Landbouwmechanisatie 13 (1962) Nr.6. S.551-555.; Nr.7. S.641-644.
Bei dem Geschirrspülautomat von Miele erfolgt die Geschirrtrocknung durch einen Kaltluftstrom, beim Gerät von Frigidaire durch eine Heizspirale; die feuchte Luft kann durch Spaltöffnungen entweichen. Beachtung fand auch der rel. kleine Geschirrspülautomat von Elektrolux, der keine Heizung besitzt und an eine Warmwasserleitung angeschlossen werden muß. Bei den Küchenmaschinen fiel die "Paul Mixi 2000" von Techn. Unie durch stabile Konstruktion auf. Der Heizlüfter von Braun, ein kleines Gerät mit den Abmessungen von 13 x 8,5 x 26,5 cm, zeichnet sich neben der Leistung bes. durch Formschönheit aus. Mit Hilfe eines eingebauten Thermostaten kann die Temp. zwischen 10 und 30 °C eingestellt werden. M.Lüpnitz. 7705.

1-64/02-0574 A n o n y m. Weniger elektrische Haushaltgeräte in Hannover. - Elektro-Techn. 45 (1963) Nr.17. S.327-330. - 11 Abb.
Der Überblick über elektrische Haushaltsgeräte auf der Hannover-Messe 1963 umfaßt Geräte für die Küche, Waschmaschinen, Bügelgeräte, Heizgeräte und Haartrockner, Geräte für die Raumpflege und sonstige Elektrogeräte. - Es werden u.a. herausgestellt: Geschirrspülautomat von Bauknecht mit Totalsprühsystem und automatischer Wasserenthärtung. Elektro-Druckdurchlaufspeicher von Forbach zum Einbau in Küchenspülen oder als Einbaugerät. Elektro-Schnellkocher aus Kunststoff von Hindrichs-Auffermann AG mit einem 1200-W-Heizelement. Waschautomat mit Schleudergang von Philips für 4 kg Trockenwäsche; die Maschine ist nur 40 cm breit (Höhe 85 cm) und daher bes. für beengte Platzverhältnisse geeignet. Klopfstaubsauger von Progress mit einem Staubsack mit 5 l Fassungsvermögen. L.Machler. 7705.

1-64/02-0575 S t e w a r t, J. und S n e l l i n g, J. Britische Elektrogeräte für den Haushalt. - Elektro-Anz., Ausg. Handel Installationstechn. 16 (1963) Nr.6. S.95-97. - 6 Abb.
Die Übersicht umfaßt Heizgeräte, Elektroherde, Küchengeräte, Waschmaschinen und Leuchten. - Bei den Elektroherden sind die neuen Modelle alle mit Zeitschaltern und mit Thermostatensteuerung für den Backofen ausgerüstet. Sie besitzen eine Innentür aus temperaturwechsel-beständigem Glas, durch die Brat- und Backgut beobachtet werden kann ohne daß die Wärme entweicht. Weiterhin gehören zur Ausstattung: Blitzkochplatten, Wärmefächer für Geschirr sowie ein separater Grillofen über oder unter der Herdplatte bzw. in Augenhöhe. - In einem elektrischen Spießbrater, der im geschlossenen Zustand nur 11,4 cm tief ist, können bis zu 5,5 kg Fleisch, Geflügel oder Wild gebraten werden. Er ist außerdem auch zum Grillen oder Rösten verwendbar.

Das Gerät ist zusammenklappbar, es kann auf den Tisch gestellt oder an der Wand montiert werden. Eine neu entwickelte Einbottich-Waschmaschine erlaubt höhere Waschwassertemp. sowie eine höhere Schleuderdrehzahl, so daß die meisten Gewebe bügelfertig geschleudert werden.

L.Machler. 7715.

1-64/02-0576 H i n s o n, Thelma L. and M i z e, Jessie J. Storage of household cleaning equipment and supplies. Athens: Univ. of Georgia. 1963. (18 S.) 8°=Georgia agricultural experiment stations. Univ. of Georgia college of agriculture. Bulletin N.S. 103. (SR 2734, 103)

IX. G A R T E N B A U

C. GARTENBAUTECHNIK/FERTIGUNG, INSTANDSETZUNG, PFLEGE

1-64/02-0577 W e i c h o l d, R. Hinweise zum Korrosionsschutz von Gewächshauskonstruktionen. - Dtsch. Gartenbau 10 (1963) Nr.8. S.217-219. - 1 Tab.

Die Haltbarkeit jedes Schutzüberzuges bei Stahlteilen ist von ihrer Vorbehandlung abhängig. Farbanstriche auf nicht entrostetem Stahl haben keinen Nutzen. Es wird empfohlen, im Gewächshausbau Stahlteile erst auf der Baustelle mit einem Korrosionsschutz zu versehen. Sofern kein Sandstrahlgebläse vorhanden ist, sind Rost- und Zunderschichten mit der Drahtbürste zu entfernen. Grundfarbe, Vorstreich- und Deckfarbe sollen einen ähnlichen Aufbau haben, da sonst keine genügende Verankerung der einzelnen Filme erfolgen kann. Als Pigmente der Farben dienen Bleiweiß, Eisen- bzw. Zinkoxyd u.a. Für den Gartenbau werden folgende Deckfarben empfohlen: Vinoflex, Alkydharz- und Chlorkautschuklacke. Für Heizrohre sind Pervinanfarben einzusetzen. Die Rostschutzgrundierung im Streichverfahren ist sofort nach dem Entrosten vorzunehmen. Nach 36 Std. ist dieser Grundanstrich soweit getrocknet, daß die Deckschichten aufgetragen werden können. Es sollte folgender Anstrichaufbau verwendet werden: 1. magere Eisenoxyd-Grundierung, 2. fette Eisenoxyd-Zinkoxyd-Grundierung (3:1), 3. Rostschutzvorstreichfarbe, 4. Rostschutzdeckfarbe. Bei verstärktem Gurkenanbau ist die Verwendung von Alkydharzen oder Vinoflex als Bindemittel anzuraten. Vierschichtige Anstrichsysteme haben beim Gurkenanbau eine Haltbarkeit von 3, beim Tomatenanbau eine von 5 Jahren. Wichtig ist, daß der Anstrich in Gewächshäusern nur dann erfolgt, wenn die Konstruktion abgetrocknet ist (Aug./Sept.). Bei Holzanstrich ist im Gegensatz zu einem Stahlanstrich mit einer fetten Grundierung zu beginnen (Halböl). Der jährliche Aufwand beträgt bei regelmäßiger Nutzung mit Gurken 1800 Std./6000 m^2 Gewächshaus. Es treten Kosten von 5,60 DM/m^2 Glasfläche auf, das sind 1,86 DM/m^2 und Jahr.

Ch.Förtsch. 9120.

F. GARTENBAU/ENERGIE, KRAFTMASCHINEN UND SCHLEPPER

1-64/02-0578 J o r d a n o w, D. und P a r k a m o w, D. Klein-Elektrotraktor für Gewächshäuser. - Dtsch. Gärtnerpost 15 (1963) Nr.25. S.5. - 2 Abb.

Da weder Geräteträger noch Einachsschlepper befriedigende Ergebnisse bei der Bodenbearbeitung im Gewächshaus zeigten, wurde vom Inst. für Mechanisier. und Elektrifizier. der Landwirtsch. und von der Landwirtsch. Hochschule in Sofia ein Elektrotraktor entwickelt. Dieser Traktor wird mit Dreiphasenstrom (220/380 V) betrieben und hat einen Asynchronmotor mit einer Leistung von 6,5 kW bei 1460 U/min. Mittels eines Umkehranlassers kann die Drehrichtung des Motors verändert werden, wodurch sowohl ein Vor- als auch ein Rückwärtsgang ermöglicht wird. Die Stromzuführung erfolgt über ein Gummikabel mit 6 mm Dmr. und über einen bes. Drehkontakt. Das Kabel selbst liegt längs der Rinne unter dem Dach in einem tragenden Drahtseil und ist mittels Ringen befestigt. Das Seil ist in Richtung der Bearbeitung gespannt.

Eine Kabelführung über eine Seiltrommel wurde abgelehnt. Der Stromschutz wird durch Nullung des Metallkörpers des Traktors gesichert. Der Traktor selbst ist 600 mm breit, 1350 mm lang und hat ein Kettenlaufsystem. Die Masse beträgt ohne Anhängegerät 400 kg. Dieser Traktor wird vorwiegend zum Pflügen, Fräsen und Einebnen eingesetzt. Versuche zum Hacken zwischen den Reihen mit einem Grubber werden noch durchgeführt.

Ch.Förtsch. 9265d.

G. GARTENBAU/TRANSPORT UND FÖRDERUNG

1-64/02-0579 A n o n y m. Tragbare selbstansaugende Klein-Wasserpumpe LPW 18 für Bewässerung und Kleinwasserversorgung - DLG-Prüfbericht. - DLG-Maschinenprüfber. Nr.836. Gr.13 a/3. (1962) S.1-6. - 1 Abb., 1 Diagr., 1 Tab. Hersteller: Siemens-Schuckertwerke AG, Erlangen. 9340.

1-64/02-0580 M i e r s w a, D. "LPW 19", eine neue Kleinpumpe zur Verwendung im Gewächshaus. - Dtsch. Gartenbauwirtsch. 11 (1963) Nr.5. S.170. - 1 Abb. 9340.

H. GARTENARBEITEN - AUSSCHLIESSLICH ERNTE

1-64/02-0581 G h i s l e n i, Pierluigi, L u i s o n i, Enrico und Q u a g l i o t t i, Lucina. Macchine per l'espansione dell'orticoltura. I. Part. (Maschinen für den Gemüsebau. 1. Mitt.) - Frutticoltura 25 (1963) Nr. 1. S. 23-32. - 21 Abb., 5 Lit.

Vf. berichtet über Maschinen und Geräte zur Arbeitserleichterung im Gemüsebau, und zwar werden Erdaufbereitungsgeräte, Erdtopfpressen, Pflanzmaschinen, Erdtransportgeräte für Gewächshäuser sowie ein Spargelbeetpflug und ein Düngermischgerät zum Verregnen von Nährlösungen beschrieben. Bei den Erdaufbereitungsgeräten und Erdtopfpressen handelt es sich um die deutschen Fabrikate "Erdgehilfe" und "NS 300", die Pikiertopfpresse "Erdprinz 50" sowie die Erdtopfformmaschine "Ertorex". Als Pflanzmaschine wird eine einfache Konstruktion für Reihenabstände von 30-50 cm empfohlen. Zum Erdwechsel in Gewächshäusern dient ein transportables Quer- und Längsförderband. Bemerkenswert ist der Spargelbeetpflug. Er besteht aus 2 an einem Tragrahmen befestigten links- und rechtswendenden Pflugkörpern mit vertikaler und horizontaler Verstellbarkeit zum Aufwerfen des Dammes. Dahinter läuft ein Beetformer. Das Düngermischgerät hat eine Kapazität von 50 kg, ist mit Langsamregnern gekoppelt und entspricht den üblichen Konstruktionen.

G.Müller /Leipzig. 9405b.

1-64/02-0582 L a m m, Robert und A v a l l, Hans; Alnarp. Markkarteringen som vägledning vid fältmässig köksväxtodling. (Die Feldkartierung als Voraussetzung für den Feldgemüseanbau.) - Växt-Närings-Nytt /Stockholm/ 19 (1963) Nr.3. S.8-14. - 7 Abb., 5 Lit.

Vff. geben Hinweise bes. für den an die Konservenindustrie kontraktgebundenen Gemüsebau. Sie weisen auf den zur Erzielung eines hohen Ertrages notwendigen Nährstoffbedarf hin, für dessen Kontrolle ständige chem. Bodenuntersuchungen notwendig sind. An Hand eines Beispiels wird die Veränderung der pH-, Phosphor- und Kaliwerte von 1951-61 angeführt. Für einen rationellen Anbau sind ferner größere Flächen mit einheitlichen Kulturen unumgänglich, um einen weitestgehend maschinellen Einsatz für Bodenbearbeitung und Ernte zu gewährleisten.

H.Ackermann. 9405b

1-64/02-0583 K n o b l o c h, Hans. Einfaches Verlegen von Kunststoffrohren. - Techn. im Gartenbau 1963 Nr.7. S.3-4. - 1 Abb.
Vf. beschreibt Polyäthylenrohre (Lupolen), die sich sehr gut zum ober-oder unterirdischen Verlegen eignen. Diese schwarzen Rohre werden schon seit 15 Jahren mit gutem Erfolg angewandt. Sie sind bis zu einem Außendurchmesser von 160 mm und für Drücke von 2,5, 6 und 10 atü genormt. Bis zu 2 Zoll Dmr. sind sie so biegsam, daß sie in Ringbunden transportiert werden können. Ein Ringbund von 100 m Rohrlänge und einer lichten Weite von 1 Zoll wiegt nur 30 kp. Beim Verlegen dieser Rohre im Boden brauchen nur schmale Gräben ausgehoben zu werden. Die Rohre selbst werden außerhalb dieses Rohrgrabens montiert. Es ist möglich, diese Rohre mit einem Anhängedränpflug oder einem Kabelverlegegerät zu verlegen. Eisbildung kann das elastische Rohr nicht zerstören. Ch.Förtsch. 9410d.

1-64/02-0584 A n o n y m. MR-Regendüse. - Gartenbauwirtschaft /Wien/ 1963 Nr.7. S.170-171. - 1 Abb., 1 Tab.
Die Fa. Mannesmann hat eine Pralldüse herausgebracht, die bereits bei einem Betriebsdruck von 0,8 atü zufriedenstellend arbeitet. Dabei prallt der austretende Wasserstrahl gegen einen mit Strahlrillen versehenen Kegel und wird in feine Strahlen zerteilt, die eine Reichweite von 4-5 m und eine Scheitelhöhe von 1,5 m besitzen. Zwischen 0,8 und 1,5 atü werden durch die Düsen mit 4-5 mm Dmr. Niederschlagsdichten von 10,8 bis 20,7 mm/h erzielt. Trotz feiner Zerstäubung (und damit geringer Bodenverschlämmung) soll die Windabdrift gering sein. Die Düsen können auf eigenem Wellenschlitten, auf Stecklanzen oder auf üblichen Regnerrohren montiert werden (Masse der Düse: 150 g, Bauhöhe: 50 mm, Anschlußmaß: 0,5 Zoll Innengewinde). Im Feldgemüsebau werden Düsenabstände von 6 m empfohlen. H.Erfurth. 9410db.

1-64/02-0585 A n o n y m. Prøve med Agria Baby motorradrenser. (Motorhackfräse Agria "Baby" - Prüfbericht Vollebekk.) - Landbrukstekn. Inst., Vollebekk, Meld. Nr.123. (1962) S.1-5. - 1 Abb., 2 Tab.
Hersteller: Agria-Werke, Möckmühl/Württemberg. Die Motorhackfräse Agria "Baby" ist mit einem 2,5 PS NSU "Quickly"-Zweitaktmotor (Luftkühlung) ausgerüstet. Techn. Daten: Masse mit 42 cm Fräswelle 52,5 kg: Arbeitsgeschwindigkeit bei einer Motordrehzahl von 5500 U/min: 2,5-3,9-6,1 km/h, Drehzahl der Fräswelle in 3 Gängen: 167, 262 und 409 U/min; Arbeitsbreiten von 10, 16, 22, 28, 32, 38 und 42 cm. - Prüfungsergebnisse: Die Motorfräse wurde in Zierpflanzen- und Gemüsekulturen mit geringem Reihenabstand eingesetzt. Die Arbeitsleistung der Motorfräse wird als gut bezeichnet.
M.Lüpnitz. 9415f.

1-64/02-0586 F i c, Vlastimil und K u b í č e k, Jindřich; Mutěnice. Kultivační univerzální plečka nesená. (Universal-Anbauhackgerät für Wein- und Hopfenbau.) - Vinohrad /Praha/ 1963 Nr.1. S.10-13. - 11 Tab., 7 Zeichn.
Für die laufende Bodenbearbeitung im Wein- und Hopfenbau hat man in der ČSSR eine Universal-Anbauhackmaschine "KpUN-70" konstruiert, die für den Weinberg-Spezialschlepper "Z 2023" bestimmt ist. Sie besteht aus einem Rahmen, an den Arbeitsorgane in verschiedenen Kombinationen angebaut werden: rechter und linker Pflugkörper, 2seitiger Pflugkörper, Lockerungsmeißelschar

und Gänsefußhackschar. Über die Prüfungsergebnisse verschiedener Arbeitsvorgänge im Weinbau wird berichtet: Bodenanpflügen im Herbst, Tieflockerung ohne Bodenwendung, Anpflügen mit Lockerung zwischen den Reihen, Hacken, Tieflockerung u.a. Zukünftig soll die Maschine mit weiteren Arbeitsorganen versehen werden. M.Douda. 94151.

1-64/02-0587 V i t t u m, M.T. und H u l b u r t, W.C.; New York, Cornell Univ. N.Y. State Agric. Exp. Stat.; Washinton, U.S. Dep. of Agric., A.R.S. Fertilizer placement and rates for tomatoes. (Dünger - Plazierung und Höhe der Gaben zu Tomaten.) - New York State agric. Exp. Stat., Bull. 1963 Nr. 797. S.3-20. - 7 Abb., 6 Tab., 10 Lit.

Vff. berichten über 5jährige Versuche mit Tomaten. An Hand von 15 Versuchsfragen wurden die günstigste Art der Ausbringung und die optimale Höhe von Volldüngergaben geprüft. Die je nach Fragestellung erforderliche Art der Düngereinbringung erfolgte maschinell. Die Einbringung auf den Grund der Pflugfurche geschah beim Pflügen mit Schlauchzuführung. In einer Versuchsfrage wurde ein Teil des Düngers mit einer hierfür konstruierten Pflanzmaschine beim Pflanzvorgang in Streifen seitlich von den Pflanzreihen eingebracht. Die höchsten Erträge erzielte man, wenn ein Teil des Düngers beim Pflügen in die Pflugfurche kam und der Rest mit der Pflanzmaschine ausgebracht wurde. H.-G.Kaufmann. 9420c.

1-64/02-0588 D e k k e r, J.F.; Hoorn, Rijkstuinbouwvoorlichtingsdienst. Een kunstmeststrooier "Hugo" voor teelten onder glas. (Der Mineraldüngerstreuer "Hugo" für den Anbau unter Glas.) - Vakbl. Bloemisterij 17 (1962) Nr.40. S.745. - 2 Abb.

Der Arbeitsaufwand für das Mineraldüngerstreuen zwischen den Pflanzen in Gewächshäusern kann mit dem von Schouten entwickelten Mineraldüngerstreuer erheblich herabgesetzt werden. Leermasse: 11 kg; Behälterinhalt: 8 l. Das Gerät wird mit geringem Kraftaufwand von Hand durch die Wege geschoben. Es kann einseitig rechts oder links oder auf beiden Seiten gleichmäßig gestreut werden. Die Streumenge ist von 4-200 kg/h verstellbar. Der Streuer ist für körnigen und pulverförmigen Dünger geeignet. Die Wurfweite hängt von der Bewegungsgeschwindigkeit ab, sie beträgt ohne Behinderung durch Pflanzen bei einer Geschwindigkeit von 2,4 km/h:6 m, bei 3 km : 9 m, bei Behinderung durch Pflanzen 3-4 m. Der Düngerstreuer ist einsetzbar bei Zierpflanzen, Tomaten und Gurken. Das Düngen von 1000 m^2 Glasfläche nimmt 15 Min. in Anspruch, wenn über niedrige Pflanzen gestreut wird, nur 5 Min. Demgegenüber beträgt der Zeitaufwand beim Streuen von Hand 2-3 Std. Die Gleichmäßigkeit des Streuens mit dem Gerät ist besser als beim Handstreuen. A.Lauenstein. 9420c.

1-64/02-0589 S t ö c k e r, H. Hohe Arbeitsleistung durch Umbau der Pflanzaggregate. Ein Beitrag zum maschinellen Pflanzen von Gemüse mit Topfballen. - Dtsch. Gärtnerpost 15 (1963) Nr.30. S.3-4. - 5 Abb., 3 Schemata, 1 Tab., 3 Lit.

Für die maschinelle Gemüsepflanzung stehen die Pflanzmaschinen "A 821", "Pfl 5" und "Pfl 7" zur Verfügung. Da diese beim Pflanzen von Gemüsejungpflanzen mit Topfballen bisher nicht befriedigten, nahmen 2 GPG Umbauten vor. Die Pflanzaggregate der "Pfl 5", die für das Legen von Kartoffeln einzusetzen sind, wurden umgekehrt verwendet, der Durchlaß der Scharhalterung auf 260 mm erweitert, Sitz und Fußstützen verändert. Die Radachsträger für die Druckrollen wurden so angebracht, daß diese am Boden einen Abstand von 70 mm besitzen. Für die Pflanzung mit Topfballen eigneten sich Originalschare von 120 mm Breite, für Jungpflanzen aus dem Saatbeet solche von 60 mm Breite. Mit der umgebauten "Pfl 5" konnten bei wechselnden Pflanzabständen in der Reihe verschiedene Gemüsekulturen mit 41,7, 50,0 oder 62,5 cm Reihenabstand gepflanzt werden. Bes. gute Ergebnisse wurden mit 5 oder 6 cm Erdtöpfen in runder Form erzielt. Gegenüber der Handpflanzung konnte eine Senkung des Arbeitsaufwandes um 34 % erzielt werden. Da im Feingemüsebau die Pflanzabstände noch enger gewählt werden als es die "Pfl 5" zuläßt, wurde die Pflanzmaschine "Pfl 7" in ihrem Grundrahmen verändert, um auf Reihenabstände von 25 cm zu kommen. Die Maschine pflanzt gestaffelt, d.h. 2 Reihen von je 3 Aggregaten laufen im Verband hintereinander. Die umgebauten Aggregate der "Pfl 5" kamen auch hier zur Anwendung. Zusätzlich wurden an der "Pfl 7" noch Abstellflächen für das Pflanzenmaterial angebracht. Es erfolgte hierbei eine Art Beetpflanzung, da die "Pfl 7" eine Spurbreite von 1,67 cm hat, die mit der des "RS 09" übereinstimmt. Diese Spur bildet den Weg zwischen den Beeten. H.Erfurth. 9435e.

1-64/02-0590 I l'i n, A.M. Rassadoposadočnaja universal'naja mašina SUP-4A. (Universal-Pflanzmaschine Typ "SUP-4A".) - Traktory i sel'chozmašiny, Moskva 33 (1963) Nr.2. S.45. - 1 Abb. Aus: Dok.-Dienst ILT 1963 Nr.4.
Vf. berichtet über eine Pflanzmaschine zum Einsatz bei höheren Geschwindigkeiten, wobei von 2 Arbeitsplätzen je Pflanzaggregat bedient wird. Verwendungszweck: Pflanzen von Gemüse und techn. Kulturen mit und ohne Pflanztöpfen im Quadratnestpflanzverfahren oder in Reihen, sowie Einpflanzen von Stecklingen, Obst- und Beerenablegern usw. Gute Prüfungsergebnisse wurden auch bei Geschwindigkeiten über 3 km/h und kleinen Pflanzabständen (15 cm) erzielt. Techn. Daten: Arbeitsbreite 2-3,6 m; Länge 6950 mm, Breite 4000 mm, Höhe 2890 mm; Bodenfreiheit 380 mm; Gesamtmasse 1300 kg; Pflanztiefe 6-25 cm; Leistung 0,65 ha/h. 9435e.

1-64/02-0591 G r i m m, Fred T. New machines for tomatoes. (Neue Maschinen für den Tomatenbau.) - Implement & Tractor Farm Implement News 77 (1962) Nr.2. S.46-47. - 5 Abb. Aus: Dok.-Dienst ILT 1962 Nr.4.
Vf. berichtet über Maschinen zur Aussaat und Ernte von Tomaten. Folgende Maschinen werden kurz charakterisiert: Drillmaschine für Einzelkornsaat von Ed. Roepke (Gummiband mit Löchern zur Aufnahme und Ausbringung der einzelnen Samenkörner in genau vorbestimmten Abständen); Erntemaschinen der Fa. H.D. Hume Co. (Aufnahme der Tomatenranken, Abwerfen der Früchte auf Sortierband mit Handsortierung; Sammeln der Früchte in Stiegen) und der Fa. FMC Corp. (Abwurf der Früchte durch Ladeelevator in Wassertank; gewelltes Transportband garantiert einwandfreie Förderung der Ranken sowie auch loser Früchte); Erntemaschine der Fa. Blackwelder Mfg. Co. in 2 Ausführungen. Leistung beider Maschinen 6-8 t/h bei einem Ertrag von 50 t/ha. 9445b.

1-64/02-0592 S t o f f e r t, G. Arbeitstechnik beim Querverspannen von Fäden für die Nelkenkultur. - Dtsch. Gartenbauwirtsch. 11 (1963) Nr.9. S. 178-179. - 3 Abb. 9445c.

1-64/02-0593 B a k o s, I. Homoki szölök gépesitése. (Mechanisierung im Weinbau.) - Járművek, mezögazdasági Gépek /Fahrzeuge, landwirtsch. Maschinen/ 1962 Nr.5. S.184-189. - Aus: Ung. Agrar-Rdsch. 1962 Nr.4.

Für die Arbeiten im Weinbau wurde in der VR Ungarn der reihenübergrätschende Schlepper "UH-40" entwickelt. Dabei wurden Bauteile des "U-28" übernommen. Die Brückenkonstruktion besitzt verstellbare Spurweiten, wodurch ein vielseitiger Einsatz ermöglicht wird (Mais, Weinbau). Auf Grund der großen Wendigkeit kann die Maschine auch in Kleinparzellen eingesetzt werden. Auf Sandböden bewährte sich eine Ausführung mit Raupenketten (Gelenke und Gurtbänder aus Gummi). Mit den bisher bekannten Anbaugeräten lassen sich folgende Arbeiten durchführen: Ab- und Anhäufeln, Hacken, Spritzen, Stäuben und Streuen von Mineraldünger. Spritz- und Hackarbeiten können in einem Arbeitsgang erfolgen. Weitere Arbeiten sollen mit dem "UH-40" mechanisiert werden. 9445e.

1-64/02-0594 G a ł e c k i, St. Praktyczne możliwości mechanizacji ogrodnictwa. (Praktische Möglichkeiten für die Mechanisierung des Gartenbaues.) Warszawa: Państw. wyd. roln. i leśne. 1963. (31 S.) 8°. (DA 1613)

1-64/02-0595 Literatur über Pflegegeräte für den Gartenbau. Hrsg. Instn.: Dok.-Stelle im Inst. für Landmaschinen- und Traktorenbau, Leipzig. (Lit.-Nr.: 23/63. Titelanzahl: 46 m. Annotationen. Ber.-Zeit: 1955-1962.)

1-64/02-0596 W a n i c, D. Sadownictwo. Podrecznik dla techników ogrodniczych. (Der Obstbau. Handbuch für Gartenbautechniker.) Warszawa: Państw. wyd. rolnicze i leśne. 1963. (617 S.) 8°. (1963 A 918)

1-64/02-0597 B l a g o n r a v o v, P.O. und Š č e r b a k o v, P.M. Osvoenie gornych sklonov pod vinogradniki. (Erschließung der Gebirgshänge für den Weinbau.) Moskva: Sel'chozizdat. 1963. (174 S.) 8°. (1963 A 867)

I. FRÜHBEETE UND GEWÄCHSHÄUSER

1-64/02-0598 E r l e c k e, K.-H.; Bernburg, Hochschule für Landwirtsch., Inst. für Gartenbau. Zur kooperativen Planung und Nutzung von Gewächshauswirtschaften. - Dtsch. Gärtnerpost 15 (1963) Nr.34. S.3-4. - 1 Abb., 2 graph.Darst., 4 Tab., 8 Lit.

Vf. geht von der Belastung der Gewächshausanlage durch ein eigenes Heizwerk aus und diskutiert verschiedene Möglichkeiten des Anschlusses von Gewächshäusern, Frühbeeten, Folienzelten und Freilandbodenheizanlagen an freie Heizkapazitäten zu ihrer besseren Auslastung. Sollen Gewächshäuser an Hopfendarren angeschlossen werden, eignet sich nur die Niederdruckdampfheizung. Die im Gartenbau verwendeten Lufterhitzer sind auch für Hopfendarren zu verwenden. Heißluftöfen eignen sich nicht für Gewächshäuser. Ähnliches gilt für den Anschluß an Tabaktrocknungsanlagen. Hinsichtlich der Auslastung der Heizung ist eine Kombination von Gewächshauswirtschaft und Körnertrocknungsanlage auf Grund der verschiedenen Nutzungszeit gut möglich. Bei einer Gewächshausanlage von 12000 m² ist die Heizkapazität ausreichend, um 30 t/h Getreide zu trocknen. Zwischen Gewächshauswirtschaften und Molkereien ist der Ausgleich der Bedarfsspitzen nicht völlig möglich. Das Warmwasser der Molkerei (28 °C) kann für die Bodenheizung verwendet werden. Ch.Förtsch. 9505.

1-64/02-0599 M i e r s w a, D. Ist der Selbstbau von Gewächshäusern empfehlenswert? - Dtsch. Gartenbauwirtsch. 11 (1963) Nr.8. S.169. - 1 Abb. 9505.

1-64/02-0600 B ü t t n e r, Rolf; Bernburg, Hochschule für Landwirtsch., Inst. für Gartenbau. Aufbau der Frühbeetanlagen bei Errichtung von Gewächshauswirtschaften und Rekonstruktion vorhandener Anlagen. - Dtsch.Gärtnerpost 15 (1963) Nr.35. S.3-4. - 2 Abb., 2 Tab., 3 Lit.
49,5 % der Glasfläche der DDR bestehen aus Frühbeeten. Von 1960-62 sind sie um 50 ha erweitert worden. 10 % der genannten Fläche sind heizbar. Es werden Angaben über die zweckmäßigste Errichtung von Frühbeetanlagen gemacht. Zwischen jedem Frühbeet sollte sich ein Weg von 2 m Breite, an den Stirnseiten ein Weg von 6 m Breite befinden. Als günstigste Länge für Frühbeete werden 48 m angesehen. Befestigung der Wege mit Schlacke oder Kies ist ausreichend, Beton ist nicht erforderlich. Mindestens 50 % der Frühbeete sollten heizbar sein. Eine Erweiterung der Kesselkapazität ist nicht immer notwendig, da ab Ende Febr. zur Auslastung der Kesselanlagen bei 1000 m^2 Gewächshausfläche (Δt = 40 °C) 540 m^2 Frühbeete angeschlossen werden können. Die Heizung kann als Boden- oder Luftraumheizung installiert werden. Weitere Angaben über Mechanisierung, Lüftung, Wasserversorgung und Bodenbearbeitung folgen. Ch.Förtsch. 9510.

1-64/02-0601 S c h a l l e r. Bessere Jungpflanzen durch neues Spezialhaus. - Dtsch.Gärtnerpost 15 (1963) Nr.25. S.4. - 1 Abb.
In Gemeinschaftsarbeit wurde ein 7,40 m breites Jungpflanzenanzuchthaus entwickelt. Das Haus kann in Längen von etwa 49 m und 98 m errichtet werden, es ist ein Einzelhaus mit Seitenlüftung, bestehend aus herausnehmbaren Frühbeetfenstern. Eine Firstlüftung ist für eine Sommernutzung des Hauses vorgesehen. Große 2flüglige Türen ermöglichen den weitgehenden Einsatz der modernen Technik. Die Konstruktion ist eine feuerverzinkte Ganzstahlbauweise mit einer 750 mm Glasteilung. Die Beregnung erfolgt mit "Gela"- Regenpilzen. Die Heizung ist für eine Temperaturdifferenz von 25 °C vorgesehen. Die Kosten für dieses Haus betragen ab Werk für die Stahlkonstruktion einschließlich Glas 39.- DM/m^2, für die Regenanlage 3-4 DM/m^2 und für die Heizung (bis 1 m vor Ausgang Haus) etwa 6.- DM/m^2. Die Selbstmontage des Gewächshauses unter Anleitung eines Monteurs vom Lieferwerk ist möglich.
Ch.Förtsch. 9520.

1-64/02-0602 M c F a r l a n e, J.S. und S k o y e n, I.O.; Salinas, Calif. Greenhouse chambers for small seed increases. (Gewächshauskammern zur Samenvermehrung geringer Bestände.) - J. Amer. Soc. Sugar Beet Technologists 12 (1963) Nr.4. S.323-325. - 2 Abb., 1 Lit.
Zur Vermeidung hoher Kosten für die Isolierung von Feldparzellen wurde für die Zuckerrübenzüchtung ein Gewächshaus konstruiert. Es ist 32x9 ft. groß und besteht aus vorgefertigten Teilen (Al - Rahmen). Das Gewächshaus hat weder eine Tür- noch eine Dachlüftung. Es ist in 6 Abteilungen eingeteilt, jede Abteilung wieder durch Plastikwände in 2 gleich große Kammern. Aus einem Gebläsehaus an der Spitze des Gewächshauses wird jeder Kammer durch eine

unterirdische Leitung gefilterte Luft zugeführt. Die Filter bestehen aus gefalteter Baumwolle in Metallhaltern. Alle 2 Min. findet ein Luftwechsel statt. Durch Flatterklappen an der Außenwand des Gewächshauses wird die verbrauchte Luft nach außen abgeleitet. Die Höhe der Erdschicht in den Kammern beträgt 1 ft., die Wasserzuführung erfolgt durch Furchenbewässerung. Der Wasserfluß wird durch eine Klappe an der Außenseite der Kammer kontrolliert. Zusatzbelichtung erfolgt mit einer 150 W Glühlampe in jeder Kammer. Die Schädlingsbekämpfung kann durch die Luftaustrittsöffnungen erfolgen.

Ch.Förtsch. 9525.

1-64/02-0603 S t i c k l e r. Ventilatoren als Luftumwälzer. - Gartenwelt 63 (1963) Nr.5. S.90-92. - 3 Abb.

Vf. beschreibt die Anwendung von Gebläsen zur Luftumwälzung in Gewächshäusern. Sie werden frei aufgehängt. Als Vorteile einer derartigen Belüftung werden genannt: nicht stagnierende Luft in den Kulturbeständen und geringe Temperaturdifferenzen im Gewächshaus. Vf. weist darauf hin, daß sich die Luftbewegung nach bisherigen Beobachtungen bei keiner Kulturart schädlich ausgewirkt hat. Von entscheidender Bedeutung für die Auswahl von Gebläsen ist die Reichweite. Dabei hat die Luftaustrittsgeschwindigkeit den größten Einfluß. Sie hängt von der Umdrehungsgeschwindigkeit des Gebläses sehr stark ab. In der Regel genügt ein Standardgebläse (40 cm Flügelraddurchmesser) mit einer Luftleistung von 1200-1400 ^{1}/min. Hier wurden Reichweiten bis zu 26 m ermittelt. Der Aufsatz von Führungsblechen bringt keine meßbare Vergrößerung der Reichweite. Die Aufhängung des ersten Gebläses sollte in der Nähe der Stehwand erfolgen.

Ch.Förtsch. 9530.

1-64/02-0604 A n o n y m. Keep your greenhouse cool in summer. (Gewächshauskühlung im Sommer.) - Electricity on Farm 36 (1963) Nr.5. S.28-29. - 3 Abb.

Um Gewächshäuser im Sommer so lüften zu können, daß keine großen Windgeschwindigkeiten im Haus entstehen, die Luftfeuchtigkeit im Gewächshaus erhalten bleibt und eine Schattierung weitestgehend vermieden wird, wurde ein Verdunstungskühlungssystem geschaffen. Die Bemessung der Luftmenge erfolgt, indem der Rauminhalt + 50 % Zuschlag als Grundlage des Luftwechsels/Min. zugrunde gelegt wird. Der Aufbau eines derartigen Kühlsystems im Gewächshaus selbst ermöglicht nur eine Befeuchtung der Gewächshausluft, zur Kühlung muß der Kühler außerhalb des Gewächshauses angebracht sein. Bei dem beschriebenen Kühler wird die heiße, trockene Außenluft mittels Gebläse durch die Filter gesaugt. Gleichzeitig drückt eine Pumpe Wasser in die Filter. Die durch die Wasserverdunstung abgekühlte Luft wird durch einen Kanal in das Haus geblasen. Die warme Gewächshausluft entweicht am Dach. Neben diesem spez. Kühler werden Filtermatten an den Gewächshausseiten verwendet, durch die Außenluft angesaugt wird. Durch diese Systeme kann die Luft um 80 % des Differenzbetrages eines feuchten bzw. trockenen Thermometers herabgesetzt werden. In unschattierten Häusern wird die Außentemperatur in der Sonne erreicht. Durch richtig dimensionierte Kühler kann die Temp. um 20 ^{0} bis 30 ^{0} unter die eines ungekühlten Hauses gesenkt werden.

Ch.Förtsch. 9531.

1-64/02-0605 Ž i l i n s k i j, Ju. M. Pasčet stacionarnych oblučajuščich ustanovok dlja teplic. (Die Berechnung von ortsfesten Belichtungsaggregaten für Gewächshäuser.) - Izvestija Timirjazevskoj sel'skochozjajstvennoj akademii, Moskva 1962 Nr.5. S.161-172. - 5 Diagr., 1 Tab., 4 Zeichn., 4 Lit. Zus. in Engl.

Vf. weist eingangs auf die Mängel der z.Z. angewendeten Verfahren zur Berechnung von Belichtungsaggregaten hin, findet die Ursache der Mängel hauptsächlich darin, daß die Berechnung der spez. Leistung in W/m² erfolgt und beweist die Unzweckmäßigkeit dieser Berechnungsweise. Er verlangt, daß das Spektrum der Leuchten der spektralen Empfindlichkeit der Pflanze entspricht, führt den Begriff Phytobeleuchtungsstärke ein und formuliert einige weitere Begriffe. Da die Kurve der spez. spektralen Energieverteilung meist in % angegeben wird, leitet Vf. einen Ausdruck für den Maßstab solcher Diagr. ab. Ferner definiert Vf. einen Ausdruck für die Strahlungsausnutzung durch die Pflanze. Er unterscheidet punktförmige und lineare Leuchten, berechnet die von ihnen ausgehenden Strahlungen und Beleuchtungsstärken in Abhängigkeit von der Lage der Leuchten über den Pflanzen. Da die Benutzung der Formeln umfangreiche Berechnungen erfordert, werden Diagr. erstellt, um die mittlere horizontale und sphärische Beleuchtungsstärke in Abhängigkeit von der Leuchtenhöhe und -anzahl schneller zu ermitteln. W.Balkin. 9535.

1-64/02-0606 R e i c h m a n n. Heizungskessel "Hydromot 320 000 kcal/h" - Prüfbericht Wieselburg, N.Ö. - Bundesversuchs- u. Prüf.-Anst.landwirtsch. Maschinen Geräte /Wieselburg, N.Ö./, Prüfber. Nr. 672. Gr. 12d. (1963) 2 S. Hersteller: Fa. Fenseisen & Töchter, Spezialbetrieb für moderne Bewässerung, Kessel- und Heizungsbau, Wien XXI/146, Dückegasse 7-9. 9545.

1-64/02-0607 D e s c r o z a i l l e, B. Le réchauffage électrique des abris en matière plastique. (Die elektrische Beheizung von Plastfolienzelten.) - Génie rural 56 (1963) Nr.1. S.25-30.

Erste Tastversuche über das Wärmeverhalten elektrisch beheizter Polyäthylenzelte brachten interessante Ergebnisse. Ein 10 cm tief in den Boden eingelegter galvanisierter Eisendraht mit 24 V Spannung und einer Leistungsaufnahme von 100 W/lfd.m erhöhte die Temp. der Luft während der Heizzeit in der Nacht um 6 °C gegenüber ungeheizt. Je niedriger die Außentemperatur, um so höher war die Temperaturdifferenz. Trotz ungünstiger Voraussetzungen infolge verspäteter Versuchsanstellung war die Ernte unter Folien um 11 Tage verfrüht. Durch die Beheizung konnte der Ertrag fast verdoppelt werden. H.Kaiser. 9545b.

1-64/02-0608 V o i s e y, Peter W.; Ottawa, Canada Dep. of Agric., Engng. Res. Serv. Note on the modification of an electronic temperature controller to provide diurnal temperature variations in plant growth chambers. (Bemerkung zu einem abgeänderten, elektronischen Temperaturregler, der im Gewächshaus den täglichen Temperaturzyklus automatisch einstellt.) - Canad. J. Plant Sci. 43 (1963) Nr.1. S.111-112.

Vf. beschreibt an Hand zweier Bilder den Aufbau, die Wirkungsweise und das Eichen eines Temperaturreglers für Gewächshäuser. Mit Hilfe dieses Gerätes wird der tägliche Zyklus der Temp. mit einer Genauigkeit von ±1 °F automatisch eingestellt. Das Instrument besteht in der Hauptsache aus folgenden Bauelementen: Temperaturfühler mit einer im Schaft eingebauten Widerstandsbrücke, Drehpotentiometer, Relais, Getriebe, Steuernocken und den entspr.

Verbindungen. Alle Teile sind im Handel erhältlich. Das Gerät besitzt eine Grob- und Feinregelung und ist bei Verwendung entspr. Potentiometer auch für andere Temperaturregelungen zwischen 0 und 500 °F einzusetzen.

W.Bohrisch. 9545f.

1-64/02-0609 V i s c a r d i, K., S k i e r k o w s k i, J. und K r o k o w s k i, A. Nowy system samoczynnego napowierzchniowego nawadniania szklarni. (Ein neues System von selbsttätiger Oberflächenbewässerung in Gewächshäusern.) - Biul. warzywniczy 1960 (hrsg. 1961) Nr.5. S.311-319. - 4 Abb., 8 Lit. Zus. in Russ., Engl.

Von der Versuchsanst. für Gemüsebau in Skierniewice wurde ein Bewässerungssystem mit Schwachregnern für Gewächshäuser entwickelt. Die Steuerung des Wasserzuflusses und des Wasserniveaus im Behälter erfolgte mit hydraulischen Steuerelementen. An einer Seite jeder Pflanzenreihe werden auf dem Erdboden Vinidurrohre verlegt. Die Rohre besitzen Öffnungen, deren Abstand der Pflanzentfernung entspricht. Die Vorzüge dieses Bewässerungssystems sind: gleichmäßige Verteilung der Wassermenge auf die Pflanzen; keine Ausspülung des Bodens und sehr gute Einsickerung und Verbreitung des Wassers im Boden; keine Benetzung der Pflanzen; die Pflanzen werden nicht beschädigt; der Arbeitsaufwand bei der Bewässerung beschränkt sich auf die zeitweise Öffnung des Zuflußschiebers; der Wasserverbrauch ist wegen der vorzüglichen Wasserverteilung sehr gering; die Möglichkeit einer Düngung der Pflanzen mit Mineraldüngerlösungen und eine sehr gleichmäßige Verteilung der Gaben in kleinen Konzentrationen. J.Pragłowski. 9550.

1-64/02-0610 A n o n y m. Automatische Steuerung von Beregnungsanlagen. - Süddtsch. Erwerbsgärtner 17 (1963) Nr.33. S.955. - 1 Abb.

Um die Wasserversorgung unter Glas bedarfsgerechter zu gestalten, wurde für Beregnungsanlagen ein elektronisches Steuergerät entwickelt. Das Gerät selbst besteht aus einem sog. "Regenfühler", einem Verstärker, einem Schaltgerät und mehreren Magnetventilen. Der "Regenfühler" wird so montiert, daß er vom Sprühregen getroffen wird. Entspr. der Sonneneinstrahlung, Temp. und Feuchtigkeit verdunstet auf dem "Fühler" der Wasserbelag mehr oder weniger schnell. Der "Regenfühler" kann über einen Einstellknopf der unterschiedlichen Leitfähigkeit des Wassers und der gewünschten Stärke des Wasserbelages angepaßt werden. Durch eine regelbare Beheizung des Fühlers kann die Verdunstung des Wasserbelages beschleunigt werden. Somit können Regenstärke und Beregnungspausen eingestellt werden. Der Preis beträgt 315.- DM.

Ch.Förtsch. 9550.

K. GARTENBAU/ERNTE

1-64/02-0611 G h i s l e n i, Pierluigi, L u i s o n i, Enrico und Q u a g l i o t t i, Luciana; Torino, Univ., Ist. di Orticolt. e Floricolt. dell. Macchine per l'espansione dell'orticoltura. II. Parte. (Maschinen für den Gemüsebau. 2. Mitt.) - Frutticoltura 25 (1963) Nr.5. S.385-394. - 15 Abb., 6 Lit. 1. Mitt. vgl. 1-64/02-0581.

Vff. berichten über Geräte und Maschinen zur mech. Ernte von Spargel, Möhre, Kohl, Zwiebel, Pflückbohne, Melone und Tomate. Zur Spargelernte dient eine amer. Entwicklung, die mit 14 zahnartig auf einem Zylinder angebrachten dünnen Winkelhackmessern ausgestattet ist; die Messer werden horizontal durch den Damm gezogen und schneiden dabei die Spargelstange ab. Ein Querförderband legt die Stangen seitlich ab, wo sie mit einem Elevator in einen Sammelbehälter gebracht werden. Zur Möhren- und Pastinakenernte dient ein Paar von Pflugscharen, das nachdem zuvor das Kraut abgeschnitten worden ist , die Wurzeln anhebt. Über ein Kettenförderband wird das Erntegut - nach Entfernung der Beimengungen - in einen Bunker befördert. Die Zwiebeln werden von Pflugscharen, die frontal an den Schlepper angebaut sind, angehoben. Anschließend werden sie auf einer unter dem Schlepper befestigten Siebkette befördert, von den erdigen Beimengungen befreit und abschließend als Schwad zum Trocknen abgelegt. Das Gerät rodet in 3 Std. 1 ha bei einer Arbeitsgeschwindigkeit von 5 kg/h. Zur Pflückbohnenernte gelangt eine Maschine zum Einsatz, die die zu erntenden Pflanzen abschneidet, anschließend zu 2 elastischen, in entgegengesetzter Richtung rotierenden Gummiwalzen führt, wobei die Hülsen von den Stengeln getrennt werden. Ein Gebläse trennt die Hülsen von den Stengeln und Blättern. Bei der Melonenernte erfolgt nach manuellem Schnitt der Abtransport mit einer Erntekombine. Diese ist mit einem 27 m langen Transportband ausgerüstet. Die Melonen werden über ein Höhenförderband auf einen mitfahrenden Wagen entladen. Eine im Aufbau der Kartoffelkombine ähnelnde Tomatenerntemaschine nimmt jeweils 2 Reihen auf. Durch eine rotierende Trommel werden Kraut und Früchte voneinander getrennt, anschließend die Früchte auf einem Verlesetisch von restlichem Blattwerk befreit. Voraussetzung für den Einsatz dieses Gerätes ist der Anbau von Sorten mit weitgehend zeitlich zusammengedrängter Erntereife. G.Müller/Leipzig. 9560.

1-64/02-0612 G ö h l i c h, H. Eine Betrachtung zur maschinellen Ernte von Obst. - Erwerbsobstbau 5 (1963) Nr.8. S.150-153. - 5 Abb., 3 Lit.
Die Verfahren der Obsternte sind weit hinter denen der Ackerkulturen zurückgeblieben. Der Ernteaufwand für 1 ha Steinobst beträgt etwa 1000 AKh, derjenige für das Roden eines ha Zuckerrüben nur 50 AKh. Bei der Ernte von Baumobst müssen die Früchte vom Ast gelöst und unbeschädigt in Kisten abgelegt werden. Mit einem Schüttler und einer der Obstart angepaßten Auffangvorrichtung läßt sich dies arbeitssparend erreichen. Ein zweckentsprechender Aufbau des Astgerüstes muß verhindern, daß die fallende Frucht vom tieferliegenden Ast beschädigt wird. Ein rascher Transport der Früchte in die Behälter verhindert eine gegenseitige Beschädigung der Früchte. Für den Einsatz innerhalb der Baumgassen müssen Schüttler und Fangrahmen gut beweglich sein. Nach praktischen Erfahrungen sind Massenkraftschwinger leichter und wendiger als Kurbelstangenschüttler. Die Anwendung dieser Geräte beschränkte sich in den USA zuerst auf Wirtschaftsobst. Neuerdings werden auch Frisch- und Gefrierobst, bes. Kirschen, Aprikosen und Pfirsiche, maschinell geerntet. Sauerkirschen fallen bis zu 90 % beim ersten Schüttelvorgang, davon 60-90 % ohne Stiel. Bei Pflaumen ergab sich 1962 nur ein Anteil von 6,5 % mit geringfügigen Fruchtbeschädigungen. Nach amer. Untersuchungen lassen sich bei Pflaume und Pfirsich 65-75 % der AKh gegenüber Handernte einsparen. Bei Sauerkirschen kann 1 AK am Schüttler 4-5 Pflücker ersetzen. M.Reichel. 9570d.

1-64/02-0613 S y s o e v, A. und S t r o ž e v s k i j, V. Mašina dlja uborki fruktov. (Obsterntemaschine.) - Technika v sel'skom chozjajstve, Moskva 23 (1963) Nr.4. S.47-48. - 2 Abb. Aus: Dok.-Dienst ILT 1963 Nr.6.

Es wird ein Obstschüttler beschrieben, der mit dem Traktor "DT-20" mit verlängertem Radstand eingesetzt wird. Der Abtransport des Erntegutes erfolgt mit Einachs-Traktoranhängern (Tragfähigkeit 2 t). Ein Gabelstapler übernimmt die Beförderung des Obstes in Kisten; das Sortieren erfolgt am Band. Hauptbestandteile des Obstschüttlers: vibrierender Auslegearm von 3,5 m Länge, dessen Greifer den Baumstamm umklammern; Auffangtuch und 2 Sammelrinnen. Leistungswerte: 6-fache Steigerung der Arbeitsproduktivität gegenüber manueller Erntearbeit; Höchstleistung 840 kg Pflaumen/h von 27-28 Bäumen (bei manueller Arbeit 200 kg). 9570d.

1-64/02-0614 B a k o s, I. und B á n á t i, I. Tanulmány a hagyományos és gépi gyümölcszszedés 1961. évi vizsgálatáról. (Abhandlungen über Versuche bei der traditionellen und mechanisierten Obsternte im Jahre 1961.) Budapest: Mezögazdasági Gépkisérleti Intézet. 1961. (75 S.) - Aus: Ung.Agrar-Rdsch. 1963 Nr.2.

In den Versuchen sollten Entwicklungsmöglichkeiten bei der Rationalisierung der Ernte aufgezeigt und arbeitserleichternde Geräte erprobt werden. Bei der Handpflücke konnte durch neue Pflückbühnen, Sammel- und Pflückbehälter die Leistung verbessert werden. Vff. stellten die Anforderungen an die Geräte sowie eine zweckmäßige Folge von Hilfsgeräten zusammen. Neue Ernteverfahren gestatteten gegenüber der traditionellen Handpflücke eine 2-3fache Leistungssteigerung. Nach ersten Erfahrungen mit Schüttelmaschinen halten es Vff. für möglich, alle Obstarten mechanisiert abzuernten. Steinobst kann nur bedingt, mit Fangschirmen geschüttelt werden. Die Versuche mit verschiedenen Apfelsorten ließen erkennen, daß sich techn. Lösungen finden werden, das Obst unbeschädigt aufzufangen. Die am Baum auftretenden Verletzungen können nur durch grundlegende Änderung der Kronengestaltung auf ein zulässiges Maß vermindert werden.

L. GARTENBAU/ERNTE-AUFBEREITUNG UND -LAGERUNG

1-64/02-0615 M o h s e n i n, N.N. und G ö h l i c h, H. Techniques for determination of mechanical properties of fruits and vegetables as related to design and development of harvesting and processing machinery. (Verfahren zur Bestimmung der mechanischen Eigenschaften von Obst und Gemüse im Hinblick auf die Konstruktion und Entwicklung von Ernte- und Aufbereitungsmaschinen.) - J. agric. Engng. Res. 7 (1962) Nr.4. S.300-315. - 5 Abb., 10 Diagr., 4 Tab., 14 Lit. Aus: Dok.-Dienst ILT 1963 Nr.3.

Verfahren und Instrumente werden entwickelt, um das Verhalten von Früchten unter der Einwirkung von Druck mit zunehmender und statischer Last, von Scher- und Reißkräften sowie Stoßlasten zu prüfen. Versuchsobjekte waren Äpfel, doch gelten die Ergebnisse auch für Birnen, Pfirsiche, Tomaten, Kartoffeln u.a. Instrumente und Versuchsverfahren zur Bestimmung der Intensität äußerer Einwirkungen werden beschrieben. Die Ergebnisse werden diskutiert und Empfehlungen für die praktische Anwendung gegeben. 9605.

1-64/02-0616 S t o l l, K. Maschinelles Verlesen und Kalibrieren von Obst. - Schweiz. Z. Obst- u. Weinbau 72 (1963) Nr.19. S.464-469. - 3 Abb., 1 Tab. 9610.

1-64/02-0617 S t e i n, W.; Leipzig, VEB BBG. Steigerung der Arbeitsproduktivität durch die Zwiebelputz- und Sortiermaschine "B 902". - Dtsch. Gärtnerpost 15 (1963) Nr.26. S.4. - 2 Abb., 1 Zeichn., 1 Lit.

Eine komplette Anlage wurde entwickelt, auf der Speisezwiebeln geputzt, sortiert, verlesen und abgefüllt werden können. Die Zwiebel-Putz- und Sortieranlage "B 902" setzt sich aus 5 verschiedenen Aggregaten zusammen, wobei jedes einen eigenen Antriebsmotor besitzt. Die Einzelaggregate können z.T. anderweitig Verwendung finden. 1. Reinigungs- und Verlesesieb "B 903": Dieses Aggregat baut auf dem Kartoffelsortierer "ZKS 2" auf. Hier erfolgt das Absieben von Steinen und Erde. 2. Höhenförderer "B 906": Es handelt sich um einen Elevator "E 675" und einen zur Aufhängung dieses Förderbandes notwendigen Rahmen. 3. Zwiebelputzmaschine "B 907": Der Putzmechanismus besteht aus 10 nebeneinander liegenden kugelgelagerten, profilierten Gummiputzwalzen, die durch eine Konusrutschkupplung gegen Überlastung gesichert sind. 4. Zwiebelsortiermaschine "B 908": Die Zwiebeln werden von Mitnehmern einer unter den Leisten laufenden Kette befördert und fallen nach Größengruppen (Leistenprinzip). 5. Verleseband "B 909": Zum Nachputzen und Verlesen. Das Band ist 3 m lang und 0,65 m breit, höhenverstellbar. Die Leistung der Anlage liegt bei etwa 2,5 t/h. Bei höherer Leistung läßt die Sortiergenauigkeit nach. W.Blasse. 9615.

1-64/02-0618 N e u t e b o o m, D.I.; Hemingstone, Ipswich, Suffolk, England, Charity Farm. Eenmalige verpakking in Engeland. (Einmalige Verpackung in England.) - Fruitteelt 53 (1963) Nr.11. S.309.314. - 2 Abb.

In England rechnet man mit einer durchschnittlichen Marktentfernung von 100 km. Da bei den herkömmlichen Veilingkisten auf dem Transport immer starke Beschädigungen eintraten, wird nunmehr auf eine neue Kartonverpackung orientiert. Dieser Faltkarton hat ein Fassungsvermögen von 15 kg und wird an der Sortiermaschine maschinell gefüllt und abgepackt. Der Vorteil dieser neuen Verpackung besteht in einem wesentlich verminderten Schädigungsgrad der Früchte und der guten Stapelfähigkeit der Kartons. Außerdem eignet sich diese Art der Verpackung für den Selbstbedienungsladen. Durch die günstigeren Preise ist der etwas höhere Aufwand gegenüber der Kistenverpackung vertretbar. - Das Abpacken von Äpfeln in Kunststoffnetze ist techn. gelöst. Es verbleibt lediglich das Schließen der Netze von Hand.

W.Blasse. 9620.

1-64/02-0619 S o s o, Cesare; Bologna, Ist. Naz. per il Commercio Estero Ispettorato Compartimentrale. Imballaggi usati per la raccolta, confezione e commercializzazione delle fragole. (Verpackung von Erdbeeren.) Frutticoltura 25 (1963) Nr.3. S.253-265. - 36 Abb.

Vf. berichtet über die in verschiedenen europ. Ländern üblichen Formen der Verpackung von Erdbeeren. Allg. wird bei den Verpackungsgefäßen, da es sich in der Regel um sog. verlorene Verpackungen handelt, eine Standardisierung angestrebt, um sowohl für Exportzwecke als auch für den Konsumverkauf im Inland in der Qualität den Ansprüchen moderner Handels- und Verkaufsanforderungen zu entsprechen. Die in den einzelnen Ländern verwendeten Materialien (Holz, Pappe, Plaste) und auch die Größe der Verpackungen variierten in starkem Maße. So wird in Ungarn in Holzgefäßen, die mit Plastikfolien ausgelegt sind, verpackt. Sie weisen einen Nettoinhalt von 3 kg auf. In den Niederlanden sind 250 g fassende Körbchen (24 in einer Versandkiste) üblich, während in Frankreich 660 g fassende Holzspankörbchen verwandt werden. In Griechenland wird in porösen Plastikkörbchen mit einem Inhalt von 240 bzw. 440 g verpackt. Das Eigengewicht dieser Körbchen beträgt 12 bzw. 16 g.

G.Müller/Leipzig. 962C.

1-64/02-0620 Pijanowski, E., Mrozewski, S. und Horubala, A. Teoria i cwiczenia z technologii produktów owocowych i warzywnych. (Theorie und Übungen aus der Technologie der Obst- und Gemüseprodukte.) 2., erg. und verb. Aufl. Warszawa: Państw. wyd. roln. i leśne. 1963. (275 S.) 8°. (1963 A 929)

M. GARTENBAU/PFLANZENSCHUTZ

1-64/02-0621 Bakos, I. Gyümölcspermetezögépek összehasonlitó üzemi kisérletei. (Vergleichende Betriebsuntersuchungen an Obstspritzgeräten.) - Járművek, mezögazdasági Gépek /Fahrzeuge, landwirtsch. Maschinen/ 9 (1962) Nr.2. S.61-65. - Aus: Ung. Agrar-Rdsch. 1963 Nr.2.

Anhand von statistischen Erhebungen und unter Berücksichtigung ausländischer Maschinen werden Fragen der Mechanisierung im obstbaulichen Pflanzenschutz erörtert. Auf Grund von Messungen stellt Vf. fest, daß mit einem einzigen Maschinentyp nicht in allen Anlagen die Spritzarbeit wirtschaftlich durchgeführt werden kann. Für ältere Kleinparzellen-Anlagen und für Junganlagen ist ein Hochdruck-Schlauchspritzgerät (evtl. im Pferdezug) empfehlenswert. Für Reihenpflanzungen und lückige Bestände können auch halbautomatische Gerätetypen benutzt werden, wenn sie gleichzeitig eine individuelle Arbeitsweise zulassen. Für geschlossene , moderne Intensivpflanzungen sind automatische Sprühmaschinen am besten geeignet. Eine zapfwellengetriebene Maschine für einen 40 PS-Schlepper erfüllt die gestellten Forderungen. Selbstfahrenden Maschinen mit hoher Leistung wird große Bedeutung beigemessen.

9705b.

1-64/02-0622 Vorob'ev, M.K. und Sažin, F.N. Pnevmatičeskaja sistema dlja opryskivanija rastenij v teplicach. (Pneumatisches System zur Schädlingsbekämpfung im Gewächshaus.) - Zaščita rastenij ot vreditelej i boleznej, Moskva 8 (1963) Nr.2. S.32-34. - 2 Abb., 3 Schemata.

Im größten Gewächshauskombinat Europas (Sowjetgut "Belaja datscha", Gebiet Moskau) ist seit 1961 ein pneumatisches System zur Schädlingsbekämpfung, mit dem 70 Gewächshäuser bedient werden können, erfolgreich in Betrieb. Es besteht aus 2 Kompressoren mit einer Leistung von je 3 m^3/min (5 atm), 2 Luftsammlern mit je 0,8 m^3 (Serienfertigung), zusätzlichen Druckgefäßen (Gesamtinhalt 8 m^3), Elektromotoren mit einer Gesamtleistung von 20 kW und aus Luftleitungen, die unter dem Dach und längs der Verbindungsgänge verlegt sind. Letztere verjüngen sich von anfangs 3 Zoll Dmr. bis auf 1,5 Zoll. Von diesen Leitungen zweigen für je 2 Gewächshäuser 25 mm starke Rohrstutzen ab (mit Rückschlagventil und Aufsteckmutter versehen), an die der Druckschlauch des Spritzgerätes "POV-800" angeschlossen wird. Dieses Gerät hat ein Fassungsvermögen von 800 l und arbeitet mit einem Druck von 4,5 atm; es ruht auf einem Fahrgestell mit 4 Rädern. Die Kosten der gesamten Anlage einschließlich Montage belaufen sich auf ca. 3700 Rbl. oder 0,05 Rbl/m^2.

E.Kahn. 9705b.

1-64/02-0623 P r o k s c h, Wolfgang. Ein Schleier gegen Vogelfraß. - Techn. u. Landwirtsch. 15 (1963) Nr.5. S.113-114. - 1 Abb.

Dieser neuartige Schutzschleier "Starex" ist ein zu einem dicken "Kabel" zusammengefaßtes Gespinst, das aus Tausenden von feinen, miteinander verzweigten Einzelfäden aus Kunstseide besteht. 9705c.

1-64/02-0624 J u c h n e v i č, Lidija Aleksandrovna, M a t e s o v a, Galina Jakovlevna und M i t j a e v, Ivan Dmitrevič. Vrediteli sadov i ogorodov i mery bor'by s nimi (Jugo-vostočnyj Kazachstan). (Obst- und Gemüseschädlinge und ihre Bekämpfung.) Alma-Ata: Izd. akad. nauk Kazachskoj SSR. 1963. (64 S.) 8°. (1963 A 686)

O. GARTENBAU/AUSSTELLUNGEN, TAGUNGEN, VORFÜHRUNGEN, REISEN, ÜBERSICHTEN

1-64/02-0625 S t i c k l e r, Peter. Besuch der Lehrschau "Moderner Gartenbau unter Glas". - Süddtsch. Erwerbsgärtner 17 (1963) Nr.33. S.946-948. - 14 Abb.

Ein Technik-Ausschuß unter Leitung von Prof. Renard führte die Planung der auf der IGA.1963 zu zeigenden Gewächshäuser einschließlich der Inneneinrichtungen unter Mitarbeit von 80 Firmen durch. In der Mehrzahl wurden 12 m breite Häuser errichtet, in denen verschiedene Kulturen gezeigt wurden. Folgende meist vollautomatisch gesteuerte Lüftungen wurden angeboten: Dachlüftung von 1 m Breite, Giebellüftung, Wendeklappen- und Taschenklappenlüftung. In einem Haus erfolgte die Entlüftung automatisch mittels Zahnstangen. In einem Gewächshaus mit Bindern aus Stahl wurden die Pfetten und Sprossen aus Aluminium gefertigt. Das Glas ist bei diesem Haus verkittet. Auf der Industrieschau wurde aber auch eine Aluminiumkonstruktion gezeigt, bei der das Glas nur geklammert wird. In dem Gewächshaus mit Taschenklappenlüftung wurden verschiedene Geräte für die Sprühnebelvermehrung gezeigt. In einem 12 m Haus mit pneumatischer Regelung der Dach- und Seitenlüftung wurde auch die kombinierte Rohr- und Luftheizung über ein pneumatisch gesteuertes Dreiwegemischventil geregelt. In diesem Haus wurden vorwiegend Warmhauspflanzen kultiviert. In einem weiteren Haus war eine vollautomatische Schattierung eingebaut. Das gezeigte Rollhaus mit Tomaten hatte keine Dachlüftung. Als Seitenlüftung waren Wendeklappen angebracht. Die Heizrohre waren in diesem Haus beweglich angeordnet, so daß man sie im Winter dicht über den Boden herunterlassen kann. In einem zweischiffigen Block wurden 12 verschiedene Düsen gezeigt. Ch.Förtsch. 9805.

X. FORSTWIRTSCHAFT

A. ALLGEMEINES

1-64/02-0626 Melechov, I.S. Osnovnye puti techničeskogo progressa v lesnom chozjajstve. (Die Hauptrichtungen des technischen Fortschritts in der Forstwirtschaft.) - Lesnoe chozjajstvo, Moskva 16 (1963) Nr.1. S.2-8.

In der Forstwirtschaft der Sowjetunion beträgt der Mechanisierungsgrad beim Holzfällen 99 %, bei der Bodenbearbeitung 68 %, bei der Aufforstung 20 % und bei der Kulturpflege 34 %. Saatgutgewinnung und Jungwuchspflege werden vorwiegend manuell durchgeführt. Neben der Steigerung der Produktion forstlicher Maschinen und Geräte ist eine Reihe weiterer Maßnahmen zur Steigerung der Produktivität in der Forstwirtschaft notwendig: verstärkter Anbau der Pappel, rationellere Nutzung der Naturverjüngung, bessere Differenzierung der Hiebsformen, Erweiterung des Umfanges der Meliorationen, Verringerung der Waldbrände, Verbesserung der Schädlingsbekämpfung sowie die straffere Einbeziehung der Wissenschaft in die Lösung aktueller Probleme. 10005.

1-64/02-0627 Patalas, Zygmunt. Mechanizacja prac leśnych w Szwecji. (Mechanisierung der Waldarbeiten in Schweden.) - Las Polski 36 (1962) Nr. 19. S.17-19.

Vf. berichtet über den hohen Stand der Mechanisierung in der schwedischen Forstwirtschaft. Die Grundlagen dafür schaffen 3 Forschungsinstitute, die spezielle territoriale Schwerpunktaufgaben für den nördlichen, den mittleren und den südlichen Teil des Landes lösen. Vf. erläutert die Arbeitsorganisation und die zum Einsatz gelangenden Maschinen bei der Holznutzung und dem Holztransport. Ausgangspunkt für die komplexe Mechanisierung sind Kahlschläge von etwa 40 ha. Hier erst lohnt sich der Bau von provisorischen Abfuhrwegen, Ausformungsplätzen, die Konzentration von AK, Maschinen und Geräten. Die Entrindung des Langholzes erfolgt ausschließlich mechanisch in Sägewerken durch die Entrindungsmaschinen "Cambio" und "Sund". Das Faserholz wird erst in den Werken durch rotierende Trommel-Entrindungsmaschinen entrindet. Für die Holzabfuhr werden vorwiegend die Zugmaschinen Fiat "R" (35 PS), "B-375" International, Volvo, Bams "BM" und Ferguson eingesetzt, die in der Regel mit Seilwinden ausgerüstet sind. Die neuesten Typen der Schlepper sind ausgerüstet mit hydraul. Masten und elektrischer Lenkung. Die Be- und Entladung der LKW und Hänger erfolgt zumeist ebenfalls mechanisch mittels des Krans "Hiab" oder "Tico". Die in Schweden gebräuchlichsten großen LKW, z.B. "Scania-75" mit 175 PS und einer Lademöglichkeit von 12 t sind mit einem Kran ausgerüstet, mit dem 1 AK die Be- und Entladung vornimmt.

E.Bunk. 10005.

1-64/02-0628 Russanow, Iwan. Ryssland satsar hårt på teknik. Stor tillit till vetenskapen. (Die Sowjetunion vertraut auf Technik und Wissenschaft.) - Skogen 50 (1963) Nr.2. S.41.

Vf. referiert eine programmatische Erklärung des bekannten sowjetischen Forstwissenschaftlers Prof. Anučin über die Aufgaben der Technik und Wissenschaft in der sowjetischen Forstwirtschaft. Es wird betont, daß den Forstwissenschaften auch in der Zukunft große Aufgaben in der Erforschung der hydrologischen und agronomischen Bedeutung der Wälder in den Steppen- und Halbwüstengebieten sowie der Ausarbeitung effektiver Methoden zum Anbau biologisch widerstandsfähiger und hochproduktiver Bestände gestellt sind. Die forsttechn. Wissenschaft muß für die Entwicklung produktiver Maschinen für die Holzbringung sorgen, die gegenwärtig in der SU ca. 400 Mill. m^3 im Jahr beträgt. In Anbetracht der vorgesehenen starken Entwicklung der Zellstoff- und Papierindustrie ist es erforderlich, zwecks ihrer Versorgung mit Rohstoffen den Anbau schnellwachsender Baumarten, z.B. der Pappel, stark zu vergrößern. Die Forschungsanstalten müssen in verstärktem Maße sich mit der Ausarbeitung konstruktiver Vorschläge für die allgemeine Betriebstheorie und die Forsteinrichtung befassen. Aufgabe der Forstökonomen ist es, eine wissenschaftliche Grundlage für verschiedenartige Fällungssysteme und Verjüngungsmethoden zu finden. A.Grönholm. 10005.

1-64/02-0629 K i l a n d e r, Kjell. Analys av avverkningskostnader. (Analyse der Abtriebskosten.) - Skogen 50 (1963) Nr.1. S.14-15.

Die Rationalisierung der Waldarbeiten kann nicht nur durch den Einsatz neuer Maschinen erreicht werden; erforderlich ist eine straffe Organisation und Planung auf allen Arbeitsgebieten. Um eine Verringerung der Kosten zu erreichen, muß man die Zusammensetzung der Betriebskosten und die Art der sie bedingenden Faktoren kennen. Das schwedische Forschungsinstitut SDA hat sich seit Jahren mit ökonomischen Analysen forstwirtschaftlicher Kostenprobleme befaßt; Vf. gibt einige orientierende Daten speziell über die Abtriebskosten. Die Kalkulation im Forstbetrieb basiert auf unsicheren, von vielen Faktoren beeinflußten Daten, die kritisch gewertet werden müssen. Vf. zeigt an einigen konkreten Beispielen, wie z.B. durch Einsatz einer geringeren Anzahl von Maschinen mit einer größeren Zahl von Arbeitsstunden im Jahr Maschinen- und Transportkosten gesenkt werden können, und welchen Einfluß die Herstellung verschiedenartiger Sortimente auf die Abtriebskosten hat. Die Buchführung in einem Forstbetrieb gewährt normalerweise nicht die Möglichkeit einer exakten Aufschlüsselung der Abtriebskosten, die als Grundlage der Betriebsplanung erforderlich wäre. Weiterhin wird auf die Notwendigkeit einer kritischen Sichtung aller Erfahrungsdaten und statistischen Angaben aus der Praxis hingewiesen, die bei der Kostenanalyse Verwendung finden. A.Grönholm. 10005.

1-64/02-0630 H o p k i n s, William C., Ed. Producing, harvesting, and marketing high quality Southern timber. (Erzeugung, Ernte und Verkauf von Holz hoher Qualität in den Südstaaten.) Published for the School of Forestry and wildlife management and the general extension division. Baton Rouge, La: Louisiana State university press. 1962. (107 S.) $ 4.—.

Das 11. forstliche Symposium der Louisiana State University, im Jahre 1962 durchgeführt, behandelte Themen, die sowohl für den Forstpraktiker von Wert waren, als auch Aspekte der weiteren Holzverarbeitung anklingen ließen.
Die in der Ausgabe enthaltenen 11 Beiträge, jeweils mit den zugefügten Hauptpunkten der geführten Diskussion, befassen sich a) mit dem Problem der Wechselbeziehung von Standort und Holzqualität und deren Einfluß auf Absatz und Preise, b) mit den bei der Ernte des Holzes entstehenden Kosten und de-

ren Analyse (u.a.ein einfaches Anwendungsbeispiel einer "linear programming" im Holzeinschlag, S.53) und c) mit Fragen des Holzverkaufes.

L.Jülich.

D. FORSTTECHNISCHE BETRIEBSANGELEGENHEITEN

1-64/02-0631 A n o n y m. Hjälm ger trygghet. (Ein Helm gibt Sicherheit.) - Skogen 50 (1963) Nr.1. S.16.

In der schwedischen Forstwirtschaft wird schon seit längerer Zeit eine eifrige Propaganda für die Verwendung von Schutzhelmen bei Waldarbeiten betrieben, vor allem für Arbeiter, die mit Fällungs- und Verladearbeiten beschäftigt sind. Hierdurch könnten die recht häufigen Kopfverletzungen vermieden oder zum mindesten abgeschwächt werden. Es herrscht aber ein gewisses Vorurteil, daß ein Schutzhelm im strengen Winter nicht genügend Schutz vor der Kälte gewährt. Um dieses zu widerlegen, sind praktische Versuche durchgeführt worden, wobei die AK einstimmig feststellten, daß z.B. bei einer Temp. von -17 °C ein sogen. Bergmannshelm den Kopf ebensogut vor Kälte schützt wie die allgemein übliche Pelzmütze. A.Grönholm. 10160.

F. FORSTWIRTSCHAFT/ENERGIE, KRAFTMASCHINEN UND SCHLEPPER

1-64/02-0632 S t a r c z ę w s k i, S.; Warszawa. Nowy ciągnik węgierski. ("Neuer ungarischer Schlepper".) - Las Polski 36 (1962) Nr.18. S.15.

Der "D-4K" ist ein universaler Radschlepper mit hochtourigem Motor, ausgerüstet mit einem Sechsganggetriebe. Er besitzt eine Hydraulik, außerdem einen Kompressor zum Bedienen der pneumatischen Bremsen der Hänger. Die Zugkraft überschreitet 4000 kp. Vorteilhaft ist, daß die Massenverteilung nur zu 43,5 % auf der Hinterachse und zu 56,5 % auf der Vorderachse liegt. Nachteilig dagegen ist die geringe Bodensicht vom Fahrersitz als Folge des übermäßig langen Kühlers und der reichlich große Wendekreis von 550 cm.

E.Bunk. 10235a.

H. FORSTWIRTSCHAFT/BESTANDESGRÜNDUNG UND -PFLEGE EINSCHLIESSLICH KAMPBETRIEB

1-64/02-0633 S u r m a č, V.M. und Č e r n y š e v, V.V. Mašiny i orudija dlja lesovosstanovlenija. (Maschinen und Geräte für die Aufforstung.) - Lesnoe chozjajstvo, Moskva 16 (1963) Nr.3. S.71-76. - 4 Abb.

Beschreibung der Ende 1962 auf der Allunionsausstellung in Moskau und auf dem Gelände zweier Beispielsbetriebe vorgeführten Maschinen und Geräte für die Aufforstung und Kulturpflege. Behandelt werden u.a. die Anhängergeräte für die Bodenverwundung "PLD-2", "PST-2A" und "PL-1,8", die Aufsattelgeräte für die Bodenverwundung "PLN-50" und "RNN-0,7", die Erdlochbohrer "KPJ-100", "BRM-1" und "BM-30", der Gebirgskultivator "GK-2,5", das Mehrzweckpflegegerät "PA-1" und das Selbstfahrpflegegerät "PMA-2" mit Anbaugeräten. S.Frei. 10255.

1-64/02-0634 S u r m a č, V.M. Mašiny i orudija na lesovosstanovitel'nych rabotach. (Maschinen und Geräte für die Aufforstung.)- Lesnoe chozjajstvo, Moskva 16 (1963) Nr.1. S.62-66. - 5 Abb.

Ende 1962 fand auf dem Gelände der Unionsausstellung in Moskau und auf dem Territorium zweier Beispielsbetriebe eine Vorführung der bewährtesten Walderneuerungsmaschinen und -geräte statt. Im Beitrag werden die vorgeführten Maschinen und Geräte aus den Gebieten der Saatgutgewinnung und der Pflanzenanzucht beschrieben, u.a. der Zapfenpflückerkran "MŠTS-1M",zwei Zapfenpflükkerausrüstungen, verschiedene Darranlagen, der Samenentflügler "OLS-2", der Düngerstreuer "RPTM-2,0", die Pflüge "PN-3-35" und "PN-4-35", die Forstsämaschine "SLŠ-4", die Verschulmaschine "SŠN-3" sowie die Pflanzenaushebepflüge "NVS-1,2" und "VPN-2". S.Frei. 10255.

1-64/02-0635 D o u d a, Václav. Vývoj a využití mechanizačních prostředků v podrostním hospodářství. (Entwicklung der Ausnützung der Mechanisierungsmittel in der Unterwuchswirtschaft.) - Lesnický Časopis /Praha/ 9 (1963) Nr.4/5. S.397-414. - 6 Abb., 5 Tab., 11 Lit. Zus. in Russ., Franz., Dtsch.

Die Einführung der intensiven Unterwuchswirtschaft in einem größeren Umfange muß sich nicht nur in der Ausnutzung, sondern auch in der Entwicklung gänzlich neuer Mechanismen unbedingt widerspiegeln. Auf dem Waldschutz- und Waldbauabschnitt wird die Entwicklung der Mechanismen von der heutigen Linie nicht besonders abweichen. Dafür wird die Entwicklung und Ausnützung der mechanisierten Nutzungsmittel wesentlich beeinflußt werden. Die Beschädigung des Bestandes und des Unterwuchses durch die Nutzung ist auch in der Unterwuchswirtschaft unvermeidlich, kann jedoch durch die Wahl geeigneter Mechanismen und durch die richtige Technologie auf ein Mindestmaß beschränkt werden. Man wird die Entrindung auf die Lagerplätze übertragen, das Reisig rechtzeitig entfernen und nur ausgerichteten Holzschlag anwenden müssen. Am stärksten wird die Entwicklung und Ausnützung der Holzrückemechanismen beeinflußt werden, doch dürften auch die Abfuhr- und Einlagerungsmechanismen in Mitleidenschaft gezogen werden. ČSSR/ÚVTI. 10255.

1-64/02-0636 L h o t s k ý, Jiří. Meliorační kultivace degradovaných lesních půd. (Meliorationskultivierung degradierter Waldböden.) - Studijní Inform., Lesnictví 1963 Nr.1. S.1-48. - 287 Lit.

Dieser Studienbericht bezieht sich auf die landtechn. Meliorationen, Bodenbearbeitung, Modifizierung der Bodenoberfläche und der Bodendecke sowie weitere anbautechn. Eingriffe in Waldgebieten. Es werden die Grundsätze der Fruchtbarkeit, Degradierung und Melioration der Waldböden, Bedingungen der Podsolbildung, die Kultivierungsmethoden in der ČSSR und im Auslande sowie ökon. Voraussetzungen der weiteren Entwicklung auf diesem Fachgebiete besprochen. Die Ansichten einzelner Autoren werden in der Arbeit kritisch bewertet. Große Aufmerksamkeit wird den gegenwärtigen und perspektiven Angaben der Forschung und der techn. Entwicklung in der ČSSR gewidmet. Die unzureichende Ausstattung der tschechoslowakischen Forschung für diese Probleme wird hervorgehoben und als Beispiel wird die Forschung der DDR erwähnt. Der Hauptfaktor der Zuwachssteigerung in den Wäldern ist die max. Ausnützung des Waldbodens als des grundlegenden Produktionsmittels. ČSSR/ÚVTI. 10255.

1-64/02-0637 D o b r o w o l s k i, Stefan. Kompleksowa mechanizacja prac szkółkarskich. (Komplexe Mechanisierung der Arbeiten in Kämpen.) - Las Polski 36 (1962) Nr.20. S.15-17.

Es hat sich erwiesen, daß die Zugmaschine "Ursus C-45" auf Grund ihrer großen Masse und geringen Wendigkeit nicht für Kampfarbeiten geeignet ist. Der "Ursus C-325" mit einer Bodenfreiheit von 370 und 450 mm, einem Radabstand der Vorderräder von 1250 und 1500 mm, der Hinterräder von 1250 und 1850 mm kann bis auf wenige Ausnahmen alle Arbeiten ausführen, wobei die Beetbreite 110 cm bzw. 135 cm und die Breite der befahrbaren Stege 45 cm betragen. Zur komplexen Mechanisierung der Kamparbeiten, ausgehend von dem Einsatz des "Ursus C-325", kann ein Teil der zum Ursus entwickelten landwirtsch. Geräte, wie Zweischarpflüge, Walzen, Kultivatoren, Düngerstreuer und Bodenfräse, verwendet werden. Der in Kämpen angewandte, sogenannte "Formgeber", der eine hydraulische 3-Punkt Anhängung besitzt, besteht aus 2 verstellbaren Tellerscheiben, 2 schräggestellten und einem dahinter angebrachten geraden Streichblech, die sowohl Breite als auch Höhe des Beetes ausgleichen. Die anzuwendende Sämaschine ermöglicht den Anbau beliebig vieler Säaggregate. Wenn notwendig, können von der Sämaschine die Zustreicher und Walzen entfernt und ein Spezial-Kompoststreuer angebracht werden, der die Saat bestreut und zugleich auch als Düngerstreuer dienen kann.

E.Bunk. 10255a.

1-64/02-0638 S z e p e s i, L. A suhángkiemelö ekék nemzetközi összehasonlitó vizsgálatának tapasztalatai. (Erfahrungen bei der internationalen Vergleichsprüfung der Heisteraushebepflüge.) - Erdészeti Kutatások /Forstwirtsch. Forsch./ 58 (1962) Nr.1/3. S.165-196. - Aus: Ung. Agrar-Rdsch. 1963 Nr.3.

Die Vergleichprüfung wurde durch das Institut für Forstwissenschaften ausgeführt. Geprüft wurden insgesamt 4 Heisteraushebepflüge: Der sowjetische "UPN-2", der tschechoslowakische "VON" sowie die ungarischen Pflüge "Szolnok" und "Györ". Die Prüfung ergab eine Eignung aller Heisteraushebepflüge für leichte und mittlere Böden. Er wäre zweckmäßig, in der Zukunft die besten Eigenschaften der geprüften Pflüge zu vereinigen und je einen Typ für leichte und mittlere Böden zu entwickeln. Bei diesen sollen die Gleichgewichtsverhältnisse besser gestaltet werden, da jetzt durch falsche Massenverlagerung zu viel Zugkraft benötigt wird oder eine einseitige Beanspruchung des Schleppers zu verzeichnen ist. 10260a.

1-64/02-0639 D e r j a b i n, D.I. Ocenka technologii obrabotki počvy pod lesokul'tury korčevatelem D-120 s boronoj BDT-2,2. (Die Bewertung der Technologie der Bodenbearbeitung auf Kahlschlägen mit dem Stockrodegerät "D-120" und der Scheibenegge "BDT-2,2".) - Lesnoe chozjajstvo, Moskva 16 (1963) Nr. 4. S.58-60. - 3 Abb., 1 Tab.

Durch den komplexen Einsatz des Stockrodegerätes "D-210" am Traktor "S-100" und der Scheibenegge "BDT-2,2" ist es möglich, die manuelle Arbeit bei der Wiederaufforstung weitgehend einzuschränken. Mit dem Gerät "D-210" wird jeweils ein 2-3 m breiter Streifen gerodet, mit der Scheibenegge anschließend die Bodenbearbeitung auf den gerodeten Streifen vorgenommen. Dadurch wird die Voraussetzung für mechanisiertes Pflanzen und maschinelle Pflege geschaffen und eine Kostensenkung von ca. 70 % erreicht.

S.Frei. 10265a.

1-64/02-0640 L a n d a, Miroslav. Současný stav lesnickotechnických meliorací ve světě. (Der gegenwärtige Stand der forsttechnischen Meliorationen in der Welt.) - Studijní Inform.,Lesnictví 1963 Nr.3. S.87-156. - 1 Tab., 277 Lit.

Die Arbeit behandelt die Entwicklung der forsttechn. Meliorationen und vor allem die biologischen Maßnahmen. Es wird die Geschichte der Wildbachverbauung, der forsttechn. Meliorationen und des Natur- und Geländeschutzes sowie das Problem der Bodenerosion besprochen; große Aufmerksamkeit wird der allseitigen Bedeutung des Waldes und der Schutzaufforstung gewidmet. Der forsttechn. Bodenschutz gewinnt auf der ganzen Welt immer größere Bedeutung. Die prophylaktischen Maßnahmen, die sehr teuer und arbeitsintensiv sind, waren typisch für die Periode der ersten Eingriffe in Mitteleuropa gegen das Ende des 19. Jahrhunderts, seit welcher Zeit sie sich sowohl in bezug auf die Auffassung als auch auf das Prinzip der Durchführung beinahe über die ganze Welt verbreitet haben. Heute gehört die Zukunft solchen Maßnahmen, die rechtzeitig angewandt werden und den natürlichen Charakter der Natur nicht stören. Die Aufforstung ist die natürliche Form der Verbesserung gestörter Naturbedingungen und soweit sie genügt, ist sie auch die beständigste und billigste. ČSSR/ÚVTI. 10265a.

1-64/02-0641 M r a z e k, F. Mechanisierung der Kulturpflege mit der Einradmotorhacke. - Sozialist. Forstwirtsch. 13 (1963) Nr.4. S.122-123. - 3 Abb., 1 Lit.

Vf. empfiehlt den Einsatz der Einradmotorhacke auf Streifenkulturen zur Bodenlockerung und Unkrautbekämpfung und sieht als Haupteinsatzgebiet 1- und 2jährige Kiefernkulturen auf mittleren Standorten an. Für zusammenhängende Sandrohrdecken erscheint die Konstruktion zu leicht. Jeder Pflugstreifen muß zweimal, einmal rechts und einmal links der Pflanzenreihe, befahren werden, wobei die Qualität der Bodenlockerung befriedigt, wenn die Pflege rechtzeitig erfolgt. Ein dreimaliges Bearbeiten der Kulturen in der Vegetationsperiode ist angebracht. Als Arbeitswerkzeuge dienen dabei Winkelschnittschare von 20 cm Länge. Leistung 0,6-1,0 ha/Tag; Objektlohnvorgabe 250 DM/ha; Vergaserkraftstoff-Verbrauch 2,5 l/ha; Kosteneinsparung: 39 DM gegenüber einer manuellen Pflege; Einsparung an Arbeitszeit 75 %; Anschaffungspreis etwa 500 DM. L.Jülich. 10270f.

1-64/02-0642 L j u t i n, M.P. und N a z a r o v, A.V. Sazalka krupnomernych sazencev SKS-1. (Pflanzmaschine "SKS-1" für großes Pflanzgut.) - Traktory i sel'chozmasiny, Moskva 33 (1963) Nr.5. S.35. - 1 Abb. Aus: Dok.-Dienst ILT 1963 Nr.8.

Verwendungszweck: Einpflanzen von 2- bis 10-jährigen Bäumen mit Dmr. des Wurzelsystems bis zu 55 cm und von 3,5 m Länge. Konstruktionsmerkmal: Pflanzvorrichtung mit auswechselbarem Schar und Messersech, sowie mit 2 Streichblechen und Häufelkörpern. Wichtigste Baugruppen und folgende techn. Daten: Reine Flächenleistung 1,5-2,5 km/h; Masse 1800 kg; Bodenfreiheit 250 mm; Länge 6535 mm; Breite 2650 mm; Höhe in Transportstellung 1920 mm. 10285a.

1-64/02-0643 A l i m o v, O.D. Mechanizacija peresadki derev'ev zimoj. (Die Mechanisierung des Umpflanzens von Bäumen im Winter.) - Lesnoe chozjajstvo, Moskva 15 (1962) Nr.12. S.55-59. - 3 Abb.

Obwohl das Umpflanzen der Bäume am zweckmäßigsten im Winter geschieht, konnte dieses Verfahren bisher nur in beschränktem Umfang angewandt werden, da die Geräte zum Ausheben der Bäume aus der gefrorenen Erde nicht zur Verfügung standen. Das auf den Traktor "TDT-60" montierte Gerät "URMG-60" zum Sägen gefrorenen Bodens überwindet diesen Mangel. Es eignet sich zum Herausschneiden gefrorener Erdblöcke bis in eine Tiefe von 150 cm. Mit ihm können 8-10jährige Bäume im Winter erfolgreich verpflanzt werden.

S.Frei. 10285a.

1-64/02-0644 A n d r é a s o n, Ove und T h o f t e, Viggo. Förvaring av plantor i plastpåsar. (Aufbewahrung von Pflanzen in Plastebeuteln.) - Skogen 50 (1963) Nr.4. S.72-74. 81.

Nach dem zweiten Weltkriege begann man in England zur Lagerung und zum Transport von Forstpflanzen Beutel aus Plaste zu verwenden. Vf. berichtet über die dort angewandten Arbeitsmethoden und beschreibt danach eingehend die in der schwedischen Forstwirtschaft in den Jahren 1961/62 gemachten praktischen Versuche (Ausheben der Pflanzen, Verpackung, Lagerung, Transport, Auspflanzen) und die dabei gemachten Erfahrungen. Man verwende Beutel aus 0,10 mm dicker Polyäthylen-Plaste; Größe der Beutel: 40 x 60 cm für 150 Pflanzen 2/1 Kiefer und 45 x 85 cm für 100 Pflanzen 2/2 Fichte; die Beutel werden nur einmal verwendet. Die Pflanzen werden lose in den Beutel gestellt mit den Wurzeln nach unten und die Beutel oben zugebunden. Die Behandlung der Pflanzen mit Mitteln gegen Insektenschädlinge geschieht vor dem Ausheben, welches vor der Knospenentfaltung auszuführen ist. Die Beutel müssen luftig und möglichst kühl gelagert und vor allem vor Sonnenbestrahlung geschützt werden. Die Verpackung in Plastebeuteln kostet etwa ebensoviel wie die Verwendung von Holzkasten, jedoch ist infolge der geringeren Masse der Transport billiger. Beim Transport können die Beutel mit den Pflanzen liegend in 6-7 Schichten übereinander verladen werden.

A.Grönholm. 10285a.

1-64/02-0645 Č e r n y š e v, I.A. Novaja konstrukcija šiškosborščika. (Die Neukonstruktion eines Zapfenpflückers.) - Lesnoe chozjajstvo, Moskva 15 (1962) Nr.12. S.54-55. - 1 Schemaskizze.

Das im Forsch.-Inst. für Forstwirtsch. in Swerdlowsk entwickelte Gerät ermöglicht die Mechanisierung des Zapfenpflückens sowohl vom stehenden als auch vom liegenden Baum. Es wird von einem Elektro- oder Benzinmotor angetrieben. Länge: 2-3 m, Masse: 6-8 kg. Beim Beernten stehender Bäume werden Leitern oder Zapfenpflückerausrüstungen verwendet. Schichtleistung bei normaler Ernte: 200-225 kg von gefällten oder 125-150 kg von stehenden Bäumen. Gegenüber dem bisher üblichen Verfahren des Zapfenpflückens bedeutet dies eine Arbeitsproduktivitätssteigerung von 200 %. S.Frei. 10295b.

1-64/02-0646 Š a c h o v, E.N. Mechanizacija sbora semjan chvojnych porod. (Die Mechanisierung des Zapfenpflückens.) - Lesnoe chozjajstvo, Moskva 16 (1963) Nr.1. S.51-55. - 1 Tab., 1 Zeichn.

In den Forstwirtschaftsbetrieben wird die Hauptmenge der Zapfen künftig vom liegenden Stamm gepflückt. Das Sammeln des Saatgutes von hochwertigen Einzelbäumen und Baumgruppen erfolgt auch weiterhin durch Zapfenpflücker mit der in den letzten Jahren entwickelten Zapfenpflückerausrüstung. Lediglich in spezialisierten Saatgutbetrieben steht das mechanisierte Pflücken vom stehenden Baum im Vordergrund. In Samenplantagen sowie in Saatgutbeständen, die auf ebenem Gelände stocken und nicht höher als 20 m sind, ist es bereits jetzt möglich, die sowjetischen Maschinen "APG-12", "MŠTS-1M" und "TGP-24" einzusetzen. Aus wirtschaftlichen Gründen ist es notwendig, die Saatgutbestände so aufzulichten, daß die Geräte zweiseitig arbeiten können. S.Frei. 10295b.

1-64/02-0647 J a k u s z e w s k i, Tadeusz. Drabina do zbioru nasion z drzew stojących. (Leiter zur Samenernte vom stehenden Baum.) - Las Polski 36 (1962) Nr.20. S.18-19.
Die von Lindquist entwickelte Stahlleiter zur Zapfenernte am stehenden Stamm wurde in Schweden und Dänemark angewendet. Sie hat sich auch in Polen gut bewährt. Die Leiter besteht aus Stahlrohren von 37 mm Innendmr. und 2,6 mm starker Wandung, 15 Segmenten (Länge mit Verbindungsstück 210 cm). Auf jedem Segment, in Abständen von 40 cm, befindet sich eine Stufe aus Stahlblech. Vf. schildert im einzelnen die weiteren Einzelteile und das Aufstellen der Leiter, deren Länge 30 m beträgt; Masse 5 kg. E.Bunk. 10295b.

1-64/02-0648 O r l o v, N.K. Šiškosušilki novoj konstrukcii. (Eine neu konstruierte Samendarre.) - Lesnoe chozjajstvo, Moskva 16 (1963) Nr.1. S. 55-57. - 2 Schemata, 1 Tab.
In der Darre, die sowohl stationär als auch transportabel gebaut werden kann, sind die bisher üblichen Prinzipien der Klengung durchbrochen. Beim Trocknungsprozeß wird erwärmte Luft von einem Ventilator in die Trockenkammer gedrückt. Nach 10-12 Std. kommen die Zapfen für 1-2 Min. in ein Rüttelwerk, in dem die Samen herausgeschüttelt werden. Die Tagesleistung beträgt bei der stationären Darre 7 t, bei der transportablen Darre 2,4 t. Gegenüber der gegenwärtig gebräuchlichsten Darranlage betragen die Selbstkosten nur noch 25 %. S.Frei. 10295c.

1-64/02-0649 Erdösitések sorközi gepi ápolása és gépesitett tuskókiemelés. (Zwischenreihige Maschinenpflege der Forstkulturen und mechanisierte Stockrodung.) Budapest. 1962. (23 S.) 4° = Müszaki Fejlesztési Osztály Nr.6. (SR 3097, 6)

I. HOLZ, RINDE, HARZ - GEWINNUNG UND TRANSPORT

1-64/02-0650 D j a t e l, O. Vyrabotka vozrastaet v 1,5 raza. (Der Ertrag steigt um das 1,5fache.) - Lesnaja promyšlennost', Moskva 41 (1963) Nr.3. S.15-17. - 2 Abb., 1 Lit.
Die halbautomatischen Ausform- und Entladestraßen "PLCh-2" sind mit Abrollvorrichtungen "CNIIME"-O-2", Stammverteiler "RCh-1", Zubringtransporteuren "T-1" und halbautomatischen Ausformsägen "PČ-2" oder "AC-2" versehen. Die ausgeformten Sortimenthölzer sammeln sich auf der Speisvorrichtung "BG-4", die sie an den Quertransporteur "TP" oder den Kettenförderer "B-22" weitergibt. Der Sortiertransporteur ist mit Rundholzabwerfern Modell "SBR-4" aus-

gerüstet, die sich - im Gegensatz zu dem Modell "VKF-KKS-3" - gut bewährt haben. Zum Stapeln oder Verladen der Sortimenthölzer werden Bockkräne "KKU-7,5" oder Turmkräne vom Typ "BKSM-5-A", "BKSM-14P" und "BK-300" verwendet. Die halbautomatische Fertigungsstrecke wird von zehn Arbeitern bedient. Die Durchschnittsleistung je Maschinenschicht betrug 100-200 m^3, das ist das 1,5- bis 1,7fache der bisherigen Leistungen. Während der Arbeitsversuche zeigten sich eine Anzahl konstruktiver Mängel. Die Stammverteiler "RCh-1" arbeiten unzuverlässig, die Speisvorrichtung setzt aus, wenn der Dmr. der Rundhölzer weniger als 16 cm beträgt, die Markierapparatur für das Langholz bedarf der Verbesserung. A.Mueller. 10305a.

1-64/02-0651 C y b u l'k o, I. und G u b k i n, V. Ograždenie opasnych mest s pomošč'ju fotorele. (Abschirmung der Gefahrenpunkte durch Photorelais.) - Lesnaja promyšlennost', Moskva 41 (1963) Nr.3. S.9-10. - 1 Schema.
In der Ausformhalle der halbautomatischen Taktstraße "APL-1M" sind die Hauptgefahrenstellen - der Querförderer, die Ausformsägen, die Abwurfhebel und die Luke, in die die abgetrennten Äste abgeworfen werden - durch eine automatische photoelektrische Apparatur gesichert. Die Schutzvorrichtung besteht aus Photorelais Modell "FRS-58-8", welche bei einer Unterbrechung des Lichtstrahles die Sägen und Transporteure selbsttätig ausschalten und die Signallampen einschalten. Arbeiten die Relais normal, wird der austretende Strom durch die Regulierschraube des Verstärkers im Bereich von 70-80 mA erhalten und durch ein Milliamperemeter kontrolliert. Lichtquelle und Widerstände sind so angebracht, daß sie durch krumme oder starke Rundhölzer in ihrer normalen Arbeit nicht gestört werden.
A.Mueller. 10305a.

1-64/02-0652 V o e l k e l, Lech. Jak zwiększyć wydajność pracy robotnika leśnego? (Wie kann die Arbeitsproduktivität des Waldarbeiters erhöht werden?) - Las Polski 36 (1962) Nr.20. S.10-11.
Vf. befaßt sich mit der Arbeitsproduktivität der Waldarbeiter in Abhängigkeit von dem Beginn und der Einhaltung der Arbeitszeit sowie der Einhaltung der Pausen. E.Bunk. 10305a.

1-64/02-0653 A n o n y m. Ett beaktansvärt rationaliseringsarbete. (Eine beachtenswerte Rationalisierungsarbeit.) - Skogen 49 (1962) Nr.24. S.463 bis 465.
Der schwedische Großbetrieb Billeruds AB hat die gesamte Holzbringung im Forstbezirk Hellefors (Fällung, Aufbereitung, Lagerung, Transport) an einen Unternehmer vergeben. Der Betrieb stellt eine Anzahl Maschinen zur Verfügung, die allmählich vom Unternehmer erworben werden. Im Einsatz befinden sich: 2 Schlepper "BM 350 Boxer" mit Raupenanhänger "Ösa 56", 1 Schlepper "Fiat OM" mit 12 t-Anhänger, 1 Schlepper "Ferguson 65" mit 12 t-Anhänger (alle mit Einmannbedienung und ferngesteuerter Winde), 1 Schlepper "Tree Farmer" zum Rücken ganzer Stämme, 1 Entrindungsmaschine "Cambio" auf Schlepper "BM 35", 1 LKW "Volvo" mit 2 Anhängern, 1 Ladekran "Hiab-Elefant", 4 ferngesteuerte Rückewinden. Das Grundprinzip ist die strenge Durchführung der Einamnnbedienung, möglichst unabhängige Arbeit jeder Einheit, Konzentrierung der Maschinen auf Schlagflächen und großen Lagerplätzen, die

10 000 m^3 fassen sollen; maßgebend ist das Entrindungsaggregat, das von 3 Schleppern mit Anhänger beliefert wird, um kontinuierlich arbeiten zu können. Gearbeitet wird das ganze Jahr, im Winter Hauptabtrieb mit Kahlschlag, im Sommer Durchforstung. Bei voller Beschäftigung von 25 Arbeitern und aller Maschinen ist eine Jahresleistung von 30 000 m^3 vorgesehen. Um die Wirtschaftlichkeit dieser Arbeitsmethode festzustellen, werden vom Forschungsinstitut VSA laufend Zeitstudien durchgeführt.

A.Grönholm. 10305a.

1-64/02-0654 P a k k a n e n, Mauno. Co-operative forest industries in Finland. (Zusammenarbeit der Forstindustrie in Finnland.) - Unasylva /Rom/ 16 (1962) Nr.66. S.110-114. - 4 Abb., 1 Tab.

Vf. berichtet in diesem Beitrag über die Zusammenarbeit der privaten Forsteigentümer in Finnland, durch die die Entwicklung der Forstwirtschaft günstig beeinflußt wurde. Von den 22 Mill. ha Waldfläche Finnlands befinden sich 62 % in Privatbesitz, 28 % in staatlichem und die restlichen 10 % in Besitz von Gesellschaften und sonstigen Eigentümern. 70 % des jährlichen Zuwachses werden in privaten Waldbesitzungen realisiert, deren durchschnittliche Flächengröße 33 ha beträgt; 75 % des jährlichen Einschlages kommen aus dem privaten Sektor. Fällung und Transport liegen in der Hand der Besitzer. Dabei dominieren Motorsägen und in der ersten Etappe des Transportes das Pferd, obgleich Radschlepper und Lastkraftwagen immer zahlreicher werden. Die in Besitzerverbänden zusammengeschlossenen Waldeigentümer dehnen ihren Einfluß auch auf die Papier- und Zellstoffindustrie aus.

L.Jülich. 10305a.

1-64/02-0655 J a k o v l e v, A.V. U istokov kostromskoj technologii. (Am Ausgangspunkt des Fällungsverfahrens von Kostroma.) - Lesnaja promyšlennost', Moskva 41 (1963) Nr.3. S.3-5.

Das von G.Denissow entwickelte Fällungsverfahren in Nadelholzbeständen mit reichlichem bis 1 m hohem Jungwuchs sieht vor, daß die Stämme auf etwa 30 m breiten Schlagstreifen in Gruppen auf eine Unterlage - einen starken, im Winkel von 45 % zum Rückeweg gefällten Stamm - so geworfen werden, daß sie mit dem starken Ende voran gerückt werden können. Nach dem Rücken der Stämme mit Traktoren vom Typ "TDT-40" sind noch etwa 60-70 % des Jungwuchses vorhanden, von denen in den folgenden 2 Jahren noch 12 und 7 % eingehen. Das Verfahren bewährt sich unter der Voraussetzung, daß die Schlagfläche sorgfältig vorbereitet wird und geschickte und erfahrene Holzfäller zur Verfügung stehen.

A.Mueller. 10305ba.

1-64/02-0656 T h o m a s, A.G. The problems of coniferous thinnings. (Probleme bei der Nadelholz-Durchforstung.) - Quart. J. Forestry 56 (1962) Nr.4. S.319-324. - 4 Abb.

Zu diesem Problem nimmt Vf. auf Grund seiner in Wales gemachten Erfahrungen Stellung. Nach der Einführung in die Standort-, Wuchs- und Straßenverhältnisse, die Rückeentfernungen von 200-300 yards erfordern, werden die 3 Arbeitsgänge Fällen, Rücken und Ausformen unter Beachtung von Entlohnungsfragen gestreift. Gestaltet sich das Rücken am billigsten mit Pferden, gefolgt von dem Radschlepper mit und ohne Seilwinde, erfolgt das Ausformen des größtenteils anfallenden Gruben- und Faserholzes durch eine fahrbare, mit 2 Mann bediente McConnel Kreissäge oder bei dickeren Hölzern mit Kettensägen am Bestandesrand. Einen Weg zur rationellen Gestaltung der eigenen Produktion gegenüber der oft schon billigeren Einfuhr gewisser Holzsorten sieht Thomas in der Entwicklung geeigneter Seilwindensysteme z.B. der Crychan-Seilwinde (10 h.p. Clinton Motor, Tragseillänge 200 yards, Tragseilzugkraft 1000 lbs. bei einer Geschwindigkeit von 200 ft/min.

L.Jülich. 10305ba.

1-64/02-0657 A n o n y m. Tension pulley "Solo". (Seilzugvorrichtung "Solo".) - Unasylva /Rom/ 16 (1962) Nr.66. S.139. - 1 Abb.

Mit dem Seilzuggerät ist der Waldarbeiter in der Lage, beim Fällen entstandene Aufhänger zu Boden zu ziehen, Masten aufzustellen oder leichte Rückearbeiten auszuführen. Das Gerät besteht aus zwei Klemmbackenpaaren, die durch ein Gestänge beweglich verbunden, abwechselnd nach Zug an einer Handstange das Seil klemmen und vorziehen oder lose am Seil entlanggleiten lassen. Hergestellt wird diese Seilzugvorrichtung von der schweizerischen Office Forestier Central Suisse, Soleure. Das Gerät wird in zwei Typen hergestellt mit einer Zugkraft von 1000 kg oder 1500 kg und Massen von 7,7 bzw. 10,3 kg. Die Dmr. der Zugseile betragen 8 oder 9,5 mm. W.Jacob. 10305ba.

1-64/02-0658 A n o n y m. Svenska skogsbruk. Gimo skogsförvaltning under Korsnäs AB. (Forstbezirk Gimo der AG Korsnäs.) - Skogen 49 (1962) Nr.23. S. 438-439.

Der 25 000 ha Waldboden umfassende Forstbezirk Gimo in Schweden, der seit 1936 der AG Korsnäs gehört, kann als Beispiel dafür dienen, wie durch Rationalisierung der Arbeit in kurzer Zeit die Arbeitsbedingungen und die allgemeinen Lebensverhältnisse sich ändern können. Der Holzvorrat beträgt 109 m^3/ha Waldboden, der jährliche Zuwachs wird mit 4,4 m^3/ha berechnet, der Jahreseinschlag beträgt 3,7 m^3/ha. Um starkes Nutzholz beim Haupteinschlag zu erhalten, werden die Jungbestände frühzeitig stark durchforstet; die jährliche Anlage von Kulturen beträgt 1,5 der Normalfläche. Das Wegenetz ist stark ausgebaut worden; die Anfuhr des Holzes zur Autostraße mittels Pferd oder Schlepper geschieht während des ganzen Jahres. Im Jahre 1958 waren 115 Holzfäller im Einsatz, gegenwärtig 65, bei einem um 20 % größeren Einschlag. Die Zahl der Holzfuhrleute hat sich in den letzten 4 Jahren von 105 bis auf 35 verringert, dafür sind aber mehr Schlepper eingesetzt worden. Alle Waldarbeiter sind das ganze Jahr fest angestellt. Die im Walde weit verstreuten Wohnhäuser der Holzfäller werden allmählich liquidiert und die Arbeiter in größeren Ortschaften, vor allem in Gimo, angesiedelt, von wo sie dank dem dichten Wegenetz ihren Arbeitsplatz mit Motorfahrzeugen bequem ereichen können. Um den Ansprüchen auf erhöhte Qualifizierung zu genügen, hat der Betrieb in Gimo eine Lehranstalt mit Internat ins Leben gerufen, wo Fortbildungskurse für Waldarbeiter und Lehrlinge abgehalten werden. A.Grönholm. 10305ba.

1-64/02-0659 J o n s s o n, Tore. Förslag till ny avverkningsmetod. (Eine neue Fällungsmethode.) - Skogen 50 (1963) Nr.2. S.34-35.

Vf. schlägt die Einführung einer neuen Fällungsmethode vor, die in Folgendem besteht. Zuerst werden im Abstand von 20-30 m parallele Schlepperwege für die Aufbereitungsmaschine angelegt, danach werden die Bäume mit Motorkettensägen gefällt, und zwar so, daß die Gipfel möglichst den Wegrand berühren, nicht aber über den Weg hinausragen. Der Winkel zwischen dem gefällten Stamm und der Wegachse soll nicht mehr als 70 ° betragen. Zuerst werden die am weitesten vom Wege entfernten und die niedrigeren Bäume gefällt, die nicht an den Weg heranreichen, danach die näher stehenden und zuletzt die am Wegrande wachsenden, die auf die ersteren fallen und dann als erste aufbereitet werden. Da in Schweden noch keine Aufbereitungsmaschinen der erforderlichen Art hergestellt werden, empfiehlt Vf. die Verwendung des amerikanischen Aggregats "Busch Combine", jedoch ohne Vorrichtung zum Fällen, das die Stämme entastet und einschneidet. Die Maschine wird durch einen hydraulischen Greiferkran und eine ferngesteuerte Winde zum Heranholen der mittels Kranausleger nicht erreichbaren Stämme komplettiert. Der Vorteil dieser Methode besteht darin, daß sie auch bei Durchforstungen in älteren Beständen angewandt werden kann. A.Grönholm. 10305ba.

1-64/02-0660 H u b a č, M. Ako pôsobí na robotníka používanie motorových píl a jemkovacích strojov. (Wirkung der Motorsägen und der Pflanzenlochbohrer auf den Arbeiter.) - Lesnická Práce 42 (1963) Nr.6. S.260-264. - 2 Abb., 1 Tab.

Bei der Beurteilung der Arbeit mit Motorsägen und Pflanzenlochbohrern muß man die phys. Anstrengung beachten. Der Maßstab hierfür ist die energetische in Kalorienverbrauch pro Min. ausgedrückte Ausgabe. Durch Proben wurde festgestellt, daß für die kalorische Ausgabe während der Arbeit mit den Motorsägen nicht die tatsächliche Durchführung des Schnittes entscheidend ist, sondern vor allem das Transportieren der Sägen. Wichtig sind dabei die Masse der Säge, die Geländebeschaffenheit, sowie die Art und Weise des Transportes. Bei der Arbeit mit den Pflanzlochbohrern entscheidet das Tempo, die Bodenart und vor allem die Konstruktion der Maschine. Hier gilt der Grundsatz nicht, daß die Anstrengung von der Masse der Maschine abhängt. Außer der physischen Belastung der Anwendung der Motorsägen und der Pflanzlochbohrer kommt auch noch die Belastung durch den Lärm, der nach der Intensität und Tonfrequenz beurteilt wird, hinzu. Es wurde festgestellt, daß die Lärmintensität der Motorsägen die zulässige Grenze übersteigt.
ČSSR/UVTI. 10305bc.

1-64/02-0661 A n o n y m. Motorsåg Husqvarna, typ 90 E. (Motorsäge "Husqvarna" Typ 90 E - Staatlicher Maschinenprüfbericht Ultuna.) - Statens Maskinprovningar, Medd. Nr.1621. (1962) S.1-5.

Hersteller: Husqvarna Vapenfabriks AB, Huskvarna/Schweden. Beschreibung: Einmann-Motorkettensäge mit 2 Handgriffen; Fliehkraftkupplung ohne Reduktor; luftgekühlter Einzylinder-Zweitaktmotor, Treibstoff Benzin-Ölgemisch 1:25, Zylinderhubraum 90 cm^3; Schwung-Magnetzünder STEFA, Vergaser Tillotson HL 79 A, Membranventil. Max. Leistung: 4,7 PS an der Kurbelwelle, 3,7 PS an der Sägekette bei 6000 U/min. Kettengeschwindigkeit ca. 16 m/s. Mittlerer Kraftstoffverbrauch 1,0 l/h. Masse 12 kg mit 18 in. Schiene und vollem Tank. Beurteilung: Die Säge ist handlich und betriebssicher, gut geeignet zum Fällen, Einschneiden und Entasten. Das Motorgeräusch ist schwächer als bei allen bisher geprüften Sägen anderer Typen.

A.Grönholm. 10305bc.

1-64/02-0662 A n o n y m.Motorsåg Raket XF.(Motorsäge "Raket XF"-Staatl. Maschinenprüfbericht Ultuna.)Statens Makinprovningar, Medd.Nr.1619.(1962)S.1-6. Hersteller: Jonsereds Fabriker AB, Jonsered/Schweden. - Beschreibung: Einmann-Motorkettensäge mit 2 Handgriffen; Fliehkraftkupplung ohne Reduktor; luftgekühlter Einzylinder-Zweitaktmotor, Treibstoff Benzin-Ölgemisch 1-20, Zylinderhubraum 110 cm^3; Schwung-Magnetzünder STEFA, Vergaser Tillotson HL 98 A, Membranventil. Max.Leistung: 4,8 PS an der Kurbelwelle, 3,8 PS an der Sägekette bei 5600 U/min. Kettengeschwindigkeit 15 m/s. Mittl. Kraftstoffverbrauch 1,5-1,7 l/h. Masse 12,4 kg mit 18 in. Schiene und vollem Tank. Beurteilung: die Säge ist handlich und betriebssicher, gut geeignet zum Fällen, Einschneiden und Entasten. A.Grönholm. 10305bc.

1-64/02-0663 M u g a n c e v, K.E., T u r o v, E.A. und A b r a m o v, A. M. Pervaja v Krasnojarskom krae. (Die erste halbautomatische Ausform-Taktstraße im Gebiet Krasnojarsk.) - Lesnaja promyšlennost', Moskva 41 (1963) Nr.3. S.20-21. - 1 Schema.

Die Taktstraße "PLCh-1" weist eine Reihe Konstruktionsmängel auf, die die Stammeingabe, die Automatik des Sägeaggregates "PL-4", die Blockabwerfer usw. betreffen. Nach ihrer Beseitigung betrug die Differenz in den Längen der ausgeformten Sortimenthölzer 3-5 cm, die Leistung der Taktstraße im Durchschnitt 27,5 m^3/Schicht, obwohl in einzelnen Fällen Höchstleistungen von 25,5 m^3/h erzielt wurden. Die zu der Taktstraße gehörige Abrollvorrichtung Modell "SibNIILChĖ" erwies sich als Fehlkonstruktion, sie mußte grundlegend umgebaut werden. A.Mueller. 10305ca.

1-64/02-0664 V o r o b'e v, K.N., M a z u r e n k o, A.P. und S u c h a r e v, B.N. Na Južnom Urale. (Ausform- und Verladetaktstraße im Süd-Ural.) - Lesnaja promyšlennost', Moskva 41 (1963) Nr.3. S.17-20. - 2 Abb., 2 Schemata.

Die Stämme werden in Längsrichtung an die Mehrplatt-Ausformsäge herangebracht, die sowohl individuell als auch nach Programm gesteuert werden kann. Mit Hilfe von Spezialvorrichtungen werden die Sortimentspeicher entleert, die Sägeblöcke gestapelt, pakiert und längs der Stapelfront zum Ladeplatz befördert, wo die Blockenden ausgerichtet und die Pakete in Vollbahnwagen verladen werden. Zum Auflösen der Langholzbunde wird eine Stammverteilvorrichtung "RCh-2" verwendet, zum Abwerfen der ausgeformten Abschnitte - die von den Vff. entwickelten Abwerfer "SBA-4", welche sich besser als die Serienabwerfer "KKS-3" bewähren. Die abgeworfenen Abschnitte werden mittels Seilzug auf die Paketiervorrichtung gezogen, die aus einem Eisenbahnplattformwagen besteht, auf dem zwei konkave Unterlagen zur Aufnahme des Paketes aufgestellt sind. Mit Hilfe einer starren und einer beweglichen Stirnplat werden die Hölzer ausgerichtet, worauf das Paket von einem Brückenkran in den Eisenbahnwagen verladen wird. Die Taktstraße wird von neun Arbeitern bedient. Ihre Nennleistung beträgt 150 m^3/Schicht, die bisher jedoch nur zu 50 % erreicht werden konnte. A.Mueller. 10305ca.

1-64/02-0665 Z e h e t n e r, Hammerschmid und W a x e n e g g e r. Buschholz- und Reisighackmaschine "Holzknecht" - Prüfbericht Wieselburg, N.Ö. - Bundesversuchs- u. Prüf.-Anst. landwirtsch. Maschinen Geräte /Wieselburg N.Ö/, Prüfber. Nr.680. Gr. 14a. (1963) 2 S.

Hersteller: Gebr. Steininger, Maschinenfabrik und Eisengießerei, Linz-Ebelsberg, O.Ö. 10305cd.

1-64/02-0666 D o m e s, Z. Technicko-ekonomický rozbor kombinace potahu a kolového traktoru v přibližování dřeva. (Technisch-ökonomische Analyse des kombinierten Holzrückens mit Gespann und Radschlepper.) - Lesnická Práce 42 (1963) Nr.5. S.231-234. - 1 Diagr.

Die Kombination von Gespann und Schlepper ist beim Holzrücken üblich. Durch Analyse soll festgestellt werden, unter welchen Bedingungen die Kombination Gespann - Schlepper die zum Rücken von 1 fm notwendige Zeit im Vergleich mit dem nur durch einen Schlepper besorgten Rücken verkürzt. Die Analyse bezieht sich auf die Kombination Radschlepper - Gespann und Nadelholz. Die Zusammenarbeit der beiden Holzrückegeräte wird auf zweierlei Weise verwirklicht: In dem einen Fall wird die zu rückende Menge vom Gespann auf einem Platz konzentriert, wo sie vom Schlepper übernommen wird (das Gespann ersetzt die Seilarbeit und die Farhrt des Schleppers im Bestande). Die Analyse hat gezeigt, daß diese Kombination das Rücken von 1 fm nur dann beschleunigt, wenn das Gespann die Seilarbeit über eine Strecke ersetzt, die der Grenze der physischen Beherrschbarkeit nahe liegt. Nach der zweiten Methode werden schwere Sortimente vom Schlepper selbständig gerückt, während das Gespann nur das Rücken von weniger mengenreichen Sortimenten besorgt. Es hat sich gezeigt, daß diese Kombination den Zeitverbrauch dann verringert, wenn die Rückezeit von 1 fm Holz kleiner ist als das 2,92-fache derjenigen Zeit, die zum Rücken von 1 fm Schnittholz mit dem Schlepper notwendig ist, wobei die höchste Zeitersparnis etwa 10 % erreicht. ČSSR/ÚVTI. 10305da.

1-64/02-0667 C r o w t h e r, R.E. The Isachsen double drum winch. (Die Isachsen-Doppeltrommelseilwinde.) - Scott. Forestry 16 (1962) Nr.3. S.160 bis 163. - 1 Schemaskizze, 1 Tab.

Zum wirkungsvolleren Einsatz der Radschlepper in der Holzbringung entwickelte Prof. Samset, Norwegen, die Isachsen Doppeltrommelseilwinde. - Jede Trommel der durch die Zapfwelle eines Ferguson Radschleppers angetriebene Winde besitzt eine spezielle Bremse und Kupplung. Die Seile laufen über Seilrollenblöcke an einem 12 ft. hohen, am Radschlepper über der Winde angebrachten Aufbau. Die Bringungslänge beträgt maximal 150 yards mit einem beiderseits 25 yards messenden Einzugsgebiet. Die Anwendung der Doppeltrommelseilwinde zeigte bei Durchforstungsarbeiten höhere Kosten als der Pferdeeinsatz. Um diese zu unterschreiten machen sich wesentliche Änderungen in der Organisation der Durchforstungsarbeiten erforderlich (6 Punkte). Beträchtlich wirtschaftlicher als andere Methoden erwies sich die Doppeltrommelseilwinde beim Einsatz auf Windwurf- und Kahlschlagflächen. Betriebskostenangaben! L.Jülich 10305da.

1-64/02-0668 S t a a f, A. Nytt traktorfordon för virkestransport. (Neuer Schlepper für Holztransport.) - Skogen 49 (1962) Nr.24. S.469-471.

Das Institut für forstl. Arbeitsstudien in Värmland/Schweden (VSA) hat einen neuartigen Radschlepper konstruiert, der aus im Handel erhältichen standardisierten Einzelteilen aufgebaut ist, was die Beschaffung von Ersatzteilen sehr vereinfacht. Er besteht aus dem Radschlepper "BM 350 Boxer" ohne Vorderräder, einem Einachs-Anhänger mit großen Rädern, einem mittels hydraul. Zylinder drehbaren Verbindungsteil, einem hydraul. Hilfsmotor zum Antrieb der Hinterachse, einem zentral montierten hydraul. Ladegreifer und einer hydraul.Winde zum Holzrücken. Techn. Daten: Motorleistung 56 PS bei 1800 U/min; Getriebe mit 10 Vorwärtsgängen (2-30 km/h) und 2 Rückwärtsgängen; Bereifung: Vorderräder 14,00 x 30, Hinterräder 13,00 x 24; Wenderadius ca. 4 m, Bodenfreiheit 50 cm; Rahmensteuerung MIAK; "Sepson"-Winde mit 3000 kp Zugkraft; Ladevorrichtung "HIAB Skogselefant" mit 5,5 m Ausleger; Ladekapazität 9500 kg; Spurweite: Vorderachse 1840 mm, Hinterachse 2150 mm. Für Geländefahrt Vierradantrieb; bei Geschwindigkeiten über 3,5 km/h wird der Hinterachsantrieb automatisch abgeschaltet. A.Grönholm. 10305da.

1-64/02-0669 D r u ž i n i n, V.; Swerdlowsk, Forsch.-Inst. für Holzverarb. Ind. Grejfery dlja raboty s kranom KKU-7,5. (Greifer für den Kran "KKU-7,5".) - Lesnaja promyšlennost', Moskva 41 (1963) Nr.2. S.9-10. - 1 Abb., 1 Tab., 2 Zeichn.

Vergleichsarbeiten des Bockkranes "KKU-7,5", der mit Vibrogreifern "VOG-4" (MLTI) und den üblichen Seriengreifern "GML-4" ausgerüstet wurde, ergaben beim Laden erheblich höhere Leistungen des Vibrogreifers (576:374 m^3/Schicht). Der Greifer "VOG-4" dringt leicht in den Holzstapel ein und erfaßt im Mittel 4,25 m^3 Rundholz, wobei der Dmr. des Holzes ohne Einfluß ist. Gekreuzte Hölzer werden beim Aufnehmen der Last gleichgerichtet. Der Greifer ist mit doppeltem Flaschenzug und einem Rüttelmechanismus versehen, der von einem Elektromotor (2,8 kW, 1400 U/min) angetrieben wird und das Eindringen der Zangenschenkel in den Stapel erleichtert. Die Tragfähigkeit des Greifers beträgt 5,5 t. A.Mueller. 10310ca.

1-64/02-0670 A n o n y m. Ny lastmaskin. (Neue Lademaschine.) - Skogen 50 (1963) Nr.1. S.16.

Die schwedische Firma Bolinder-Munktell hat in Zusammenarbeit mit Bröd. Lundbergs Mek. Verkstad, Skellefteå eine neue Lademaschine "LM 225" entwickelt. Sie ist mit einem 4-Zylinder-BM-Dieselmotor von 75 PS bei 1800 U/min ausgerüstet, sowie mit Halbraupenketten, hydraulischer Kupplung, Differentialsperre, hydraulischer Servosteuerung und Druckluftbremsen. Der Wenderadius beträgt 5,5 m. Der Getriebekasten hat 5 Vorwärts- und 5 Rückwärtsgänge. Am Geräteträger können verschiedene Arbeitsorgane montiert werden, wie Kiesschaufel, Schneeschaufel, Greifer für Langholz und für Faserholz. Die Maschine kann eine Kiesschaufel mit einer Last von 2500 kg bis 3,8 m hochheben; die Hubkraft des Geräteträgers beträgt 3600 kp. A.Grönholm. 10310eh.

1-64/02-0671 G o r b a č e v s k i j, V.A. Lesovoznye avtopoezda. (Autos für den Langholztransport.) - Lesnaja promyšlennost', Moskva 41 (1963) Nr. 3. S.11-15. - 1 Schema, 4 Diagr., 2 Tab.

Die Leistungsprüfung der gebräuchlichsten Holztransportautos unter den verschiedensten Arbeitsbedingungen in den Jahren 1961 und 1962 ergab, daß es angezeigt ist, die Typen "KrAZ", "MAZ" und "Ural" weiterzuentwickeln. Es ist vorgesehen, das Modell "KrAZ-214" mit Turbokompressor auszustatten und die Motorleistung auf 300-320 PS zu erhöhen, während das Modell "MAZ-509" mit einem "JaMZ-238"-Motor (240 PS) ausgerüstet wird. Auf der Grundlage des Autos "Ural-375" wird ein neuer leistungsfähiger Lastzug entwickelt werden, der die "ZIL-157" Laster ersetzen soll. Die für die Ebene und das Hügelland bestimmten Autotypen werden mit Allradantrieb, Niederdruckbereifung und Selbstladevorrichtungen, die Gebirgsautos - mit Rad- und Motorbremsen ausgestattet. A.Mueller. 10310fa.

1-64/02-0672 D o b i á š, Jiří. Lesní dopravní sít' v podrostním hospodářství. (Forstliches Transportnetz in der Unterwuchswirtschaft.) - Lesnický časopis /Praha/ 9 (1963) Nr.4/5. S.429-450. - 6 Abb., 5 Tab., 9 Lit. Zus. in Russ., Franz., Dtsch.

In der Unterwuchswirtschaft bildet die gleichmäßige Erschließung der ganzen Bestandesfläche und Räumung des geförderten Holzes ohne größere Beschädigung des Unterwuchses und der Überreste des alten Bestandes eine Voraussetzung für die Einführung dieser intensiven Wirtschaftsmethode. Die Trassen der Transporteinrichtungen, also der Wege für die Holzrückung mittels Schleppern und die Trassen des Tragseils beim Seilbahnholzrücken sind durch techn. Parameter gegeben, die eine verläßliche Fahrt des angewandten Transportmittels sichern; der wirtschaftliche Betrieb erfordert eine festgesetzte Anknüpfung einzelner Trassen und ihre gegenseitige Entfernung. Für die Anwendbarkeit eines Projektes des forstlichen Transportnetzes bei dieser intensiven Wirtschaftsmethode ist nicht nur die durchschnittliche Dichte des Transportnetzes von entscheidender Bedeutung, sondern auch die Art und Weise, wie gleichmäßig die Transporttrassen den ganzen Waldkomplex erschließen. ČSSR/ÚVTI. 10310fa.

1-64/02-0673 H e n z e l, J. Kisérlet a rövidpályás kötéldaru hordkötete elaszticitási modulusának meghatározására. (Versuche zur Bestimmung des Elastizitätsmoduls des Tragseils eines Kurzstreckenseilkrans.) - Erdészettudományi Közlemények /Forstwiss. Mitt./ 1962 Nr.1. S.147-162. - Aus: Ung. Agrar-Rdsch. 1963 Nr.2.

In den Gleichungen zur Planung der Montage des Kurzstreckenrückeseilkrans spielt der "E"-(Elastizitäts-)Modul des Tragseils eine bedeutende Rolle. Vf. erarbeitete zur Bestimmung des E-Moduls im Gelände ein Verfahren, bei dem die Dehnung und die Spannungsveränderung des Tragseils infolge der Belastung gemessen wird. Zur Messung der Dehnung wurde ein einfacher Dehnungsmesser hergestellt, der eine Meßlänge von 2 m ermöglicht und dessen Indikatoruhr bis auf 0,01 mm eingeteilt ist. Die Messung der Seilkräfte erfolgte mittels eines hydraulisch registrierenden Dynamometers. Den E-Modul bestimmt die Tangente der geraden Strecke eines Diagramms, das durch graphischen Ausgleich aus den Meßwerten mehrerer Kraft- und Dehnungsmessungsreihen hergestellt wurde. Der Wert des E-Moduls eines geprüften Seiles von 18 mm nominalem Dmr. stimmt mit den diesbezüglichen Angaben aus der Lit. überein. Eine Kontrollrechnung mit Hilfe der vereinfachten Dresslerschen Gleichung zur Bestimmung der Seilkraft bestätigt ebenfalls die Richtigkeit des Verfahrens zur Bestimmung des E-Moduls im Gelände. 10310fe.

1-64/02-0674 Komplex fakitermelés. (Komplexe Holzernte.) Budapest. 1962. (37 S.) 4° = Müszaki Fejlesztési Osztály Nr. 2. (SR 3097, 2)

1-64/02-0675 C r o w t h e r, R.E. and T o u l m i n - R o t h e, I. Felling and converting thinnings by hand. (Die Fällung und Umwandlung von Durchforstungen in Handarbeit.) Edinburgh: H.M.S.O. 1963. (31 S.) 8° = Forestry commission. Booklet. No.9. (SR 1405, 9)

1-64/02-0676 Gyalufogaz fürészlánc karbantartása. (Instandhaltung eines Hobelzahnsägeblattes.) Budapest. 1962. (7 S.) 4° = Müszaki Fejlesztési Osztály Nr.1. (SR 3097, 1)

1-64/02-0677 Contra-stihl motorfüész kezelese szerelese és karbantartása a döntés, darabolás és gallyazás technikája. (Die Benutzung, die Montage und Instandhaltung der Contra-Stihl-Motorsäge. Die Technik des Fällens, des Einschneidens und des Entastens.) Budapest. 1962. (95 S.) 4° = Országos Erdészeti Föigazgatóság. Müszaki Fejlesztési Osztály Nr. 5. (SR 3097, 5)

1-64/02-0678 Literatur über Entastungsgeräte. Hrsg. Instn.: Dok.-Stelle im Inst. für Landmaschinen- und Traktorenbau, Leipzig. (Lit.-Nr.: 24/63. Titelanzahl: 13 m. Annotationen. Ber.-Zeit: 1953-1961.)

L. WALDBRANDBEKÄMPFUNG

1-64/02-0679 L a n g e, S. Sechs Jahrzehnte Feuerwachttürme. - Arch. Forstwes. 12 (1963) Nr.6. S.620-642. - 5 Abb., 19 Lit.

In Würdigung der 60. Wiederkehr der ersten Patentanmeldung durch Seitz für einen Feuerwachturm gibt der Vf. einen Überblick über Vergangenheit, Gegenwart und Zukunft der Gestaltung von Feuerwachtürmen mit den dazugehörigen Waldbrandortungsmöglichkeiten und den Übermittlungswegen. Die gebräuchlichen in Rundholzkonstruktion errichteten Feuerwachtürme sind material- u. kostenaufwendig, sie werden sicher bald durch dauerhaftere und billigere Leichtmetallkonstruktionen ersetzt werden. Die Erntfernung der Türme voneinander kann 10-15 km betragen. Bis zu dieser Entfernung können die mit Ferngläsern (am geeignetsten Zeiss-Universal-Weitwinkelfeldstecher 80 x 30) ausgerüsteten Beobachter Brände noch sicher feststellen. Die Nachrichtenübermittlung erfolgt durch Fernsprecher und neuerdings in einem StFB durch UKW-Sprechfunk. W.Jacob. 10405a.

1-64/02-0680 M o l č a n o v, V.P. Vertolet MI-4 na tušenii lesnych požarov. (Der Hubschrauber "MI-4" bei der Bekämpfung von Waldbränden.) - Lesnoe chozjajstvo, Moskva 16 (1963) Nr.3. S.41-42. - 1 Abb.

Zur Bekämpfung von Bodenfeuern werden vom Hubschrauber aus 2-4 m breite Sperrstreifen mit Löschflüssigkeit gespritzt. Bei einer Flughöhe von 5-10 m über dem Kronendach kann pro Quadratmeter maximal 1 l des mit Chemikalien versetzten Wassers ausgebracht werden. Diese Menge dringt selbst in dicht geschlossenen Altholzbeständen bis auf den Boden durch und reicht aus, um das Feuer aufzuhalten oder so abzuschwächen, daß es kurz hinter dem Sperrstreifen zum Halten gebracht werden kann. S.Frei. 10405a.

1-64/02-0681 S i m s k i j, A.M. Novye techničeskie sredstva na aviacionnoj ochrane lesov. (Neue technische Mittel für die aviochemische Bekämpfung von Waldbränden.) - Lesnoe chozjajstvo, Moskva 16 (1963) Nr.4. S.50-51. - 2 Abb.
Beschreibung von Geräten, die sich beim Einsatz der Flugzeuge "An-2" und "Jak-12" sowie der Hubschrauber "MI-1", "MI-4" und "Ka-18" bewährt haben: eine Sprühvorrichtung für die Anlage von Sperrstreifen mit chem. Lösungen, eine Vorrichtung für den Abwurf von Löschmitteln und -geräten, ein kombinierter Feuerlöschspaten, das Rückensprühgerät "ROB" und der Feuerlöscher "OP-5". S.Frei. 10405a.

M. FORSTLICHES BAUWESEN

1-64/02-0682 K u l e b j a k i n, A.M. Predvaritel'no naprjažennye železobetonnye plity dlja avtodorog. (Spannbetonplatten als Belag für Holzabfuhrstraßen.) - Lesnaja promyšlennost', Moskva 41 (1963) Nr.3. S.22-24. - 2 Abb., 1 Schema, 1 Tab.
Gegenüber den gewöhnlichen Eisenbetonplatten haben die Straßenbeläge aus Spannbeton den Vorteil, daß erheblich weniger Armaturstahl benötigt und Gebrauchsfähigkeit um ein Vielfaches verlängert wird. Am zweckmäßigsten erwiesen sich Spannbetonplatten im Format 1,0 x 4,2 x 0,14 m mit Hohlzellen, da sie - bei gleicher Festigkeit - 15 bis 20 % weniger Beton erfordern. Der Armierungsdraht der Marke St.3 erhält eine Spannung von 2000 kg, die auf den Beton übertragen wird, sobald dieser 70 % seiner geforderten Festigkeit erlangt hat. Die verlegten Platten werden an den Ecken durch Bügelschrauben verbunden. Die auf Versuchsstrecke vorgenommenen Untersuchungen zeigten, daß zweireihige Beläge aus Spannbetonplatten für den Holztransport mit schweren Autos vom Typ "MAZ-220" und "MAZ-502" geeignet sind.
A.Mueller. 10465a.

1-64/02-0683 R ó n a i, F. Az erdei makadámpályák és a forgalom viszonyának néhány kérdése. (Einige Fragen der Verkehrsverhältnisse an Waldstraßen mit Makadamfahrbahn.) - Erdészettudományi Közlemények /Forstwiss.Mitt./ 1962 Nr.1. S.163-181. - Aus: Ung. Agrar-Rdsch. 1963 Nr.2.
Messungen und Beobachtungen an der Oberfläche der Makadamdecke zeigten, daß die Form der Decke sich stets verändert. Das Maß dieser Veränderung hängt von den Untergrundverhältnissen, von der Belastung, vom Weggefälle, von den Abmessungen und der Qualität der Decke sowie von den Witterungsverhältnissen ab. Das Maß der Deformation nimmt mit der Belastung und daher auch mit dem Gefälle zu. Im gemischten Profil senkt sich die Decke der Straße auf der Auftragseite am stärksten. Auf der Abtragseite beträgt die Senkung der Decke im Mittel 40 bis 60 % der Senkung von der Auftragseite. An der Oberfläche der Decke entsteht infolge der Verkehrsbelastung und der Witterungsfaktoren eine Verschleißschicht mit einem Korngefüge, dessen Grenzgefälle 2,7 bis 3,0 % beträgt. Diese Tatsache soll vor allem bei der Anwendung des mitgeteilten Diagramms zur Bestimmung des Materialbedarfs bei der Instandhaltung von Haupterschließungs- bzw. Erschließungswegen im Bergland berücksichtigt werden. 10465a.

1-64/02-0684 V o l k e r t, E. Extensivierung im Waldwegebau? 1. Teil. Forsttechn. Inform. 1961 Nr.8. S.61-71. - 3 Abb., 4 Tab.
Im ersten Teil dieser Abhandlung befaßt sich Vf. a) mit der denkbaren Richtung einer Extensivierung des Waldwegebaus und b) mit den Grenzen der Wegedichte. - Die Untersuchung des techn. und organisatorischen Zusammenwirkens der 3 Gruppen Rücken, Transport mit Fahrzeugen und Wegebau erlaubt die Forderung nach einer weg- oder fast weglosen Rückestufe und einer ungleich längeren Fahrstufe, wobei eine Extensivierung hinsichtlich übertriebener Ansprüche und Aufwendigkeit und Intensivierung bezüglich einer optimalen Wegedichte anzustreben ist. An einem theoretischen Beispiel demonstriert Volkert prinzipielle Betrachtungen zur optimalen Wegedichte, die sich als ziemlich breite Zone annähernd gleichbleibender optimaler Gesamtaufwendungen darstellt. Die Walderschließung durch Wege gilt es zu intensivieren, je mehr es gelingt, die Aufwendungen je Streckeneinheit zu senken.
L.Jülich. 10465a.

1-64/02-0685 B l i z n e c o v, S.: Penjakschinsker Forstwirtsch.-Betr., Gebiet Gorki. Puteukladčik na traktore. (Wegebaugerät auf dem Traktor.) - Master lesa, Moskva 6 (1962) Nr.2. S.24. - 1 Abb.
Vf. beschreibt ein Wegebaugerät, welches auf dem Schlepper "TDT-40" aufgebaut wurde. Das Gerät besteht aus einem waagerecht liegenden, durch 4 Streben in bestimmter Höhe fixierten Gittermast, der als langer Auslegerarm weit über die zu bauende Fahrbahn reicht. Die Hubarbeit der auf die Fahrbahn aufzulegenden Betonplatten wird von einer Seilwinde ausgeführt. Diese ist auf dem Schlepper montiert, das Seil läuft über Rollen vom vorderen Ende des Gittermastes nach unten. Die genannte Vorrichtung kann in 2 Std. an den Schlepper angebaut werden. Die Arbeitsleistung im Wegebau beträgt bei 4 AK in 7 Std. 400-450 m. R.Grönholm. 10465h.

O. FORSTWIRTSCHAFT/AUSSTELLUNGEN, TAGUNGEN, VORFÜHRUNGEN, REISEN, ÜBERSICHTEN

1-64/02-0686 K o v a l i n, D.T. Peredovaja technika i technologija lesovosstanovitel'nych i lesosečnych rabot na tematičeskoj vystavke VDNCh. (Die führende Technik und Technologie der Aufforstung und des Holzeinschlags als thematische Ausstellung auf der Unionsausstellung in Moskau.) - Lesnoe chozjajstvo, Moskva 16 (1963) Nr.3. S.66-71.
Eine Auswertung aller Verbesserungsvorschläge, die 1962 auf dem Gebiet der Mechanisierung der Aufforstung, der Pflege und des Holzeinschlags eingebracht worden sind. Ausführlich behandelt werden: die mechanisierte Aufforstung ungerodeter Kahlschläge, die Umwandlung geringwertiger Naturverjüngungen, die Dünenaufforstung, der Anbau schnellwachsender Holzarten, der Herbizideinsatz, die Pflanzenanzucht sowie die Führung von Saum- und Femelhieben. Die zur komplexen Mechanisierung der einzelnen Produktionsbereiche vorgesehenen Maschinengruppen werden aufgeführt. S.Frei. 10605.

XI. SCHÄDLINGSBEKÄMPFUNG

A. ALLGEMEINES

1-64/02-0687 O r d i s h, George. Crop protection through the ages. (Pflanzenschutz im Wandel der Zeit.) - Wld. Crops 15 (1963) Nr.6. S.254-256. - 1 Abb., 4 Lit.

Es wird ein geschichtlicher Überblick zur Entwicklung des Pflanzenschutzes gegeben. Anhand des Auftretens bedeutender Krankheiten und Schädlinge und der Herausbildung von Gegenmaßnahmen einschließlich der Schaffung chem. Bekämpfungsmittel wird die zurückliegende Zeit in 4 Perioden eingeteilt und abschließend ein Ausblick in die Zukunft gegeben. A.Jeske. 11005.

B. CHEMISCHE SCHÄDLINGSBEKÄMPFUNG

1-64/02-0688 C o s t a c h e, N. Geräte zur Mechanisierung der Pflanzenschutzmaßnahmen. - Int. Z. Landwirtsch. /Sofia/Berlin/ 1962 Nr.3. S.83-88. - 5 Abb., 5 Schemata.

Vf. beschreibt Aufbau und Funktion nachstehender Pflanzenschutzmaschinen, die in Rumänien hergestellt werden: Spritzgerät "MSV - A" für Arbeiten im Weinbau (Pferdezug; 2 Kolbenpumpen mit 14 l/min Förderleistung; 150 l-Behälter; Betriebsdruck 2-8 kp/cm^2; 2 Spritzrohre mit je 4 Düsen; Leistung 0,2-0,3 ha/h); Stäubegerät "MPV - A" für Wein- und Feldbau (Pferdezug; Radialgebläse; 40 dm^3-Behälter; Arbeitsbreite 2 Reihen bzw. 6 m; Zentraldüse bzw. Feldstäuberohr; Leistung 0,6-0,8 ha/h im Weinbau und 1 ha/h im Feldbau); Spritz- und Stäubegerät "MSP - A" für Feld- und Weinbau (im Aufbau den Geräten "MSV-A" und "MPV-A" sehr ähnlich; Aufwandmengen 150-550 l/ha bzw. 5-100 kg/ha; Leistung 1 ha/h beim Spritzen, 1,5 ha/h beim Stäuben); Spritz- und Stäubegerät "MSP - P" für Obst- und Feldbau (Anbaugerät für "UTOS"-Schlepper; Drillingspumpe und Gebläse; Behälterinhalt 300 l bzw. 60 dm^3; Betriebsdruck 5-25 kp/cm^2; Arbeitsbreite im Feldbau 8 m; Feldspritz- und Stäuberohre, Zentraldüse und Hochstrahlrohre; Aufwandmengen 100-1000 l/ha bzw. 5-100 kg/ha; Leistung: Spritzen 2 ha/h und Stäuben 3 ha/h im Feldbau, Spritzen 0,75 ha/h und Stäuben 2,5 ha/h im Obstbau); Saatgutbeizanlage "MTS - 1" für Trocken- und Naßbeize von Getreide und Gemüsesaatgut (Elektromotor; Einschütttrichter - Beizdosiervorrichtung - Elevator - Saatgutwaage - Flüssigbeize - Dosiervorrichtung - Mischtrommel; Aufwandmengen: 150-400 g/dt bzw. 1-40 l je dt Saatgut; Leistung 15 dt/h). A.Jeske. 11105.

1-64/02-0689 A n o n y m. Il costo orario delle macchine per i tattamenti antiparassitari. (Die stündlichen Maschinenkosten bei der Schädlingsbekämpfung.) - Inform. fitopatol. /Bologna/ 13 (1963) Nr.15/16. S.366-369. - 1 Abb., 3 Tab. 11105.

1-64/02-0690 R a z a k, Kenneth; Wichita, Kans., Univ., School of Engng. An operations analysis and distributor wing experiments. (Eine Arbeitsanalyse und Versuche mit einer Deflektor-Tragfläche.) - Agric. Aviation 4 /The Hague/ (1962) Nr.4. S.118-130. - 15 Abb., 3 Lit. Zus. in Franz., Dtsch.

Ein Vergleich zwischen neuen, für den landwirtsch. Einsatz konstruierten Flugzeugen und alten, ebenfalls in der Landwirtsch. eingesetzten Typen zeigt, daß sich die Typen in ihren Grundkonzeptionen kaum wesentlich unterscheiden. Untersuchungen über die Verbesserung der Leistung wurden fast ausschließlich mit dem Ziel der Modifikation bereits bestehender Anlagen unternommen, theoretische Analysen als Grundlage von Neukonstruktionen wurden nur selten angestellt. Vf. entwickelte eine Formel, mit deren Hilfe sich der Einfluß verschiedener Faktoren auf den Zeitaufwand/Flächeneinheit errechnen läßt. Diese Formel kann sowohl für die Analyse von Flugzeugeinsatzen mit dem Ziel der Rationalisierung als auch zur Ermittlung der Leistungsdaten für ein theoretisches Landwirtsch.-Flugzeug benutzt werden. Da sich die nach der Analyse geforderte Förderleistung der Ausbringungsaggregate und die Arbeitsbreite mit den herkömmlichen Mitteln nicht erreichen lassen, wurden Versuche mit einer Deflektor-Tragfläche unternommen. Das Modell der Tragfläche wurde an einen LKW montiert, der bei den Versuchen mit 95–105 km/h über eine Betonpiste gefahren wurde. Die auszubringenden Materialien (Staub, Flüssigkeiten und Saaten) wurden innerhalb der Tragfläche transportiert und an verschiedenen Stellen ausgelassen. Aus den Versuchen, die im einzelnen geschildert sind, konnten wertvolle Erkenntnisse gewonnen werden.

R. Angermann. 11106.

1-64/02-0691 B e r g e, Orrin I. Broadcast spraying calibration table. (Dosiertabelle für eine Flächenbehandlung.) - Univ. Wisconsin, agric. Exp. Stat., Circ. 1963 Nr.614. S.1-4. - 1 Tab.

Aus der Tab. können die Mengen einiger Insektizide und Herbizide abgelesen werden, die für ca. 190 l Brühe benötigt werden (unter Berücksichtigung der Aufwandmenge /l/ha/ und der Ausbringmenge von 4 Düsen auf ca. 200 m Länge in Abhängigkeit von der Fahrgeschwindigkeit). Es ist wie folgt vorzugehen: 1. Bestimmung der Zeit für ca. 200 m Länge bei der gewünschten Fahrgeschwindigkeit, 2. Ermittlung der Ausbringmenge der 4 Düsen in der gemessenen Fahrzeit bei zweckmäßigem Betriebsdruck, wobei zwischen den einzelnen Düsen keine nennenswerten Differenzen auftreten dürfen, 3. Von diesem Wert in der Tab. ausgehend, ist die Aufwandmenge (l/ha) bzw. die Fläche, die sich mit einer Brühemenge von ca. 190 l bearbeiten läßt, abzulesen. Alsdann ist auch die erforderliche Mittelmenge für insgesamt rd. 190 l Spritzbrühe zu entnehmen, wobei ein konst. Düsenabstand auf dem Spritzbalken und je nach dem Mittel 1-3 Konzentrationen zugrunde gelegt wurden. A. Jeske. 11115.

1-64/02-0692 B e r g e, Orrin I. Boomless sprayer calibration table. (Dosiertabelle für Driftbehandlung.) - Univ. Wisconsin, agric. Exp. Stat., Circ. 1963 Nr.615. S.1-3. - 1 Tab.

Aus der Tab. können die Aufwandmengen (l/ha) in Abhängigkeit von der Ausbringmenge in der Zeit (l/min) und der Arbeitsbreite (m) abgelesen werden. Es ist wie folgt vorzugehen: 1. Bestimmung der Ausbringmenge (l/min) für die Zeit, die für etwa 200 m Länge bei der gewünschten Fahrgeschwindigkeit benötigt wird, 2. Ermittlung der wirksamen Arbeitsbreite, 3. Sind beide Werte bekannt, kann die Aufwandmenge (l/ha) abgelesen werden. Die für diese Aufwandmenge erforderliche Mittelmenge ist der "Dosiertabelle für eine Flächenbehandlung" zu entnehmen. A. Jeske. 11115.

1-64/02-0693 Z o t o v, G.I. Gerbicidno-ammiačnaja mašina GAN-8. (Maschine zur Ausbringung von Herbiziden und flüssigen Düngemitteln "GAN-8".) - Len i konoplja, Moskva 8(25) (1963) Nr.4. S.36-37. - 3 Abb.

Das Aufbauspritzgerät "GAN-8" ist für die selbstfahrende Arbeitsmaschine "DVSŠ-16", den Schlepper "Belarus"und die Gleiskettenschlepper "DT-54", "DT-54A", "KD-35" und "KDP-38" geeignet. Als Spritzgerät wird mit 2 schwenkbaren Strahlrohren eine Arbeitsbreite von 8,74 m erreicht. Zur Düngung mit flüssigem Ammoniak wird die Arbeitsbreite den entspr. Bodenbearbeitungsgeräten oder auch der Maislegemaschine "SKGN-6A" angepaßt. Das Spritzgerät "GAN-8" leistet 2,53 ha/h bei 1,53 AKh je ha. I.Gebhardt. 11115.

1-64/02-0694 A n o n y m. Puderspridare och fläktspruta Senior. (Stäube- und Spritzgerät "Senior" - Staatlicher Maschinenprüfbericht Ultuna.) - Statens Maskinprovningar, Medd. Nr. 1635. (1963) S.1-6. - 1 Abb., 2 Diagr., 5 Tab.

Hersteller: AB Moteska, Jordholmen. 11115.

1-64/02-0695 A n o n y m. Gerbicidno-ammiačnaja mašina navesnaja GAN-8. (Anbaugerät zur Herbizid- und Düngerausbringung "GAN-8".) - Sacharnaja svekla, Moskva 8 (1963) Nr.5. S.37. - 1 Abb. 11115.

1-64/02-0696 B e r a n, Z i s l a v s k y, S i e g und W a x e n e g g e r. Zapfwellen-Aufsattelspritze ZUWA - Prüfbericht Wieselburg, N.Ö. - Bundesversuchs- u. Prüf.-Anst. landwirtsch. Maschinen Geräte /Wieselburg, N.Ö./, Prüfber. Nr. 647. Gr. 6a. (1962) 2 S.

Hersteller: Fa. Erich Zumpe, Salzachuferstraße, Oberndorf bei Salzburg. 11115.

1-64/02-0697 F r i e d e m a n n, H. Düse zum Versprühen von flüssigen Pflanzenschutzmitteln. - Gesunde Pflanzen 15 (1963) Nr.8. S.158. - 1 Abb.

Es wird eine neuentwickelte und zum Patent angemeldete Sprühdüse in ihrem Aufbau beschrieben und dargestellt, die eine genaue Einstellung der Ausbringmenge gestattet. Der Zerstäuber besteht aus Vorder- und Hinterteil. Die Trennflächen zwischen beiden sind als ebene Begrenzungsflächen ausgebildet, dazwischen liegt ein auswechselbarer, scheibenförmiger Einsatz, durch welchen die Ausbringmenge reguliert wird. A.Jeske. 11120.

1-64/02-0698 O r i p o v, M.; Leninabad, Tadshik. SSR, Pflanzenschutzstat. Aėrozol'nyj generator v agregate s traktorom. (Anbau-Aerosolgenerator.) - Zaščita rastenij ot vreditelej i boleznej, Moskva 8 (1963) Nr.4. S.31-32. - 2 Abb., 1 Schemaskizze.

Da die auf LKW aufgebauten Aerosolgeneratoren "AG-L6" und "AG-UD-2" in hügeligem Gelände schlecht einzusetzen sind, wurde von der Pflanzenschutzstat. in Leninabad ein Aerosolgenerator unter Verwendung von Teilen des Spritzgeräts "ONK-B" und anderer Maschinen an den Schlepper "DT-14" angebaut. Der Generator wird vom Schlepperfahrersitz aus bedient. Vf. beschreibt den Anbau des Generators. W.Balkin. 11125.

1-64/02-0699 S p l i n t e r, W.E. und B o w e n, H.D.; Raleigh, North Carolina State Coll. Electrostatic charging offers improved chemical deposition. (Elektrostatische Aufladung bietet besseren Chemikalienbelag.) - Agric. Chemicals 18 (1963) Nr.4. S.20-21. 102. 105. - 2 Abb.

Unter Ausnutzung der Erfahrungen bei Entstaubungsanlagen und Farbspritzgeräten wurde versucht, Stäubemittelteilchen elektrostatisch aufzuladen und dadurch den Stäubemittelbelag auf den Pflanzen zu verbessern. Versuche mit Feldgeräten brachten in einigen Fällen günstige Ergebnisse. So konnten bei der Defoliation von Baumwolle mit geringeren Aufwandmengen als normal gute Erfolge erzielt werden. In anderen Fällen war dagegen kein Vorteil durch die Aufladung erkennbar. Darüber hinaus kam es auch teilweise zu Ansammlungen von Staubteilchen an den Düsen. Es konnte ermittelt werden, daß sich einige Stäubemittelsorten nicht gut für diese Ausbringungsart eignen und daß bestimmte atmosphärische Erscheinungen negativ auf das Verfahren einwirken können. Vff. betonen, daß sich das Verfahren noch in der Entwicklung befindet und sich nach weiterer erfolgreicher Bearbeitung günstige Anwendungsmöglichkeiten ergeben. R.Angermann. 11130.

1-64/02-0700 S i e p m a n, A.H.J.; Wageningen, Inst. voor Landbouwtechn. en Rationalisatie. Een nieuwe aardappelontsmettingsmachine. (Neues Gerät zur Desinfektion von Kartoffeln.) - Landbouwmechanisatie 13 (1963) Nr.14. S.25-26. - 2 Abb.

Von dem ILR wurde ein Gerät zur Desinfektion von Kartoffeln bei Rhizoctonia-Befall entwickelt. Das Gerät besteht aus einem Desinfektionsbehälter mit ca. 560 l Inhalt (Abmessungen 167 x 56 x 130 cm), in dem 2 Behälter für Kartoffeln hängen, die je ca. 60 kg aufnehmen können. Die Kartoffelbehälter sind mit einer perforierten Vorderwand versehen, damit die Desinfektionsflüssigkeit gut eindringen kann. Mit diesem Gerät kann kontinuierlich gearbeitet werden: Während der eine Behälter mit Kartoffeln ca. 5 Min. in der Desinfektionslösung hängt, kann der andere geleert und neu gefüllt werden. 1 AK kann somit ca. 0,6 t Kartoffeln je Std. desinfizieren.

M.Lüpnitz. 11140.

1-64/02-0701 B e r e z o v s k i j, M. Die agronomischen Forderungen an Maschinen zur Einbringung von Herbiziden in den Boden. Aus: Zemledelie, Moskva 1962 Nr.10. (Übers. aus d. Russ., Maschinenschr. vervielfält.) - TO 627.

1-64/02-0702 Literatur über den Arbeitsschutz beim Umgang mit Schädlingsbekämpfungsmitteln. Hrsg. Instn.: WTZ Pflanzenschutz- und Schädlingsbekämpfungsmittel, Magdeburg. (Lit.-Nr.: 97/63. Titelanzahl: 63. Ber.-Zeit: 1956-1963.)

E. SONSTIGE VERFAHREN

1-64/02-0703 A n o n y m. Frostschutz bei Frühkartoffeln und Frühgemüse. - Wasser u. Nahr. 8 (1963) Nr.1. S.30-32.

Der Aufbau der Regenanlage zur Frostabwehr erfolgt im Abstand der Regner von 24 x 24 m im Dreieckverband. Die Größe der Düsen ist richtig bemessen 4 mm, der Antrieb der Pumpen geschieht vorwiegend mittels Schlepper. Das Wasser wird aus offenen Bachläufen, Weihern und Brunnen entnommen. Die Regenanlage wird bei einer Temperatur von 0 °C in Betrieb gesetzt und ohne Unterbrechung laufen gelassen, bis die Temperatur außerhalb der geschützten Fläche 1 °C Wärme anzeigt. Auf 1 ha sind an Beregnungsmaterial eine mit einem Schlepper angetriebene Pumpe, 500 lfd. m Schnellkupplungsrohre und 20 Langsamregner erforderlich. Die Kosten belaufen sich auf ca. 6500,-- DM. Der Ertrag beträgt anfangs 80-100 dt/ha, bei der Mittelernte 150-200 dt/ha Kartoffeln. D.Voigt. 11410.

XII. AUSSTELLUNGEN, TAGUNGEN, VORFÜHRUNGEN, REISEN, ÜBERSICHTEN

A. AUSSTELLUNGEN

1-64/02-0704 C r u c q, J. Trekkers en werktuigen op een deense tentoonstelling. (Schlepper und Landmaschinen auf einer Dänischen Ausstellung.) - Landbouwmechanisatie 14 (1963) Nr.7. S.543-553. - 33 Abb.

Bericht über die Dänische Ausstellung ILM im Mai 1963 in Odense. Es werden folgende Exponate berücksichtigt: Schlepper, Maschinen für Aussaat, Pflege und Düngung, Schlegelernter, Kartoffel- und Rübenroder, Transportmaschinen. Herausgestellt werden u.a.: 1) Schlepper "430" und "554" von Bukh mit 3 bzw. 4 Zylindern, 43 bzw. 60 PS, 2 x 4 Vorwärtsgängen, 1,56 - 26,1 bzw. 1,6 bis 25,6 km/h, 4 Rückwärtsgängen, Masse 1830 bzw. 2540 kg. 2) Schlegelernter von Ugerlse; er kann zusätzlich mit einer Vorrichtung zum Aufnehmen von vorgetrocknetem Gras aus dem Schwad ausgerüstet werden. 3) Gezogener 5ft.-Mähdrescher "Vety" der Fa. Vestjyden; Dreschtrommel: Dmr. 46 cm, Breite 120 cm, Drehzahl von 1100-1450 U/min, verstellbar. L.Machler. 12005.

1-64/02-0705 A n o n y m. Verbale della comissione guidicatrice della novita del XVI. Salone delle Macchine Agricoli. (Das Protokoll der Prüfungskommission über Neuheiten auf dem 16. Landmaschinensalon.) - Macchine & Motori agric. 21 (1963) Nr.3. S.133-135. Aus: Dok.-Dienst ILT 1963 Nr.5.

Prüfung einer Reihe von Erzeugnissen in- und ausländischer Aussteller auf dem Landmaschinensalon Verona zwecks Zuerkennung der Qualifikation "Technische" bzw. "Wirtschaftliche Neuheit". Die Kommission schlug zur Anerkennung dem Nationalen Komitee für die Entwicklung der landwirtsch. Mechanisierung Erzeugnisse etwa 20 italienischer und ausländischer Firmen vor. 12005.

1-64/02-0706 B e c k e r i c h, Abel. Au lendemain de la grande semaine agricole. (Rückblick auf die große landwirtschaftliche Woche.) - Génie rural 34 (1963) Nr.1. S.146-148. - 8 Abb.

Die gleichzeitig mit dem Internationalen Landmaschinen-Salon stattfindende landwirtsch. Ausstellung stand unter dem Zeichen des gemeinsamen Marktes. Vom wiss. techn. Komitee des Landmaschinen-Salons waren 25 Maschinen oder Geräte als "Neuheiten" herausgestellt worden (1962 = 21), die mit Angabe ihres Verwendungszweckes aufgezählt werden. H.Kaiser. 12005.

1-64/02-0707 A n o n y m. Liempde. - Landbouwmechanisatie 14 (1963) Nr.6. S.495-503. - 24 Abb., 3 Schemata.

In Liempde wurde der 16. Landmaschinentag durchgeführt. Der Bildbericht informiert über einige Traktoren, Maschinen und Einrichtungen, die erstmalig in den Niederlanden vorgestellt wurden. Davon sind folgende bemerkenswert: Traktor "Zetor 4011" , Traktor "John Deere-Lanz 700" mit Zapfwellendrehzahlen von 540 und 1000 U/min, Mähbalken mit hydraulischem Antrieb, Hochdrucksammelpressen und Ballenlader, automatisch arbeitende Körnertrockner; Selbsttränkebecken für Ferkel und Schweine; Anhänge-Kultivator mit hydraulischem Kraftheber zur Tiefenregulierung sowie zum Heben in Transportstellung. A.Arlitt. 12005.

B. TAGUNGEN, VORFÜHRUNGEN, REISEN

1-64/02-0708 Materiali ot obštoto godišno sŭbranie na Akademijata na selskostopanskite nauki. Sŭstojalo se na 4 i 5.11.1962. (Materialien der Jahresvollversammlung der Akademie der Landwirtschaftswissenschaften vom 4.-5.11.1962.) Sofija: Izd. na Bŭlg. akad. na naukite. 1963. (119 S.) 8°. (1963 A 1021)

C. ÜBERSICHTEN

1-64/02-0709 Anonym. Landmaschinen-Markt A-Z. - Landmaschinen-Markt 1963 Sonderh. Febr. S.1-268.
In dem Sonderheft liegt die zweite erweiterte Ausgabe des Bezugsquellennachweises für alle diejenigen Landmaschinen, Geräte, Werkstattausrüstungen und Einrichtungen für den Landhaushalt vor, die in der DBR gefertigt und auf dem westdeutschen Markt angeboten werden. Die Erweiterung besteht sowohl in einem noch größeren Umfang als auch in der Aufnahme eines Bezugsquellenteiles für Werkstatteinrichtungen und -geräte sowie für landtechn Zubehör. Die neue Gliederung des "Einkaufsführers" erfolgte nach den in 4 Gruppen eingeteilten Einsatzgebieten in der Landtechnik (Außenwirtschaft, Innenwirtschaft, Werkstatt, landtechn. Zubehör). Innerhalb dieser Gruppen werden die Maschinen so gegliedert, wie sie beim Einsatz in der Praxis einander zugeordnet sind (Prinzip der Arbeitskette). Mit Hilfe eines Suchwortverzeichnisses (blauer Teil) findet man die Nr. der Branchengruppe, unter der die Hersteller der gesuchten Geräte im grünen Teil (Einkaufsführer) aufgeführt werden. Zusätzlich dazu kann man sich die Hersteller in einem alphabetisch geordneten Firmenverzeichnis (gelb) leicht heraussuchen.
W.Gerlach. 12205.

1-64/02-0710 Andersson, Ragnar. Amerikansk vegetabiliefabrik. (Amerikanische "Vegetabilienfabrik".) - Traktor J. /Stockholm/ 7 (1963) Nr. 5. S.294-297. 301. - 15 Abb.
Reisebericht eines schwed. Landwirtes von einem der größten und am besten organisierten Betriebe Amerikas (Heidricks Farm Inc.) mit einer LN von 35 000 ha. Dieser Betrieb befaßt sich nur mit dem Pflanzenbau (Getreidebau, Reisanbau - vom Flugzeug aus - und Luzerne). Die Herwerbung der Luzerne erfolgt nicht durch Pressen, sondern durch die neu entwickelte Heuwaffelmaschine "Cal-Cube", die das Luzerneheu zu handlichen Heuwaffeln verarbeitet (die techn. Beschreibung dieser Maschine erfolgte in "Traktor Journalen" 4/1962). Der Betrieb selbst hält kein Vieh, sondern setzt seine Heuwaffeln zu günstigen Preisen im Norden des Landes ab. E.Kahn. 12205.

1-64/02-0711 Anonym. Jahreszusammenstellung 1960. DLG-anerkannte Maschinen und Geräte. DLG-Maschinenprüfber. 1960 Gr. C/2. S.1-6. 12205.

1-64/02-0712 Anonym. Jahreszusammenstellung 1961. DLG-anerkannte Maschinen und Geräte. DLG-Maschinenprüfber. 1961 Gr. C/3. S.1-6. 12205.

1-64/02-0713 Anonym. Jahreszusammenstellung 1962. DLG-anerkannte Maschinen und Geräte. DLG-Maschinenprüfber. 1962 Gr. C/4. S.1-10. 12205.

XIII. L Ä N D L I C H E S   B A U W E S E N

A. ALLGEMEINES

1-64/02-0714 N e f e d o v, S. Važnejšie voprosy razvitija sel'skogo stroitel'stva. (Die wichtigsten Fragen bei der Entwicklung des ländlichen Bauwesens.) - Architektura SSSR, Moskva 1963 Nr. 6. S. 17-19.

Das schnelle Entwicklungstempo der Landwirtschaft der UdSSR erfordert ein bedeutendes Anwachsen des Bauwesens in Kolchosen und Sowchosen. Dafür werden im laufenden Siebenjahrplan 34 Mrd. Rubel aufgewendet. Zur Erfüllung der Forderungen des November-Plenums des ZK der KPdSU müssen eine Reihe organis.-techn. Maßnahmen durchgeführt werden. Die hohen Stallbaukosten entstehen durch den Bau zu kleiner, unökonom. Wirtschaftsanlagen (z. B. für 100 bis 120 Kühe, 25-30 Sauen, 800-1200 Mastschweine, 3000-5000 Hennen usw.). Es sind deshalb spezialisierte Groß-Wirtschaftsanlagen zu schaffen. Dadurch verringert sich das Farmgelände um 25-30 % und die Kosten pro Tier vermindern sich um 9-12 %. Die Verwendung von Typenprojekten aus Stahlbetonfertigteilen mit 6x6 m Rastermaß führt zur Einschränkung des Typensortiments und zu Universalgebäuden. G.Hutschenreuther. 13005.

1-64/02-0715 B a l t z e r, K. Gebäude als Produktionsmittel in der Veredlung. - Tierzüchter 14 (1962) Nr. 21. S. 780. 782. 13005.

1-64/02-0716 S t e g m a n n, H., G ö t s c h, H. und D u m m e r, H. Die verbesserte Planung der Investitionen für landwirtschaftliche Produktionsbauten im Bezirk und Kreis. - Z. Agrarökon. 6 (1963) Nr. 7. S. 200 bis 203. - 4 Tab., 3 Lit. 13005.

1-64/02-0717 B a l t z e r, Klaus. Der Einfluß von Ernteverfahren verschiedener Mechanisierungsstufen auf die bauliche Gestaltung von Wirtschaftsgebäuden. München-Wolfratshausen: Hellmut-Neureuter-Verlag. 1962. (82 S. m. 18 Abb. u. 26 Tab.) = Schriftenreihe Berichte über Landtechnik Heft 70.

1-64/02-0718 Literatur über die Entwicklungstendenzen im ländlichen Bauwesen. - Hrsg. Instn.: Dtsch. Bauinform. bei der Dtsch. Bauakad., Berlin. (Lit.-Nr.: 6/5 [1963]. Titelanzahl: 38 m. Annotationen. Ber.-Zeit: 1960-1963.)

B. BAUTECHNISCHE GRUNDLAGEN

1-64/02-0719 K u e n z i, Edward W.; Madison, Wis., U.S. Dep. of Agric. Basics of sandwich construction. (Die Grundlagen einer Sandwich-Konstruktion.) - Agric. Engng. 44 (1963) Nr. 3. S. 134-135. - 2 Abb.

Eine Sandwichplatte ist aus verschiedenen Schichten aufgebaut. Sie besteht aus 2 dünnen Verblendungen und einem dicken Kern, der nur eine geringe Masse aufweist. Das Oberflächenmaterial soll feuchtigkeitsabweisend sein, der Kern soll wärmedämmend wirken. Die Eigenschaften verschiedener Fabrikate wurden vom US Forest Products Laboratory untersucht und vom Vf. beschrieben. W.Heinig. 13110d.

1-64/02-0720 A n o n y m. Steel building revolution. (Gebäude aus Stahl für die Landwirtschaft.) - Canad. Farm Implements 60 (1963) Nr. 7. S. 15 bis 17. - 7 Abb.

Gebäude aus Stahl werden für verschiedene Zwecke hergestellt, wie z. B. Bergeräume, Garagen, Unterstellschuppen und Stallungen. Sie können schnell mit betriebseigenen AK errichtet werden. Ihre Konstruktion ermöglicht eine Stützenstellung bis zu annähernd 100 ft. (30,5 m). Eine Erweiterung der Gebäude ist möglich. Sehr vorteilhaft sind auch die Veränderungsmöglichkeiten dieser Gebäude, so daß sie auch der zukünftigen Entwicklung angepaßt werden können. W.Heinig. 13110d.

1-64/02-0721 O d d e n, Norman T., E s m a y, Merle L. und Z i n d e l, H.C. Ventilation air temperature changes in the attic plenum chamber of poultry houses. (Temperaturveränderungen der Ventilationsluft innerhalb des Dachraumes von Geflügelställen.) - Michigan State Univ., agric. Exp. Stat., quart. Bull. 44 (1962) Nr. 4. S. 781-789. - 3 Abb., 3 Diagr.

Ein mech. Lüftungssystem für Geflügelställe, bei welchem die Abluft durch Ventilatoren in der südlichen Stallängsseite abgesaugt wird und Frischluft an der gegenüberliegenden Seite über den Dachraum zuströmt, wurde in Michigan entwickelt und seit 1957 erfolgreich erprobt. Bei der Untersuchung wurden die Temperaturveränderungen der Zuluft während des Durchflusses durch den Dachraum exakt gemessen und im einzelnen analysiert. Wärmeeinstrahlung und Reflexion des Dachmaterials beeinflußten die Temp. der Zuluft am meisten. An sonnigen Tagen betrug der Temperaturanstieg max. 12 °F (6,7 °C), während in klaren Nächten ein max. Abfall von 5 °F (2,8 °C) zu verzeichnen war. Ein bewölkter Himmel setzte den Tagestemperaturanstieg und den Nachttemperaturabfall auf ein Mindestmaß herab. In den meisten Nächten wurden keine oder zeitweilig nur sehr geringe Temperaturabnahmen von 1 - 2 °F (0,6-1,1 °C) beobachtet. Die Außenlufttemp. hatte auf Temperaturveränderungen der Zuluft wenig Einfluß, wenn diese das Dachgeschoß passierte. Der Wärmeverlust durch die gedämmte Stalldecke rief bei voller Nennleistung des Ventilators einen Zulufttemperaturanstieg von ca. 1 °F (0,6 °C) hervor.

J.Strecke. 13120b.

1-64/02-0722 H o r m a n n, Kurt; Dresden, TU, Inst. für Ländl. Bauwes. Wärmedurchgang durch Stallfußböden. - Bauzeitung 17 (1963) Nr. 7. S. 377 bis 381. - 1 Tab., 5 Zeichn., 2 Lit.

In der Sowjetunion wird bei der Berechnung des Wärmehaushaltes von Ställen auch der Wärmedurchgang durch Stallfußböden berücksichtigt. Durch Untersuchungen wurde auch während der kalten Jahreszeit ein Wärmezugang durch den Fußboden in den Stallraum festgestellt. Messungen des Wärmeentzuges durch den Stallfußboden in Tallin ergaben, daß auf Wiese, Einstreu, Holzfußboden und geriffeltem Beton der Wärmeentzug für die Tiere erträglich ist. Den Wärmeentzug aus dem Tierkörper auszuschalten, würde zu hohe Anforderungen an die wärmetechn. Ausbildung des Tierlagers stellen. Ein Fußboden gilt als wärmetechn. ausreichend, wenn die Wärmeabgabe des Tieres an das Lager nach weniger als 30 Min. der Wärmeabgabe des Tieres an die Luft entspricht.

Ch.Schmidt. 13120c.

1-64/02-0723 M o t h e s, E. und B e r g n e r, H.: Berlin, Humboldt-Univ., Inst. für Landwirtsch. Maschinen- und Bauwes.; Potsdam, VEB Hochbauproj.; Berlin, Humboldt-Univ., Inst. für Tierernährungslehre. Wärmeproduktion landwirtschaftlicher Nutztiere in geschlossenen Ställen. - Bauzeitung 17 (1963) Nr. 7. S. 381-384. - 7 Tab., 10 Lit.

Die Wärmeabgabe der Tiere hängt nicht von ihrer Masse, sondern von ihrer Körperoberfläche ab. Kleinere oder jüngere Tiere haben eine rel. größere Körperoberfläche und geben somit je Gewichtseinheit mehr Wärme ab als die größeren und älteren. Es ist demnach völlig abwegig, nur das Durchschnittsgewicht heranzuziehen, wenn man die Wärmeabgabe der Tiere ermitteln will. Es wird empfohlen, die nach Tierart, Massen- und Altersklassen verschiedenen Wärmemengen der Tiere bei der Wärmehaushaltberechnung von geschlossenen Ställen anzuwenden, die in einer Tab. im einzelnen aufgeführt sind.

Ch.Schmidt. 13120c.

1-64/02-0724 B r o c h e r, Erichbernd. Der Einfluß des baulichen Wärmeschutzes auf die Wirtschaftlichkeit verschiedener Heizungsarten. - Elektrizität 13 (1963) Nr. 6. S. 180-183. - 8 Lit. 13120c.

1-64/02-0725 F l e m m i n g, Walter. Stalldecke mit Piathermflockenbelag. - Dtsch. Agrartechn. 13 (1963) Nr. 8. S. 366. 13120c.

1-64/02-0726 Literatur über den Schutz von Beton gegen aggressives Grundwasser. Hrsg. Instn.: Bibliothek Ing.-Schule für Bau- und Straßenwes. Cottbus. (Lit.-Nr.: 69/1963. Titelanzahl: 22 m. Annotationen. Ber.-Zeit: 1945-1963 m. Bestandsnachweisen.)

C. DORF- UND GRÜNPLANUNG

1-64/02-0727 S o b e l, A.T. und B u e l o w, F.H. Galvanized steel roof construction for solar heating. (Verzinkte Stahldachkonstruktion für Sonnenheizung.) - Agric. Engng. 44 (1963) Nr. 6. S. 312-313. 316-317. - 5 Abb., 3 Tab., 11 Lit.

Erwärmte Luft kann in der Landwirtschaft vielseitig verwendet werden. Bereits 10° höhere Temp. als die Außenluft sind ausreichend, um die Trocknung landwirtsch. Produkte zu fördern. Untersuchungen in der Landtechnischen Abt. der Univ. des Staates Michigan zeigten, daß es möglich ist, die Luft, die an der Unterseite von Dächern aus verzinktem Stahlblech vorüberweht, zu erwärmen und diese Wärme auszunutzen. Sehr gut eignet sich für die Erwärmung durch Sonneneinstrahlung eine gewellte Oberfläche. Versuchsanordnung und -auswertung werden vom Vf. näher beschrieben.

W.Heinig. 13220f .

1-64/02-0728 H e r p a y, Imre und P a n k o t a i, Gábor. Mezögazdasági útépítés. (Landwirtschaftlicher Wegebau.) Budapest: Mezögazdasági kiadó. 1963. (180 S.) 8°. (1963 A 791)

1-64/02-0729 S a w i c k i, Władysław. Opory hydrauliczne w cisnieniowych przewodach z rur azbestowo-cementowych. (Hydraulische Widerstände in Druckrohrleitungen aus Asbestzement.) Warszawa: Panstw. wyd. roln. i lesne. 1962. (101 S.) 8°.= Biblioteczka "Wiadomosci IMUZ" Nr. 8. (SR 2913, 8)

D. WOHN-, KULTUR-, GEMEINSCHAFTS- UND VERWALTUNGSBAUTEN

1-64/02-0730 B r e s l a v c e v, D. Novye principy proektirovanija sel'skich žilych domov i obščestvennych zdanij. (Neue Prinzipien bei der Projektierung ländlicher Wohnhäuser und Gesellschaftsbauten.) - Architektura SSSR, Moskva 1963 Nr. 6. S. 19-24. - 18 Zeichn.

Über die Formen des Wohnungsbaues auf dem Lande gehen die Meinungen sehr auseinander. Man muß berücksichtigen, daß 3- bis 5geschossige Häuser Zentralheizung und Kanalisation erhalten müssen. Um diese Einrichtungen überall einbauen zu können, müßte der Bau von Wohn- und Wirtschaftsgebäuden eingeschränkt werden. In Stadtnähe kann man ohne Einschränkung vielgeschossige Häuser bauen, während in den meisten ländlichen Gebieten andere Wege gesucht werden müssen. Es werden 2- und 3geschossige Wohnbauten sowie gesellschaftliche Einrichtungen als Flachbauten beschrieben.

G.Hutschenreuther. 13305.

1-64/02-0731 K u l k e, E. Nutzbare und nicht nutzbare Dächer für Wohnhäuser landwirtschaftlicher Betriebe. - Bauen auf d. Lande 14 (1963) Nr. 5. S. 138-141. - 2 Zeichn., 1 Tab.

Zur Beurteilung, ob das Flachdach im speziell landwirtsch. Bereich besser geeignet ist als das Steildach, werden Fragen der Kosten, des Dachraumes, der laufenden Unterhaltung und des einheitlichen Ortsbildes behandelt. Vf. lehnt Flachdächer, speziell im landwirtsch. Bereich auf dem Dorfe ab, da die Kosten des Flachdaches nicht eindeutig niedriger als die des geneigten Daches sind. Beim Flachdach entfällt die Möglichkeit, Behelfswohnräume im Bodenraum zu schaffen. Außerdem ist das Flachdach im Schichtaufbau komplizierter als das geneigte Dach und erfordert zur Unterhaltung erfahrene Fachkräfte.

H.Finsterbusch. 13310a.

1-64/02-0732 R e i c h e r t, Wilhelm. Die soziale und wirtschaftliche Umstellung des Bauerntums und ihr Einfluß auf die Gestaltung des Bauernhauses. - Förderungsdienst /Wien/ 11 (1963) Nr. 8. S. 268-271. 13310c.

1-64/02-0733 Wir bauen mit den Frauen. Der Wohnteil im Bauernhof von heute u. morgen aus d. gemeinsamen Sicht von Architekten, Landbaumeistern. Referate d. Vortragstagung d. DLG-Landfrauenabt. i. Zusammenarbeit mit d. Dt. Landfrauenverb. am 8. Sept. 1961 in Stuttgart. Frankfurt/Main: DLG-Verl. 1962. (152 S.) 8° = Arbeiten der DLG. Bd 78. (SR 93, 78)

F. GEHÖFTPLANUNG

1-64/02-0734 A n o n y m. Ackerbaubetrieb mit intensiver Viehhaltung. - Bauen auf d. Lande 14 (1963) Nr. 4. S. 94-96. - 3 Zeichn. 13510.

1-64/02-0735 A n o n y m. Grünlandhof im Familienbetrieb. - Bauen auf d. Lande 14 (1963) Nr. 4. S. 98-100. - 1 Abb., 4 Zeichn. 13510.

1-64/02-0736 A n o n y m. Veredlungsbetrieb mit vielseitiger Viehhaltung. - Bauen auf d. Lande 14 (1963) Nr. 4. S. 100-104. - 10 Zeichn.

Es wird über Gebäudezuordnung, Konstruktion, Innenausbau und Mechanisierung einer neu errichteten Wirschaftsanlage für 50 ha LN berichtet. Dazu werden die Wirtschafts- und Wohngebäude beschrieben und zeichnerisch dargestellt.

Die Anlage wurde erweiterungsfähig im gelockerten Kammsystem gebaut. Der Schweinemaststall ist 4reihig mit jeweils mittlerem Kotgang, Spaltenboden, Schwemmentmistung und giebelseitiger Güllegrube angelegt. Pumpfähiges Futter gelangt über Rohrleitungen vom Futteraufbereitungsraum, der mit dem Getreidesilo gekoppelt ist, in die Tröge. 2reihig strohlos auf Kurzständen sind die Rinder an einem mittleren befahrbaren Futtertisch aufgestallt. Die Ausbringung des Dunges erfolgt ebenfalls durch Schwemmentmistung. Für die Wanderschäferei sind Tieflaufställe mit Bergeräumen und Silos für die Wintermonate vorgesehen. H.Finsterbusch. 13510.

1-64/02-0737 A n o n y m. Ein Frontladerhofß - Bauen auf d. Lande 14 Nr. 4. S. 114-115. - 4 Zeichn. 13510.

1-64/02-0738 C o l l y e r, D.D. Modern farm buildings for smallholders. (Neue landwirtschaftliche Gebäude für Kleinbetriebe.) - Agriculture /London/ 70 (1963) Nr. 5. S. 210-214. - 4 Abb.

Diesen Gebäuden liegt das Prinzip der Veränderlichkeit zugrunde. Das setzt voraus, daß in dem Gebäude keine Hindernisse vorhanden sind, damit die Maschinen freie Durchfahrt zum Beladen, Reinigen, Füttern oder für andere Arbeiten haben. Das Skelett dieser Gebäude ist aus Stahl oder Beton gefertigt. Die Höhe bis zur Traufe liegt zwischen 9 (2,74 m) und 12 ft. (3,66 m). W.Heinig. 13510.

1-64/02-0739 A n o n y m. Ėksperimental'nyj proekt planirovki sovchoza. - (Experimentalplanung eines Sowchos.) - Architektura SSSR, Moskva 1963 Nr. 6. S. 25. - 1 Abb., 1 Zeichn.

Von mehreren Inst. wurde die Planung des Sowchos "Pobeda" im Gebiet Moskau bearbeitet, die 1964 ausgeführt werden soll. Die Siedlung gliedert sich in Wohngebiet und Wirtschaftsanlage. Es werden einige Angaben über Einsparungen gemacht, die durch die komplexe Planung entstanden. G.Hutschenreuther. 13520.

1-64/02-0740 K u d l á č e k, Antonín und Č e r m á k, Jan. Uplatnění tradičních zemědělských staveb ve velkovýrobních provozech. (Nutzung traditioneller landwirtschaftlicher Gebäude in Großbetrieben.) Praha: Státní zeměd. naklad. 1963. (94 S.) 8°. (1963 A 824)

G. BAUTEN FÜR DIE TIERHALTUNG

1-64/02-0741 A n o n y m. Warme Stallböden und Bodenbelag. - Dtsch. landtechn. Z. 14 (1963) Nr. 1. S. 4. - 1 Abb.

Einstreulose Aufstallungen setzen warme und trockene Liegestätten für die Tiere voraus. Außerdem wird ein trittfester Fußboden verlangt. Der Unterbau des Stallbodens soll eine 20-25 cm starke Packlage aus grobem Stein erhalten. Darauf kommt eine Schicht Schotter (5 cm), die ohne Mörtel festgerammt werden soll. Auf diesen Unterbau wird eine 10 cm starke Schicht aus Magerbeton aufgetragen und darauf Estrich oder Bodenplatten verlegt. Vf. berichtet weiterhin von der Aufbringung von Spezial-Fußbodenbelägen. Gummiplatten als Stallbodenbelag haben etwa 15 mm Stärke und sind geriffelt. Sie werden aufgeklebt oder mit Stahlstiften angenagelt. W.Heinig. 13605.

1-64/02-0742 J a n a č, Karol. Hodnotenie mikroklímy viacradových kravínov z unifikovaných konštrukcií v zimnon období na južnom Slovensku. (Mikroklimabewertung mehrreihiger, aus unifizierten Konstruktionselementen gebauter Kuhställe während des Winters in der Südslowakei.) - Zemědělská Techn. 9 (1963) Nr. 2. S. 147-164. - 11 Abb., 1 Tab., 13 Lit. Zus. in Russ., Franz., Dtsch.

In der ČSSR werden neue Kuhstalltypen projektiert, die aus Fertigteilen zu errichten sind, welche man auf der Baustelle herstellt. In einem so gebauten 4reihigen Kuhstall mit 176 Plätzen wurde das Stallklima untersucht. Danach eignet sich dieser Stall gut für die südslowakischen Verhältnisse.

ČSSR/ÚVTI. 13615b.

1-64/02-0743 G a n s k e, W. Vorzugsmilchbetrieb in Berlin-Rudow. - Bauen auf d. Lande 14 (1963) Nr. 5. S. 134-136. - 2 Abb., 2 Zeichn.

Ein Milchviehstall mit Milchhaus und in Verlängerung der Futterachse angebautem Futterturm wurde als Vorzugsmilchlieferbetrieb eingerichtet. Bei 13,20 m Spannweite sind die Kühe 2reihig an einem mittleren befahrbaren Futtertisch auf Kurzständen ohne Einstreu aufgestallt. Die Dunggänge sind für Frontlader mit angebauter Dungschaufel durchfahrbar. Im Futterturm werden importiertes Heu und täglich anfallende Abfallfuttermittel gelagert. Entlüftet wird der Stall durch 4 Schraubenlüfter in der Nordwand. Die Tiere werden in Gruppen zu 16 im Fischgrätenmelkstand gemolken und erhalten dabei eine Kraftfuttergabe. Über Kühlaggregate und die automatische Abfüllstation gelangt die Milch zum Kühlraum bzw. zur Auslieferung. Damit die Milchgewinnung und -verarbeitung für den Abnehmer sichtbar ist, wurde die Westseite des Milchhauses mit einer Glasfläche versehen.

H.Finsterbusch. 13615b .

1-64/02-0744 B e r g e r, M., R e i c h e l t, H.;Leipzig, Karl-Marx-Univ., Inst. für Landwirtsch. Bauwes. und Dorfgestalt. Milchviehanbindestall mit strohloser Aufstallung und Güllewirtschaft im Gebirge. - Bauzeitung 17 (1963) Nr. 6. S. 307-308.; Nr. 7. S. 375-377. - 4 Zeichn., 6 Lit.

Die Notwendigkeit einer einstreuarmen oder strohlosen Stallwirtschaft in Weidebetrieben führte nach eingehenden Untersuchungen zum Bau eines Milchviehanbindestalles für 60 Tiere mit strohloser Aufstallung und Güllewirtschaft in der LPG "Traktor" Lauterbach, Kr. Marienberg/Erzgeb. Der Stall wurde an eine vorhandene Scheune mit Hocheinfahrt und an einen alten Kuhstall angebaut. Die Stalleinzelheiten, wie z.B. der eingebaute Kurzstand mit Gitterrostabdeckung des Schwemmentmistungskanales, die Gülleanlage sowie die Gruppenanbindevorrichtung der Tiere werden ausführlich erläutert.

Ch.Schmidt. 13615b.

1-64/02-0745 M e n z e l, W. Gitterrostaufstallung im Kuhstall "System Stichelsdorf". - Dtsch. Landwirtsch. 14 (1963) Nr. 7. S. 344-346. - 3 Abb., 3 Tab.

Aus Gründen der Streustroheinsparung ging man im VE Lehr- und Versuchsgut Stichelsdorf der Martin-Luther-Univ. Halle-Wittenberg zur einstreulosen Aufstallung auf 22 mm starken Gummimatten (Waffelprofil) mit Gitterrosten und Grabner-Ketten-Anbindung über. Die Standlänge beträgt 1,35 bis 1,55 m (bei 1,60 m war der Verschmutzungsgrad der Kühe zu hoch). Die anschließende Schwemmrinne ist 80 cm breit, deren max. Tiefe 60 cm. Stahlroste bewährten sich nicht. Daher wurden Kunststoff-(PVC)Roste entwickelt. 30 mm starke PVC-Vollstäbe wurden im Abstand von 7,4 cm in 40/10 mm aufgebohrte Flachstähle eingeschoben; der Abstand letzterer betrug 35 cm. Zur Unterstützung der Flachstähle wurden aller 17,5 cm 18-mm-Rundeisen angeschweißt. Länge der Roste: 1,50 m. 4 Rinnen von je 15 Kühen führen in einen 400-mm-Tonrohrsammelstrang, der vor dem Stall in eine Grube von 1,60 m Dmr. und 2,50 m Tiefe führt. Darin befindet sich eine Tauchpumpe (80 m^3/h) mit Schneidwerk, welche die Gülle in 2 Rührwerkgruben (128 m^3 Lagerraum) umpumpt. Der tägl. Gülleanfall beträgt je Kuh 0,08 m^3. Die Gülle kann mittels Fäkalienwagen (214 AKh/40 Kühe) bzw. Dreikolbenpumpe (50 m^3/h; Hölz), Beregnungsleitung und Güllewerfer (75 AKh/40 Kühe) verteilt werden. Durch den Umbau (600 DM/Kuh) verringerte sich der tägl. Arbeitsaufwand von 24,41 auf 15,84 AKmin/Kuh, bzw. es werden Einsparungen (Streustroh und Lohn) von 242,58 DM/Kuh und Jahr erzielt. E.Kulpe. 13615b.

1-64/02-0746 A n o n y m. Kurzstandaufstallung ohne jegliche Einstreu, mit Kotkanal und Frischluftzuführung unter dem Futtergang im Anbindestall. - Dtsch. Agrartechn. 13 (1963) Nr. 8. S. 365-366. - 1 Abb. 13615b.

1-64/02-0747 A n o n y m. Ein Laufstallhof mit automatisierter Fütterung. - Bauen auf d. Lande 14 (1963) Nr. 4. S. 111-112. - 1 Abb., 5 Zeichn.
Es wird ein Laufstallhof für einen 18,5-ha-Betrieb mit ausgedehnter Rindviehhaltung gezeigt. Die Anlage gliedert sich in 2 gegenüberliegende Liegehallen mit Strohbergeräumen an den Rückfronten, befestigte Laufflächen und in der Mitte liegende überdachte Freßstände. Eine Futterschnecke bringt das Futter vom Harvestore-Silo zu den Freßständen. Gemolken wird in einem Fischgrätenmelkstand mit 2 mal 3 Ständen. Entmistet werden die Liegehallen mit dem Frontlader, die Laufflächen mit dem am Frontlader angebauten Schiebeschild bzw. mit angebauter Schub- und Lademulde. Die Wirtschaftsgebäude sind eingeschossig, nur das Melkstandgebäude hat ein Obergeschoß, welches als Schüttboden genutzt wird. H.Finsterbusch. 13615c.

1-64/02-0748 R e i s c h, F. Ein neuer Grünlandhof. - Bauen auf d. Lande 14 (1963) Nr. 5. S. 121-125. - 4 Abb., 4 Zeichn.
Es wird ein Beispiel für strohlose Haltung von Rindvieh im Mehrraumstall mit Futterhof gezeigt. Die Tiere werden in Kaltställen, in mit Torfmull eingestreuten Liegebuchten gehalten. Diese Liegehallen wurden in Holztafelbauweise errichtet. Dazu gehören Melkstandgebäude, überdachter Freßstand, Laufhof und eine Güllegrube mit 3 m^3/GV. Die Wirtschaftsgebäude wurden eingeschossig angelegt und in U-Form um die Futteranlage gruppiert. Diese besteht aus Heuturm, Gärfutterbehälter und Freßstandanlage. Gärfutter und Heu werden an ein und derselben Futterachse durch eine mech. Futterverteilungsanlage den Tieren am Freßstand zugeführt. Es werden die Betriebsorganisation und der daraus resultierende Aufbau der Hofanlage sowie deren Mechanisierung beschrieben. Die Bau- und Mechanisierungskosten betrugen 1963 3506,- DM/GV.
H.Finsterbusch. 13615c.

1-64/02-0749 H i l l e n d a h l, W. Rinderlaufstall - einmal anders. - Bauen auf d. Lande 14 (1963) Nr. 5. S. 130-134. - 5 Abb., 2 Tab., 2 Zeichn., 1 Lit.

Aus den beiden bisher üblichen Laufstallarten wurde ein neuer Innenausbau eines Laufstalles entwickelt. Als Liegeplatz dient ein eingestreuter Tieflaufstall. Davor liegt der Freßplatz längs der Krippe über einer mit Spaltenboden überdeckten Kotsammelgrube. Sie ist für den Schlepperfrontlader vom Giebel her durchfahrbar, wenn die Eichenbohlen des Spaltenbodens abgenommen sind. Der Kot lagert 115-120 Tage. Bei dieser Aufstallung muß lediglich tägl. 2 mal gefüttert und wöchentlich 2 mal die Liegefläche eingestreut werden. Bei doppelseitigem Futtertisch wird die arbeitsgerechte Lagerung der Einstreu verteuert und das Aufklappen der Spaltenbodentafeln erschwert. H.Finsterbusch. 13615c.

1-64/02-0750 H e n c k e, Otto. Der Entschluß zum Offenstall. - Mitt. dtsch. Landwirtsch.-Ges. 78 (1963) Nr. 23. S. 655-656.

Eine genaue Berechnung, die vor dem Neubau eines Kuhstalles im Betrieb des Vf. aufgestellt wurde, führte zu dem Ergebnis, daß der Harvestore-Silo mit Laufstall und Melkstand im Vergleich von Aufwand und Ertrag durchaus neben anderen Stallbauformen bestehen konnte. Man entschloß sich deshalb für die Offenstallhaltung. Es war ein 8 m breites Schleppdach zu bauen, das an einer 24 m langen Scheunenwand angehängt ist. Die Vorderseite nach Westen zur Hauptwindrichtung blieb offen, die anderen Seiten wurden verbrettert. Die Tiere zogen diesen Raum vor, obwohl sie durch eine Tür an der Südseite auch Zugang zu einer allseitig geschlossenen Strohdachscheune hatten. Die Kühe haben den Winter 1962/63 glänzend überstanden, ohne daß die Milchleistung absank. Es wurden jedoch im Schnitt 1 kg Kraftfutter je Tier und Tag zusätzlich gegeben. Gärheu haben die Tiere ganztägig zur Verfügung. Die Faustzahl 10 m^3/GV Siloraum wird als zu gering angesehen; es werden 12 m^3 empfohlen. Krankheiten, die auf Erkältungen oder Unterkühlungen zurückzuführen wären, sind nicht aufgetreten. W.Gratz. 13615c.

1-64/02-0751 R e i s c h, Fr. Alte Stallgebäude werden wieder interessant! - Tierzüchter 14 (1963) Nr. 23. S. 855-857.

An einem Beispiel wird erläutert, wie ein altes Stallgebäude ohne allzu großen Kostenaufwand in den Produktionsprozeß eines modernen Betriebes eingefügt wurde. Der Altstall für 52 Milchkühe einschließlich Jungvieh sah seitliche Futtertische und einen mittleren Mistgang vor. Er hatte Mittellangstände, deckenlastige Lagerung von Rauhfutter und Stroh; Silos und Düngerstätte waren außerhalb des Gebäudes. Zur wirkungsvollen Verbesserung der Arbeitswirtschaft entschied man sich für die Einrichtung eines Mehrraumstalles mit Melkstandanlage. Der Stall ist in eingestreuten Liegeplatz und in nicht eingestreuten Lauf- und Freßplatz unterteilt. Auf dem Freßplatz steht ein runder Silagefreßtisch für 14 bis 18 Milchkühe, der von den vorhandenen Hochsilos mittels Greifer über Abwurfschacht beschickt wird. Durch eine Zwischenwand sind 10 Freßstände für Rauhfutter, das deckenlastig lagert und in Selbstfütterungskrippen vorgelegt wird, geschaffen. Zwischen Liege- und Freßplatz ist ein Fischgrätenmelkstand (8 Stände) mit Milchkammer und Kraftfutteranlage neu gebaut. Der Liegeplatz wird mittels Frontlader, der Freßplatz mittels Schwemmkanal entmistet. W.Gratz. 13615c.

1-64/02-0752 D a n n e m a n n, Heinz, F i s c h e r, Herbert und S c h u l z e, Friedrich. Ein neuer Stall für die Kälberaufzucht. - Bauzeitung 17 (1963) Nr. 8. S. 435-437. - 4 Zeichn.

Die Kapazität des Stalles entspricht einer Milchviehanlage von 540 Kühen, 74 Tränkkälber stehen in Einzelboxen, 102 Absatzkälber in Sammelboxen mit je 10 Plätzen. Der Stall wird als Offenstall bewirtschaftet. An der Rückseite sind die Einzelboxen, an der Vorderseite die Sammelboxen angeordnet. Sie unterteilen sich in Standfläche, Liegefläche und den befestigten Auslauf. Eine eingebaute Warmzelle nimmt Milchaufbereitungs- und Reinigungsraum auf. Bis auf die Warmzelle wird der Stall mit vorgefertigten Bau-Elementen in Mastenbauweise errichtet. H.Wanka. 13615e.

1-64/02-0753 K o l l, Franz. Schweinestallausbau in alten Gebäuden. - Prakt. Landtechn. /Wien/ 16 (1963) Nr. 2. S. 23-25. - 3 Zeichn.

Zur Erzielung guter Zucht- und Marktleistungen sind trockene, gut lüftbare und verhältnismäßig warme Räume erforderlich. In hohen Räumen lassen sich für Mastschweine erstrebenswerte Klimaverhältnisse durch eine Zwischendekke erreichen. Die aus Stangen, Drahtgeflecht und Strohauflage bestehenden Zwischendecken werden unmittelbar über den Tieren angebracht und je nach Tiergröße versetzt. Die Decke soll die Tiere am Aufkrümmen des Rückens hindern, so daß die Schweine Harn und Kot auf dem Kotplatz absetzen. Der Kotplatz befindet sich bei größeren streulosen Ställen zweckmäßig außerhalb des Stalles. Es wird empfohlen, wenige größere statt vieler kleiner Buchten einzurichten. An Buchtenfläche benötigen die Tiere bei einer Lebendmasse von 10-25 kg = 0,30 m^2, bei 25-50 kg = 0,45-0,50 m^2, bei 50-80 kg = 0,55-0,70 m^2. Bei Zuchtbuchten muß die Zwischendecke etwa 2 m über dem Bodenbelag eingezogen werden. Muttersau- und Ferkelbuchten sollten nicht direkt an der Außenmauer liegen. W.Gratz. 13625a.

1-64/02-0754 H i n k l e, C.N. und Y o u n g, H.G. A new approach to swine shade construction. (Schattendächer für Schweineweiden.) - South Dakota State Coll., Bull. 1961 Nr. 495. S. 1-11. - 2 Abb., 5 Zeichn.

Es wird der Aufbau von Schattendächern beschrieben, bei denen biegesteife Holzkonstruktionen an Stahlmasten auf unterschiedliche Weise befestigt wurden. Als Dachhaut fanden verzinktes Stahlblech, Aluminiumblech, imprägniertes Sperrholz sowie Polyäthylenfolie Verwendung. Während der 3jährigen Erprobungszeit haben sich die Bleche und Sperrholzkonstruktionen besser bewährt, als die Kunststoffbespannung. Die Dachkonstruktion ist im ganzen abnehmbar, sie kann leicht versetzt bzw. im Winter gestapelt werden.
H.Wanka. 13625d.

1-64/02-0755 H u i s m a n, L.H.; Wageningen, Inst. voor Landbouwbedrijfsgebouwen. Beschouwingen betreffende de boerderijbouw in de V.S.A. VIII. (Betrachtungen über Betriebsgebäude in den USA. 8. Mitt.) - Landbouwmechanisatie 14 (1963) Nr. 7. S. 607-609. - 7 Abb. 7. Mitt. vgl. nachst. Ref.

Der Prokopfverbrauch an Geflügelfleisch ist in den USA von ca. 7 kg jährlich in den Jahren 1935-1939 auf ca. 16 kg im Jahre 1959 gestiegen. Für die Broilermast werden vorwiegend Großställe (10000-26000 Tiere) verwendet.

Für die Versorgung von 20000 Tieren wird 1 AK benötigt. 40 % der Broilerproduktion befinden sich in den Südstaaten Arkansas und Georgia. Infolge der günstigen Klimaverhältnisse kann hier die Wärmedämmung beim Bau der Ställe vernachlässigt werden. Die Ställe sind mit mech. Lüftung und mit automatischen Fütterungs- und Tränkanlagen versehen. Als Besonderheit werden Folienställe erwähnt, in denen gegenüber der Außenluft ein geringer Überdruck herrscht. Diese Stallbauten sind mit Klimaanlagen ausgestattet.
L.Machler. 13635d.

1-64/02-0756 H u i s m a n, L.H.; Wageningen, Inst. voor Landbouwbedrijfsgebouwen. Beschouwingen betreffende boerderijbouw in de V.S.A. VII. (Betrachtungen über Betriebsgebäude in den USA. 7. Mitt.) - Landbouwmechanisatie 14 (1963) Nr. 6. S. 469-473. - 9 Abb. 6. Mitt. vgl. 1-64/01-0578.
Der Prokopfverbrauch an Eiern betrug 1959 in den USA 353 Stück. Die Haltung in Großställen ist weitgehend mech., so daß 1 AK 6000 Legehennen versorgen kann. Das Füttern geschieht in den meisten Farmen automatisch, vorwiegend mit Hilfe von Futterketten. Auch halbautomatische Vorratsfütterung ist üblich. Das Futter wird lose in Silos gelagert. Das Einsammeln der Eier geschieht vorwiegend noch von Hand. Anlagen mit Förderbändern zum Einsammeln sind entwickelt. In Großbetrieben werden Eier zur Waschanlage transportiert, anschließend mit Öl besprüht, sortiert, gekennzeichnet, verpackt und in Kühlräume gelagert.
L.Machler. 13635f.

1-64/02-0757 Č a j k i n a, Tat'jana Georgievna. Postrojki dlja gruppovogo soderžanija skota. (Bauten für die Gruppenhaltung des Viehes.) - Moskva: Izd. Minist. sel'skogo chozjajstva RSFSR. 1962. (134 S.) 8°. (1963 A 1003)

1-64/02-0758 K u z n e c o v, S.V. Bauwesen und Mechanisierung. Spaltenböden im Kuhstall. -Aus: Životnovodstvo, Moskva 1963 Nr. 1. S. 69-70. (Übers. aus d. Russ., Maschinenschr. vervielfält.) - TO 660.

1-64/02-0759 K n a p, Jan und J e l í n e k, Tomas. Úprava mikroklimatu stájí pro prasata a výpočty tepelné bilance a větrání. (Gestaltung des Mikroklimas in Schweineställen und Berechnung der Wärmebilanz und Lüftung.) Praha: Ústav vědeckotechn. informací MZLVH. 1963. (36 S.) 8° = Metodiky pro zavádění výsledku výzkumu do praxe Nr. 4. (SR 2716, 1963,4)

1-64/02-0760 Musterblätter "Hühnerställe". Kassel: ALB-Hessen. 1963. 4°. (1963 B 142)

1-64/02-0761 G e r g e l y, Béla. Baromfiólak és tenyésztési eszközök készitése, hasznalata. (Bau und Benutzung von Geflügelställen.) Budapest: Mezögazdasági kiadó. 1963. (274 S.) 8°. (1963 A 789)

H. BAUTEN FÜR DIE VORRATSHALTUNG UND KONSERVIERUNG

1-64/02-0762 O l l i e r. und C a l e s. Commode et évolutif tel veut être le futur marché de Rungis. (Die Planung eines Groß-Umschlagplatzes für Nahrungsmittel.) - Génie rural 56 (1963) Nr. 6. S. 355-365. - 3 Abb., 3 Zeichn.

Zahlenmäßig wird die Entwicklung des Umschlages für Obst, Gemüse, Milchprodukte, Eier, Fische und Austern für Paris bis 1990 belegt. Auf der Basis dieser Angaben wird der Aufbau des Umschlagplatzes unter Berücksichtigung der handelsmäßigen und ökonom. Interessen sowie der Eisenbahn- und LKW-Transportbedingungen erläutert. Der größte Teil der überbauten Flächen wird dabei für den Obst- und Gemüsehandel benötigt, während sich der Handel mit Butter, Quark, Eiern und Meeresprodukten mit je einem Fünftel dieser Flächen begnügt. Eine technolog. Skizze erläutert die Beziehungen der einzelnen Umschlagreviere und der Nebenanlagen zueinander, der Typ einer Gemüsehalle wird dargestellt. H.Wanka. 13705.

1-64/02-0763 H u i s m a n, L.H. Beschouwingen betreffende de boerderijbouw in de V.S.A. IX. (Betrachtungen über Betriebsgebäude in den USA. 9. Mitt.) - Landbouwmechanisatie 14 (1963) Nr. 8. S. 703-707. - 11 Abb. 8. Mitt. vgl. 1-64/02-0755. 13705.

1-64/02-0764 R a n s o m, W.H.; Watford, England, Building Res. Stat. Storage of crops in the tropics. (Getreidelager in den Tropen.) - Wld. Crops 13 (1961) Nr. 11. S. 425-428.
Die Lagerbauten müssen dem Getreide Schutz gegen tierische Schädlinge sowie optimale Bedingungen im Hinblick auf Luftfeuchtigkeit und Temp. bieten. Bei der Standortwahl ist die Bodenbeschaffenheit zu prüfen, termitengefährdete Baustellen sollten vermieden oder der Boden vorher mit Gift getränkt werden. Als Fußboden empfiehlt sich Beton, dem unter Umständen Härtezusätze beizumengen sind. Die Wände können mit Asbestbetonplatten, verzinktem Stahlblech oder Aluminiumblechen verkleidet werden, wobei sich in den Tropen Aluminium am besten bewährt hat. Stahlbeton bewährt sich dann, wenn die Bewehrung ausreichend dicht mit Beton ummantelt ist. Als Dachhaut können Asbestbeton- oder Metallplatten verlegt werden. Betonflachdächer benötigen jedoch zusätzliche Auflagen, die das tropische Sonnenlicht reflektieren.
H.Wanka. 13715.

1-64/02-0765 A n o n y m. Der Ein-Mann-Speicher im VEG Petkus. - Wiss.-techn. Fortschr. Landwirtsch. 4 (1963)Nr. 6. S. 271-273. - 8 Abb. 13715.

1-64/02-0766 B r e m e r, Kurt. Förderung der Kartoffellagerung unter Dach. - Kartoffelbau 13 (1962) Nr. 12. S. 266-267. - 4 Diagr.
In größerem Umfange werden in der Landwirtschaft Kartoffellagerhäuser benötigt, die durch Ein- oder Umbau vorhandener Wirtschaftsgebäude, aber auch durch An- oder Neubauten zu schaffen sind. In diesem Gebäude müssen die von Sammelrodern geernteten Kartoffeln mit Fördermitteln in einen Raum gebracht werden, dessen Ausmaße, Dämmung und Belüftung allen neuzeitlichen Anforderungen vollauf entsprechen. Dazu gibt Vf. ein Beispiel für den Einbau einer Kartoffelscheune in eine Feldscheune. In der Scheune wurden für die Einlagerungsmenge von 280 t 8 Boxen eingebaut. In einem weiteren Beispiel wird der Einbau von 4 Boxen in geschlossener Form in einer vorhandenen Hofscheune gezeigt. Zu den Beispielen gibt Vf. eine kurze Baubeschreibung und einen Baukostenüberschlag. W.Heinig. 13725.

1-64/02-0767 D e n i e l, J. L'entreposage des pommes de terre. (Kartoffellagerhaus.) - Génie rural 56 (1963) Nr. 6. S. 373-377. - 4 Abb., 2 Tab.
Auf der Basis holländischer Erfahrungen werden die Bedingungen für die Lagerung der Kartoffeln mitgeteilt. Wärmedämmung und Lüftung sind als wichtige Faktoren herausgestellt, wobei Bodenluftkanäle mit kombinierter Frisch-

luft- bzw. Umluftführung erwähnt werden. Im Hause selbst sollen Lagerboxen und ein Sortierraum eingebaut werden. H.Wanka. 13725.

1-64/02-0768 T h i e l, R. Praktischer Einsatz von Temperaturregelungsanlagen in Kartoffellagerräumen. - Kartoffelbau 14 (1963) Nr. 8. S. 202-205. - 6 Abb. 13725.

1-64/02-0769 A n o n y m. Silobau einmal etwas anders. - Dtsch. landtechn. Z. 14 (1963) Nr. 1. S. 14-16. - 7 Abb.
Vf. berichtet von den Vorzügen eines quadratischen Silos. Diese lassen sich leichter bauen, Wand an Wand nebeneinanderstellen, als Innensilo im Gebäude einfügen und können somit die seitliche Begrenzung von Hocheinfahrten bilden. Dadurch kann man Silogut mit dem Hecklader oder Kippwagen einbringen und benötigt keine zusätzlichen Einrichtungen. Die Silos haben abgeschrägte Ecken. Dadurch wird die einzige wesentliche Gefahrenquelle für ein Schlechtwerden der Silage weitgehend ausgeschaltet. W.Heinig. 13735a.

1-64/02-0770 R a b i t s c h, Joseph. Das Harvestore-System gewinnt weiter an Bedeutung. - Dtsch. landtechn. Z. 14 (1963) Nr. 1. S. 1-3. - 6 Abb.
Bereits 1959 wurden die ersten 3 Harvestore im Bundesgebiet aufgestellt. Jetzt stehen 161 Silos dieser Art. In einigen Betrieben wird während des ganzen Jahres Silage an die Rinder verabreicht. Der Einsatz des Harvestore-Silos wird für Betriebe empfohlen, die mindestens 25 GV besitzen. Der Hersteller rechnet mit Baukosten in Höhe von 2000 DM/GV bei Mastvieh und setzt einen funktionstüchtigen Betrieb voraus. Ein bes. Bestandteil des Harvestore-Systems ist die Fütterungsautomatik. Das System kommt in Verbindung mit Offenställen, aber auch mit Anbindeställen zum Einsatz.
W.Heinig. 13735b.

1-64/02-0771 Literatur über den Bau von Getreidesilos. Berichtsz.: 1953 bis 1963. Hrsg. Instn.: Ingenieurschule für Bau- und Straßenwesen, Bibliothek, Cottbus. (Lit.-Nr.: 52/1963. Titelanzahl: 18 m. Annotationen.

1-64/02-0772 W i l s o n, A.R. and T w i s s, P.T.G. Bulk storage of potatoes in buildings. (Kartoffellagerung in Gebäuden.) London: H.M.S.O. 1954. (14 S.) 8° = Fixed equipment of the farm. Leaflet 24. (SR 3031, 24)

1-64/02-0773 W i l s o n, A.R. and T w i s s, P.T.G. Buildings for bulk storage of potatoes. (Kartoffellagerhäuser.) Rev. 1961. London: H.M.S.O. 1961. (15 S.) 8° = Fixed equipment of the farm. Leaflet No. 24. (SR 3031, 24)

K. EINSTELLRÄUME UND WERKSTÄTTEN

1-64/02-0774 S t ä d t l e r, M. Bemessung von Unterstellräumen für landwirtschaftliche Maschinen. Teil 1. - Bauzeitung 17 (1963) Nr. 8. S. 437 bis 440. - 2 Diagr., 3 Tab., 11 Lit.
Es wurden Richtzahlen für den Flächenbedarf ermittelt, die unter Beachtung der Unterstellwürdigkeit der einzelnen Maschinen und Geräte auch vom

Betriebstyp abhängen. Bei der Festlegung des Abstellflächenbedarfs je ha LN wurde der voraussichtliche Bedarf für 1965 bzw. 1970 zugrunde gelegt. Weiterhin werden optimale Maße von Unterstellschuppen mitgeteilt. Die Abhandlung wird fortgesetzt. H.Wanka. 13915.

L. AUSSTELLUNGEN, TAGUNGEN, VORFÜHRUNGEN, REISEN, ÜBERSICHTEN

1-64/02-0775 K n i e l y. "Erfahren" - in Schweden. - Dtsch. landtechn. Z. 14 (1963) Nr. 1. S. 27-29. - 10 Abb.
In der Regel herrscht in Schweden der Einzelhof vor. Angestrebt werden Betriebsgrößen von durchschnittlich 30 ha arrondiertem Land. Es gibt verhältnismäßig wenig Neubauten. Dafür sind aber sehr viele Einrichtungen vorhanden, die auch alte Gebäude für neuzeitliche Betriebsweise geeignet machen. Größere Güter, in denen sich kostspielige Anlagen lohnen, sind hochmechanisiert, um dadurch eine Verbilligung der Produktion und vor allem eine Einsparung an Arbeitskraft zu erreichen. W.Heinig. 13960.

Redaktionsschluß: 23. 11. 1963

Herausgeber: Deutsche Demokratische Republik · Deutsche Akademie der Landwirtschaftswissenschaften zu Berlin, Institut für Landwirtschaftliche Information und Dokumentation, Berlin W 8, Krausenstraße 38/39; Fernsprecher: 22 51 61. Chefredakteur: Dr. Ursula Wittbrodt, stellvertretender Chefredakteur: Dr. Werner Kleeberg, Berlin W 8, Krausenstraße 38/39; Fernsprecher: 22 51 61. Redaktion der Abteilung I – Landtechnik: Dr. Joachim Güssefeldt. Verlag: Akademie-Verlag GmbH, Berlin W 8, Leipziger Straße 3–4; Fernsprecher: 22 04 41, Telex-Nr. 011 773, Postscheckkonto Berlin 350 21. Bestellnummer dieses Heftes: 1030 I–X/2. Das Landwirtschaftliche Zentralblatt, Abt. Landtechnik, erscheint jährlich in 9 Heften. Einzelheft DM 20,–; einseitig bedruckte Ausgabe DM 24,–. Jahresbezugspreis DM 180,–; einseitig bedruckte Ausgabe DM 216,– einschließl. Autoren- und Sachregister, zuzüglich Porto- und Versandkosten. Gesamtherstellung: VEB Druckerei „Thomas Müntzer" Bad Langensalza. Veröffentlicht unter der Lizenznummer 1289 des Presseamtes beim Vorsitzenden des Ministerrates der Deutschen Demokratischen Republik

Umrechnung von brit. und amerik. Maßen in metrische Maße

(Stand 1. 1. 1960)

Längenmaße

1 in.	25,4	mm
1 ft.	30,5	cm
1 yd.	91,44	cm
1 mile (stat.)	1609,34	m

Geschwindigkeitsmaße

1 ft.p.m.	0,0051	m/s
1 m.p.h.	0,447	m/s
	1,609	km/h

Flächenmaße

1 sq.in.	6,452	cm^2
1 sq.ft.	929,03	cm^2
1 sq.yd.	0,836	m^2
1 acre	0,405	ha
1 sq.mile	2,59	km^2

Raummaße

1 cu.in.	16,39	cm^3
1 cu.ft.	28,32	l
1 cu.yd.	0,7646	m^3
1 acrefoot	1233,48	m^3
1 reg.ton	2,8317	m^3
1 Imp.gal.	4,5460	l
1 USA gal.	3,7854	l
1 bu. (Brit.)	36,368	l
1 bu. (USA)	35,242	l
1 qt.	0,291	l
1 pt.	0,568	l
1 liquid oz.	35,5	cm^3
1 liquid gal. (Brit.)	4,546	l
1 liquid gal. (USA)	3,785	l
1 petr. barrel	1,588	hl

Gewichtsmaße

1 oz.	(Brit.)	28,35	g
	(USA)		
1 lb.	(Brit.)	0,4536	kg
	(USA)		
1 qt.	(Brit.)	12,7	kg
	(USA)	11,34	kg
1 cwt.	(Brit.)	50,80	kg
	(USA)	45,36	kg
1 long ton (Brit.)		1,016	t
1 short ton (USA)		0,907	t

Gewichte/Längeneinheit

1 oz./in.	11,161	g/cm
/ft.	9,301	g/dm
1 lb./in.	0,17858	kg/cm
/ft.	1,4882	kg/m
/yd.	0,4961	kg/m
1 long ton/in.	40,002	t/m
/ft.	3,3335	t/m
/yd.	1,1112	t/m
1 short ton/in.	35,716	t/m
/ft.	2,976	t/m
/yd.	0,992	t/m

Gewichte/Flächeneinheit

1 oz./sq.in.	4,394	g/cm^2
/sq.ft.	0,305	kg/m^2
1 lb./sq.in.	0,070	kg/cm^2
	51,715	mmQS
1 lb./sq.in.	4,882	kg/m^2
/sq.yd.	0,5425	kg/m^2
1 long ton/sq.in.	157,488	kg/cm^2
/sq.ft.	10,937	t/m^2
/sq.yd.	1,215	t/m^2
1 short ton/sq.in.	140,614	kg/cm^2
/sq.ft.	9,765	t/m^2
/sq.yd.	1,085	t/m^2

Gewichte/Raumeinheit

1 oz./cu.in.	1,730	g/cm^3
/cu.ft.	1,001	kg/m^3
1 lb./cu.in.	27,68	g/cm^3
/cu.ft.	16,019	kg/m^3
/cu.yd.	0,593	kg/m^3
/Imp.gal.	0,0998	kg/dm^3
/USA gal.	0,1198	kg/dm^3
/pt.	0,7982	kg/dm^3
1 cwt./Imp.gal.	0,1766	kg/dm^3
1 long ton/cu.ft.	35,8815	t/m^3
/cu.yd.	1,3289	t/m^3
1 short ton/cu.ft.	32,071	t/m^3
/cu.yd.	1,187	t/m^3

Temperatur

1 °F = 4/9 °R = 5/9 °C

Temp. °C = 5/9 × (Temp. °F − 32°) =

Temp. °R = 4/9 × (Temp. °F − 32°)

Wärme

1 BTU	$1{,}076 \cdot 10^{2}$	kgm
	$7{,}783 \cdot 10^{2}$	ft.-lb.
	$2{,}9303 \cdot 10^{-4}$	int.kWh
	$2{,}5200 \cdot 10^{-1}$	ITkcal
	$3{,}9307 \cdot 10^{-4}$	HPh

Arbeit, Energie

1 ft.-lb.	0,1383	kgm
	$1{,}3826 \cdot 10^{-1}$	kgm
	$3{,}7650 \cdot 10^{-7}$	int.kWh
	$3{,}2379 \cdot 10^{-4}$	ITkcal
	$1{,}2849 \cdot 10^{-3}$	BTU
1 HPh	$1{,}980 \cdot 10^{5}$	ft.-lb.
	$2{,}7375 \cdot 10^{6}$	kgm
	1,0139	PSh
	$7{,}4548 \cdot 10^{-1}$	int.kWh
	$6{,}4110 \cdot 10^{2}$	ITkcal
	$2{,}5441 \cdot 10^{3}$	BTU

Leistung

1 ft.-lb./s	$1{,}3826 \cdot 10^{-1}$	kgm/s
	$3{,}2379 \cdot 10^{-4}$	ITkcal/s
	$1{,}8434 \cdot 10^{-3}$	PS
	$1{,}8182 \cdot 10^{-3}$	HP
	$1{,}3554 \cdot 10^{-3}$	int.kW
	$1{,}2849 \cdot 10^{-3}$	BTU/s
1 HP	76,04	kgm/s
	550,0	ft.-lb./s
	1,01387	PS
	$7{,}4548 \cdot 10^{-1}$	int.kW
	$1{,}7808 \cdot 10^{-1}$	ITkcal/s
	$1{,}0139 \cdot 1$	ITkcal/s
	$7{,}0670 \cdot 10^{-1}$	BTU/s
BTU/s	$1{,}076 \cdot 10^{2}$	kgm/s
	$7{,}783 \cdot 10^{3}$	ft.-lb./s
	1,0549	int.kW
	$2{,}520 \cdot 10^{-1}$	ITkcal/s
	1,435	PS
	1,415	HP

FSC
www.fsc.org
MIX
Papier | Fördert gute Waldnutzung
FSC® C083411

Kolibri 360 GmbH
Ferdinand-Jühlke-Straße 7
99095 Erfurt, Deutschland
produktsicherheit@kolibri360.de